U0052596

修訂四版

消費者行為
——成功行銷的必備要素
Consumer Behavior

沈永正 著

三民書局

國家圖書館出版品預行編目資料

消費者行為 / 沈永正著. －－修訂四版一刷. －－
臺北市: 三民, 2017
　　面; 　公分

ISBN 978-957-14-6315-5　(平裝)

1.消費者行為

496.34　　　　　　　　　　　　　106010597

© 　消費者行為

著 作 人	沈永正
發 行 人	劉振強
著作財產權人	三民書局股份有限公司
發 行 所	三民書局股份有限公司
	地址　臺北市復興北路386號
	電話　(02)25006600
	郵撥帳號　0009998-5
門 市 部	(復北店)臺北市復興北路386號
	(重南店)臺北市重慶南路一段61號
出版日期	初版一刷　2012年1月
	修訂四版一刷　2017年7月
編 　號	S 493700

行政院新聞局登記證局版臺業字第○二○○號

有著作權‧不准侵害

ISBN　978-957-14-6315-5　(平裝)

http://www.sanmin.com.tw　三民網路書店

謹以本書獻給我摯愛的家人，特別是我的父母。

推薦序

個人、企業、政府都需要上的一堂課

消費者行為是全球化浪潮下，每一個企業與政府組織都需要花時間研究的一門學問。全球化使得所有的藩籬逐漸瓦解，資訊取得的方便性與更新速度更勝過往。消費者隨時面對國內與全球經濟、文化、政治、正義等多元議題的快速變遷，使得彼此互動的方式與過去有所不同。成功的企業在於其成功的市場區隔 (S)、聚焦 (T)、與定位 (P) 策略，而有效落實 STP 的關鍵即在於精準掌握消費者行為。

消費者的行為與其偏好息息相關，偏好則源自於心理因素，故人們雖瞭解消費者行為的重要，但對企業與政府而言，卻是一門「知易行難」的功課。沈教授是位傑出的行銷學者，立基於其哥倫比亞大學心理學博士的紮實根柢，將兩門學門巧妙地化作上課教材、研究課題與專業論文，其著作更刊登於國內外知名的專業論文及評論。沈教授對行銷學的熱愛，反映在這本相當暢銷的教科書上，不但將消費者理論嚴謹地鋪陳，涵蓋了多面向的應用，例如心理學、社會學與經濟學，更佐以許多生動的日常生活案例，使得進入此學門的門檻不再高築，又不失學術價值及可讀性。

沈教授不但是我的好同事，也是我工作上的好夥伴，在我擔任國立臺灣師範大學國際事務處處長一職任內，他是我最得力的左右手。他以行銷與心理學專長，成功地將師大行銷全球，獲得許多國際殊榮。同時，他還是位不可多得的理論與實務實踐者，2015 年榮任師大國語教學中心主任，讓他有更寬廣的空間揮灑他的行銷專長。

　　臺灣自 1960 年代，即以出口帶動經濟成長為發展主軸，雖然曾歷經亞洲四小龍的榮景，如今昔日盛況卻日益模糊。當生產鏈的位階逐漸下降，面臨後進國家的不斷挑戰，各行各業若要重新定位與營造優勢，皆離不開重新認識當代消費者行為與其心理，因此沈教授為文的《消費者行為——成功行銷的必備要素》，是您不可或缺的案頭讀物。

國立臺灣師範大學管理學院院長

國立臺灣師範大學優聘教授

印永翔　謹識

推薦序

　　行銷是現代競爭激烈的商業社會所必備的企業功能。一個好的產品，若沒有好的行銷計畫配合，往往也無法在市場上成功。而行銷企劃要能成功的執行，就必須瞭解及掌握消費者的心理與行為。由於消費者的偏好以及態度能夠決定消費者的購買行為，因此，行銷工作的關鍵之一，就在於瞭解消費者的行為。

　　本書的作者具備心理學訓練的背景，也具有一定的行銷工作實務經驗。在本書中，他將生硬的理論以清晰易懂的方式陳述，並搭配許多實例來說明理論的應用，充分將理論與實務進行結合，使得本書的讀者更容易將行為的理論應用在實際的行銷工作中。此外，書中的案例結合了時事與社會實際發生的消費與行銷事件，例如金融海嘯以及不同企業行銷實務中運用消費者行為的例子，除了增加理論的價值外，也使學生更容易對內容產生興趣，增加了內容的可讀性。

　　除了寫作體例完善外，本書有許多內容是傳統消費者行為教科書較少涵蓋的題材。例如第三章對行為決策理論的介紹、第七章對認知分類理論的介紹和在品牌管理上的應用以及第十七章對神經行銷學的介紹等，都是本書與眾不同的地方。

　　行銷是企業活動的主角之一，而對行銷以及消費行為的知識培養，須從大學教育開始進行，使得以企業管理為主修的學生能在此階段開始對行為科學有入門的認識，並能將這些知識運用在未來實際的行銷工作中。本書結合傳統理論與現代的實例，深入淺出的介紹消費者行為的內容，相信本書的問世，除了

　　能增加國內消費者行為教科書的選擇外，也能與許多同類書籍有著互補的作用，因此為之作序，期待本書能為國內的消費者行為教科書的市場，增添一支有力的生力軍。

國立臺灣師範大學管理學院院長

國立臺灣大學工商管理學系教授

陳文華　謹識

掌握消費者行為，企業將無往不利

由於全球化和網際網路的影響，企業進入了一個新世代，在這個世代中，大部分商品都面臨供過於求的現象，不論是汽車、電視、飲料或手機等，消費者往往有多到難以決定的品牌和商品選擇。在這個超競爭的時代，消費者的權力大增，企業必須在競爭者眾多的市場中鎖定自己最擅長的目標市場，並提供差異化的方案，才能脫穎而出，而行銷學也已經從過去強調 4P 行銷策略改為強調以市場區隔 (S)、聚焦 (T) 和定位 (P) 構成的 STP 策略。許多行銷經理認為，近代行銷管理最重要的就是定位，而做好定位工作的前提就是充分掌握消費者的行為和喜好，故瞭解消費者成了行銷經理的首要任務。

至於要如何瞭解消費者？影響消費者最重要的因素有哪些？消費者購買行為有哪些模型可以參考？這些都是行銷學者和專業研究者不斷研究的問題。本書作者沈教授是鑽研消費者行為十分傑出的一位學者，不但學術根底雄厚，又具有豐富的企業輔導經驗，故能融合學理和經驗，活學活用。且本書的結構十分嚴謹，包含了研究方法的分類和流程，也舉出研究的實例，讓讀者瞭解實務應用的狀況。閱讀本書，可以藉由作者深入淺出的論述和生動的案例而達到良好的學習效果。

作者強調消費者行為研究的基礎主要包含了心理學、社會學、人類學以及經濟學等，在每門基礎的社會科學中，又有分支的次學門，構成了一個龐大複雜的體系。本書在探討消費者行為方面特別反映出目前社會的脈動，現代社會中不論是樂活、單身貴族等新思維，還是網路所引發的維基百科、Facebook 等社會新現象，都影響了新世代的觀念和態度。掌握了新世代脈動的企業，往往就能攻佔無人競爭的藍海。另一方面，近年來中國大陸經濟快速成長，積極開放內需市場，康師傅等用心於消費者行為研究的公司充分取得先機，成為臺商在行銷上的典範。

臺灣的企業過去偏向於內銷或只為國際大品牌代工，較少對世界各地市場進行深入的研究，商機有限；未來應該急起直追，研究消費者行為模式，將之做為產品或行銷策略的基礎。有志從事行銷研究或行銷實務工作的學生或專業人士，可以從本書獲得重要的啟發。

悅智全球顧問公司創辦人暨董事長

黃河明 謹識

修訂四版序

　　21 世紀是一個奇特的時代。

　　人類社會面對許多比以往更嚴峻的考驗：恐怖主義、超級細菌、氣候變遷、種族主義；同時，我們在科技上快速地進展，從理論研究到商業應用都在快速進步：人工智慧、物聯網、基因編輯、虛擬實境、自動駕駛、奈米科技、3D 列印。長遠來看，若是科技進步的速度夠快，人類便能克服各種原有及新產生的自然界問題，例如癌症及超級細菌；但屬於人類族群的社會問題，如種族主義、恐怖主義等，科技能提供的幫助卻仍是有限。未來的挑戰會越來越多，但這些挑戰同時也將刺激著人類社會不斷前進。

　　隨著科技快速發展，消費行為也不斷產生變化。網路購物漸成主流，傳統實體店面的業績則不斷下滑。未來科技會造成更多目前難以想像的消費行為的改變，現在消費者行為的思考，將在未來歷經很大的變化。就學生的角度而言，除了須了解傳統的消費者行為，更重要的是在這一波可能是人類有史以來最重要的工業革命中與時俱進、不斷擴增新知，以趕上時代快速前進的步伐。

　　此次修訂，主要是更正上一版中的少數錯誤，並加入最新趨勢的內容介紹，例如大數據 (Big Data)，人工智慧 (AI) 等，希望讀者能藉由本書持續獲取消費者行為的最新知識。

沈永正　謹識
2017 年 7 月

序

　　本書的完成，首先要感謝三民書局的劉董事長以及三民書局工作同仁的耐心與合作，今天終於能將此書順利出版。長期以來，一直希望有機會可以寫一本關於「消費者行為」的教科書，但卻苦於抽不出足夠的時間來寫作。感謝三民書局提供這個機會，讓我能有充裕的時間來完成這本書。記得開始動筆撰寫此書時，我正在中山醫院陪伴剛出生的大女兒，後來由於其他工作分量日益加重，真正能抽出寫書的時間不多，以致現在才能順利將本書內容完成。可以說，這本教科書是和我的大女兒一同長大的，就像是我的另一個孩子一樣。

　　回憶當初與三民書局接觸，得知三民書局有意出版此書時，心中感到十分興奮也十分榮幸，因為從沒想過自己能與從小知之甚詳的出版社合作，但市面上已有許多優秀的前輩先賢出版同類型的書籍，心中難免也有所惶惑，想著要如何才能寫出一本具備特色且受學生喜愛的書？

　　個人學術的研究領域著重在心理學，主要專長是認知心理學的決策判斷以及問題解決。在管理學院的工作生涯中，教學與研究的領域都一直集中在消費者行為以及行銷管理的範疇。教授消費者行為多年，深覺這門學科是將心理學以及其他基礎社會科學的理論背景應用在行銷實務中。由於市面上常見的消費者行為多為翻譯教科書，且常以嚴肅的理論介紹為主，與行銷實務的接軌性較弱。因此，在構想初期，便希望能寫出一本理論與實務兼顧的教科書，將理論以簡易、趣味的方式說明，不讓學生被深奧的名詞難倒；也希望在標準的教科書內容以外，提供新的內容並介紹最新的研究發展成果。

基於這樣的想法，我在寫作時除了將傳統消費者行為的教科書內容納入外，還加入新的內容以及符合實務需求的案例。例如，在第三章談消費者決策的內容中，就納入了風險下的決策以及不確定下的決策研究內容，討論近年來風行的展望理論 (Prospect Theory)，以及判斷的捷思以及謬誤 (Judgmental Heuristic and Bias)。這些內容，在一般消費者行為的教科書中較少提及，本書將之納入是希望可以為消費者行為的課程內容，提供一些新的素材以及觀點。

此外，本書第七章也引進了認知心理學中對於人類知識結構以及知識表徵 (Knowledge Structure and Knowledge Representation) 的主要理論架構，例如原型模型、範例模型以及類神經網路模型等，並試圖以此為基礎，解釋品牌管理的心理原則；第十五章討論近代行銷中的熱門話題——體驗行銷 (Experiential Marketing)；第十六章中整理網路消費者行為和綠色消費行為，這些都是一般教科書中較少談論的課題。最後，在第十七章中納入近十年在國際學術界以及企管顧問界中很熱門的課題——神經經濟學以及神經行銷學，以大腦掃描的儀器 (如功能性核磁共振：Functional Magnetic Resonance Imaging) 為研究工具，觀察消費者在進行經濟行為（如選擇行為）以及面對行銷資訊（如廣告）時，大腦活動的變化，依此推論決策行為的腦神經機制。這是個正在蓬勃發展的領域，本章的內容除了整理近年來主要的研究發展外，也希望拋磚引玉，引發國內此領域的研究者深入瞭解此領域的發展以及未來對瞭解消費者行為的潛力，帶動國內對此領域研究的興趣。

除了上述在學術理論上的特色外，也努力使本書與實務結合，希望能使本書更加生活化以及趣味化。因此本書除了在每個理論的討論過程中輔以實例說明之外，每章的開頭都有一篇文章作為引言，討論一則與該章主題有密切關聯的新聞或時事。另外，各章尚有「行銷實戰應用」以及「行銷一分鐘」，提出實際企業或公司經營的實例，設法將抽象的行為理論，以實務的內容予以印證。為了強化消費者行為貼近真實消費者的層面，於內文中附有漫畫，以輕鬆的方式印證或說明理論精神，也希望藉此形式傳遞消費者行為貼近生活的一面。

消費行為是你我生活中的重要部分，但多數人沒有以更深刻的思考來理解消費行為的特性。本書完成時，適逢蘋果電腦 (Apple) 創辦人史提夫‧賈伯斯 (Steve Jobs) 逝世，全球各界人士均表達追悼懷念之意。究竟賈伯斯有什麼魅力，能夠讓世人如此懷念？如果我們觀察蘋果的產品、蘋果的消費者以及賈伯斯這個人就可以知道，賈伯斯厲害的地方在於他能用產品向消費者表達出他個人的特色 (Character)：簡單、創意、完美以及聰明。每次消費者使用 iPad、iPhone 或是 iPod，在享受產品的功能與特色時，也能夠感受到賈伯斯這個人特殊的風格。即使多數人沒有見過他本人，但卻覺得他近在咫尺，就像你認識多年的好友一般。由這個例子可以看出，消費行為是相當複雜及趣味，這也是這本書希望帶給讀者消費者行為研究的風貌。

如前所述，本書的完成要感謝三民書局的劉董事長以及在這段期間一起工作的夥伴們。這段時間讓我對於出版社編輯這項需要極大的耐心和毅力的工作，有了新的認識與感佩。感謝三民書局的工作夥伴們，提供鉅細靡遺的編輯意見，讓本書能漸臻完善。此外，還必須感謝我的家人，在寫作本書的這幾年間，家中多了可愛的新成員，祐寧、祐安以及祐心，你們是神所賜予的禮物，讓家中充滿了歡樂。更感謝我的父母和妻子亞蒙長期的付出，讓我能專心工作，完成此書。還有許多我的好友與同事，都對本書提供了有形或無形的幫助。特別要感謝我的同學以及研究夥伴——政大企管系的別蓮蒂教授，在我的工作生涯中所提供的教學相長的經驗。最後，也要謝謝在元智大學的研究生——李姿瑩、李品璇、游富凱以及藍少軒等同學所提供的協助。我要特別感謝這些在書中看不見但居功厥偉的人們。

沈永正 謹識

2012 年 1 月於國立臺灣師範大學管理研究所

消費者行為

目 次

第 **1** 部分　概　論

第一章　導　論

👤 有趣的消費行為──為什麼?

　　日常生活中，有許多消費行為的現象會引人深思背後的「為什麼」。例如，在經濟景氣不佳的時候，會出現一些奇特的消費現象:

1. 女性口紅的銷售會特別好❶。
2. 女性的裙子長度會特別長❷。
3. 頭髮的長度會特別短❸。
4. 電影院的生意會特別好❹。

　　人的經濟行為一直是消費者行為中引人入勝的一個主題。除了眾所周知的「預期」對行為的影響之外，許多行為也在不知不覺

🔵 圖 1-1　經濟不景氣，電影院反而大排長龍?

中受到外在經濟環境的影響，上述的例子就是屬於此類的影響。這些現象之所以有趣，是因為它們違反「常識」，是我們沒有想到的，因而引人注意。至於要如何解釋這些現象? 許多人會說，經濟不景氣時，女人會想讓自己氣色看來好一些，口紅是個不貴的選擇，因此會選擇口紅。那麼粉餅也是個不貴但可以讓氣色看來更好的產品，為何沒有賣得更好呢? 裙子長度的解釋也類似，一說認

---

❶ 美國化妝品業者雅詩蘭黛董事長勞德 (Leonard Lauder) 在 2001 年提出「口紅指數」(Lipstick Index)。

❷ 喬治泰勒 (George Taylor) 在 1926 年提出「裙長理論」(Hemline Theory)。

❸ 日本化妝品業者花王 (Kao) 在 2008 年提出。

❹ 例如美國在 2008 年金融海嘯後，平均失業率 5.8%，《黑暗騎士》全美票房約 5.3 億美元; 2009 年平均失業率高達 9.3%，《阿凡達》全美票房約 7.6 億美元。

為經濟不景氣會讓人們變得保守低調，因而在衣服的選擇上也變得保守；另一說則是認為，女性在經濟不景氣時因為沒有錢買絲襪，因此用長裙遮掩沒有絲襪的雙腿。

另外，有人發現經濟差時女性頭髮長度會變短，有的解釋認為，短髮可以節省整理髮型的開支，因而較為省錢，這是經濟理性的解釋；但也有人從心理角度切入，認為短髮代表「反抗」，女性藉由短髮來表達對不景氣的不滿。哪個解釋才正確呢？

其實，這些現象是很難解釋的。假設口紅的解釋是正確的，就必須要檢驗類似產品（如粉餅）的銷量是否有增加，若是沒有，則有關口紅的解釋就可能是無效的。而有關長裙的解釋，就必須看絲襪的銷售是否減少，或是在經濟不景氣下，長袖衣服等保守服飾的銷量是否也有增加。有時這些解釋的問題在於，我們總是可以在因果之間找到看似合理，但卻未必正確的關係。例如在金融海嘯時電影大賣的事實，許多人會解釋成因為大家心情鬱悶，所以就會去看電影。但若是電影銷售不佳呢？是否也可以解釋成因為景氣不好，所以大家就要省錢呢？由此可知，除非經過嚴謹的概念論證以及實證的證據，否則很難確認對現象的解釋是否正確，而消費者行為正是此種思考邏輯下的產品。

研讀消費者行為，除了對消費現象需有敏銳的觀察之外，還要能有嚴謹邏輯的證據支持對現象的解釋。因此，消費者行為的完整學習，除了瞭解相關的理論背景外，能養成行為科學及其方法的思考習慣，才是最重要的目的。

◎ 1.1　什麼是消費者行為——定義與特色

薇琪是一個典型受過高等教育的都會上班族，她任職於金融服務業，有一個溫暖的家庭與兩個女兒，先生則任職於高科技業的高階管理階層。薇琪每天在公司工作，幫助客戶依照他們的需求提供投資理財的規劃建議，她會根據客戶對風險的態度（保守或積極）來介紹不同的金融商品，有時也會代客購買金融產品。平時，薇琪會與好友一同逛街，選購衣物服飾，她喜歡買歐美或日本的名牌；假日時，則常常與家人出外遊玩，一起看電影或從事其他娛樂休閒活動，例如參觀名勝古蹟等；假期較長時則會出國旅遊，到未曾去過的國家或地方，如北海道、峇里島或帛琉等地遊玩。

薇琪常常在朋友推薦下購買一項商品，如皮包、飾品等等，對於沒有使用過的新品牌也特別有興趣嘗試。有時也會因一項產品是知名的品牌、精美的包裝，或是在產品銷售人員的鼓吹推薦下購買。但在面臨一項重大的消費決策（如購買汽車或房子）時，她則會仔細的考量，多方蒐集相關資訊後才購買。

這天，薇琪又和朋友出去逛街，她的主要目的是添購一個新皮包。朋友推薦她 L 牌精品今年上市的新皮包，她在網路上看過後覺得非常喜歡，於是決定到現場看實物。到了百貨公司後，她發現這款皮包的尺寸比原先想像的要小，且功能性也有落差，於是開始猶豫是否購買。恰巧此時她看到了另一個展示櫃裡的 G 牌精品皮包，使用功能較 L 牌精品皮包為佳，於是在朋友的慫恿下，當即刷卡買下。

原本薇琪覺得 G 牌精品皮包很合用，但不久後就發現，她所擁有的衣服中，大多數和原先想買的 L 牌精品皮包比較匹配，於是她開始後悔，覺得當初應該購買那個 L 牌精品皮包才對，況且在她心目中，G 牌精品的品牌價值似乎就是差 L 牌精品那麼一點點。為求補救，她只好再度上街尋找可以搭配 G 牌精品皮包的衣飾……。

㈠消費行為的分類方式

以上關於薇琪生活以及她購買皮包過程的描述，充分展現了消費行為在我們日常生活中的重要性。在日常生活中的各個層面，無論是工作或休閒，都離不開消費的行為與決策，而這些消費決策又可分為許多的類別，常見的諸如風險大小、認知投入程度、理性／感性的區分或是購買歷程的差異等等。

1.風險大小

以風險為例，薇琪的客戶必須就投資理財規劃的目標，做成購買金融商品的決策，他們需要考量個人的風險屬性，選擇高風險、高報酬的積極型產品，或是低風險、低報酬的穩健型產品。對薇琪而言，客戶的風險態度就構成了她推薦商品的主要依據，因此她必須深入瞭解不同客戶的風險態度，才能決定要推薦何種商品給個別的客戶。

2.認知投入程度

　　就認知投入程度而言，在休閒生活中，無論是逛街購物或是出國旅遊，都是消費的過程。有些購買行為是簡單、快速而不花太多精神就可做成消費的決策，例如購買午餐、常用的衣物等等。另外一些較重要的決策就需要較周密的決策歷程，例如購買房屋與汽車等等。還有一些決策是介於這兩個極端之間，如旅遊的決策等等，通常需要投入一定程度的認知心力 (Cognitive Efforts) 才能做成決策，此投入程度較購買日常用品為多，但又沒有多到像購買汽車、房屋的程度。

> 認知心力

指認知能力如注意力、思考、決策與問題解決的認知活動的多少。愈複雜的認知活動，所需的認知心力愈多。

3.理性／感性的區分

　　消費行為除了可由上述的風險與認知投入程度來分類之外，也可用理性／感性的特性予以分類。理性消費需要仔細衡量產品的價值與效益，以決定付出的成本是否值得，且往往會在事前多方蒐集資訊；感性消費則較受到情緒的驅使，會產生衝動性購買 (Impulsive Buying) 的行為。例如購買日常用品是理性消費；購買旅遊行程、衣服飾品或 DVD 電影則偏向於感性消費。像這種理性與感性的區分，也是研究消費者行為時的一個重要的面向。

圖 1-2　購買房屋會花費許多時間與精神來蒐集相關資訊，需要較高的認知心力

4.購買歷程的差異

　　以購買歷程 (Process) 的觀點來看，消費者在購買前後的評估歷程中，各有不同的影響因子。在購買前的影響因子，可能來自於外在的廠商促銷活動，例如銷售人員的推銷即佔有重要分量；但在購買後的評估中，購後使用的經驗便佔了更重要的分量。在薇琪的例子中，購買商品的當下覺得合用，卻在購後感到不滿意，便是購前與購後評價的落差。滿意的購後經驗可以幫助培養品牌忠誠度；而不滿

意的經驗則導致廠商損失了顧客終身價值。

㈡影響消費決策的個體因素

在上述薇琪的例子中，除了消費行為的分類之外，在消費決策形成的過程中，有許多因素會影響我們的消費決策，其中最主要的三項因素分別是動機 (Motivation)、能力 (Ability)，以及機會 (Opportunity)，合稱為 MAO 架構。

1.動 機

消費行為的產生須有動機，無論是購買衣飾還是房屋，都須有基本的購買動機才能產生購買行為。有許多因素會影響消費者的購買動機，例如廣告上吸引人的商品視覺訊息、朋友的口碑推薦、對於未曾使用過的新品牌的好奇心，以及基本需求的產生等等，都會導致消費動機的產生。

2.能 力

然而，光有動機並不足以引發消費行為，消費者還須有足夠的能力來判斷該消費行為是否恰當，如消費者須具有相關的品牌知識來判斷一個名牌皮包的價值，或是具有相關的娛樂影劇知識來判斷一片 DVD 電影是否值得租回家看。有時消費決策者與產品使用者不是同一人時，也須具備此等判斷的能力來決定是否要購買該產品。例如爸爸在替女兒選購旅遊地的紀念品時，就需要對於產品的實用性與紀念價值作權衡判斷，以決定是否應購買該產品。這些能力的產生，有賴於消費者的學習、態度與訊息處理能力的培養。

3.機 會

事實上，消費者除了動機和能力以外，還必須有消費的機會才能完成消費的行動。在上述薇琪的例子中，若她整日忙於處理工作上的事物，就無瑕逛街消費，也就無法購買新皮包。此外，機會也指消費者是否能夠得知產品的存在，假若消費者不知道這項產品，則他們也沒有機會去消費。

㈢影響消費的社會文化因素

消費行為除了受到上述個體因素的影響外，許多外在的文化社會因素也會有深遠的影響。例如薇琪的購買決策，不只是受到她個人好惡的影響，也受到她的朋友（同儕參考團體）、家人（女兒的態度），乃至於大的文化（臺灣文化對歐美與日本名牌的態度）與次文化環境（都會粉領族的品牌偏好）的影響。

　　而薇琪購買皮包的經驗，則展現了消費者所感受到的價值相對性。一開始薇琪在挑選新皮包時，口碑與廣告是引發動機的重要因素，朋友的推薦與廣告的刺激讓 L 牌精品皮包在薇琪心目中產生了高度的價值。但當薇琪在店裡檢視 L 牌精品的實際商品時，她發現與她的預期有落差，特別是在功能的層次上，於是相對於預期，產品價值有所減損。而 G 牌精品皮包的功能性較 L 牌精品皮包為佳，於是薇琪選擇了 G 牌精品皮包。但後來薇琪又發現，當 G 牌精品皮包拿回家後，以配適的觀點和家中衣物相比，G 牌精品又不再是理想的選擇，於是她心中 G 牌精品皮包的價值又再度受到衣櫥中衣飾樣式的影響而減少。由此分析可知，消費者心中產品的價值多半是相對於一個標準而界定。當標準不同時，知覺價值也會因此而改變，這個價值並非固定不變，而是會受到背景環境

> **背景環境**
> 指的是知覺價值的判斷，需依賴一個參照比較的基準。例如 1,000 元用來吃飯是高價，但用來買手機就顯得划算。這個吃飯／買手機就是背景環境。

(Context) 的影響。這種價值的相對性，也是消費者行為研究的一個重要特徵。

　　以上的分析目的在於以實例呈現消費者行為的風貌。在現代的行銷思維中，最核心的觀念之一就是顧客導向的行銷理念。此概念強調瞭解及發掘顧客的需求，進一步生產產品以滿足此需求。因此，對顧客行為的瞭解，自然而然就成為行銷活動中重要的關心主題。

　　依照正式的定義，消費者行為是「瞭解消費者在為了滿足需求而購買產品的過程中，資訊的蒐集，選項的評估，產品的選擇、使用，以及用後棄置的各個面向的研究」。此定義看似簡單，但其中有許多複雜的因素使其研究不像表面看來的單純。舉例而言，購買行為的第一步是確認需求，此步驟假設消費者對自己的需求有完全的瞭解與掌握，但在實際上往往不見得如此。

　　以電腦的發展為例，早期在使用 DOS 磁碟作業系統的時代，消費者可能會對複雜的電腦使用程序感到困擾，但我們也可想像，即使作再多的市場調查，

業者恐怕也無法從消費者之中獲得發展 Windows 視窗作業系統的概念。原因是多數消費者並非電腦專家，也缺乏足夠的能力去想像像視窗這樣的產品概念。但若業者呈現出視窗產品的概念，則消費者會立即知道這是他們想要的產品，可是自己卻無法說清楚這個需求。因此，此時仍然需要電腦領域的專家帶領，將視窗的產品概念開發出來，而無法完全依賴對市場的調查來作為產品開發的依據。

由上述可知，消費者行為的研究是十分複雜的。若研究目的不同，則其要求也不盡相同。例如在學術界中，消費者行為的研究價值在於發現與一般常識相違背的行為現象，並能以完整的理論系統加以解釋；在實務界中，則強調所蒐集的市場資料能成功幫助解決行銷策略所面臨的問題。但即使兩者在目的上有所差異，大體上消費者行為的研究仍具備以下主要的特色：

(一)消費者行為學是實證的科學，也是藝術

無論在學術或實務的應用上，消費者研究所使用的方法，都盡量要求嚴謹而科學化，從概念的操作型定義到假設驗證，乃至於資料蒐集與分析過程，都要求符合現代科學的基本精神。這點讓消費者行為的研究充滿了科學的色彩，所有對消費者行為的假設與理論都須經過科學實證資料的驗證才能被接受。

但是，在概念的發展過程中，卻需要對行銷策略乃至於消費者的行為有一些經驗與觀點 (Perspective) 的存在，惟有在大的觀念上有判斷的能力，知道什麼是重要的議題，才能發展出好的研究與理論體系，這些方向性的判斷比較屬於藝術而非科學的層面。這點在學術界與實務界中都很重要。在學術界中，好的方向指引需要研究者在相關的領域都有足夠的知識與修養，才能融合出新的觀點；在實務界中，惟有對一個產品的行銷策略有廣泛的認識與理解，才能根據行銷策略設計的需求制定好的消費者研究。

無論是學術或是實務，這些層次都需要科學領域以外的知識與修養，這些人文社會的經驗與知識使得消費者研究又帶著人文藝術的色彩。因此可以說消費者研究是介於科學與人文藝術之間的綜合體，需要在科學與藝術兩方面都具

備相當修養的人才進行研究才能做出好的成果。

㈡消費者行為學是理論,也是應用

消費者行為學有許多關於行為的理論,這些理論體系與基礎的學科(如心理學或社會學等)有直接的關聯,但卻又自成一個體系。基礎的學科理論在消費者行為的研究上有許多應用,但消費者行為的研究特別重視這些理論在管理上的應用價值。無論是對消費者記憶、態度或是決策的研究,其結論要能應用在行銷策略或管理程序上,例如廣告策略的發展、品牌建立的流程,或是促銷效果的衡量等等。因此,消費者研究可以說是兼具理論與應用兩個層面的知識領域。

㈢消費者行為學是一門科際整合的學科

如前所述,消費者行為是科學與藝術的綜合體,這也意味著消費者行為是奠基於許多不同基礎學科的應用的領域。在理論與概念部分,舉凡是基礎的社會科學,如經濟學、心理學、社會學與文化人類學,乃至於文學及符號學等,都是消費者行為學理論基礎的主要來源。而在研究方法上,統計學、數學、計量經濟學,乃至於詮釋主義使用的質化資料分析方法,都是消費者研究所常用的。

因此,由上述可知,消費者行為是一門內容包羅萬象的學科,它是一個高度科際整合的學科,也有各式各樣與消費者有關的主題可供研究者發揮。1.2 節將說明消費者行為的研究與各個領域的基礎學科間的關聯。

◎ 1.2 消費者行為的理論基礎

如前所述,在社會科學中,消費者行為是一門應用的學科❺,其內容架構

---

❺ Robertson, T. S., & Kassarjian, H. H. (1991). *Handbook of Consumer Behavior*. 4th edition. Englewood Cliffs, NJ: Prentice Hall; Kassarjian, H. H., & Robertson, T. S. (1991). *Perspectives in Consumer Behavior*. Englewood Cliffs, NJ: Prentice Hall.

是奠基於其他社會科學的基礎之上。這些基礎主要包含了心理學、社會學、文化人類學以及經濟學等。在每門基礎的社會科學中，又都有進一步的細分。如經濟學中有總體經濟學、個體經濟學等等；心理學中有社會心理學、認知心理學、知覺心理學等等。茲以圖 1–3 表示消費者行為與這些基礎學科間的關聯：

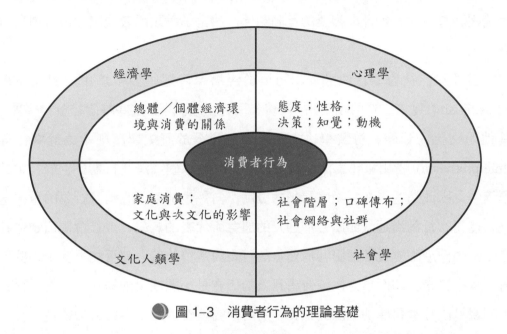

圖 1–3　消費者行為的理論基礎

由圖 1–3 可知，消費者行為的主題與許多其他領域的基礎社會科學都有密切的關聯。例如許多個體消費行為中的主題，如態度、決策及性格等，其理論基礎常來自於心理學；而在巨觀環境中的消費行為，如家庭對消費決策的影響、口碑的傳布及文化的規範等因素，則常奠基於社會學與文化人類學的理論基礎上；而消費行為的表現，更脫離不了經濟學的範疇，無論是總體經濟的環境變化或是個體經濟的理論模型，都會對消費行為產生直接而深遠的影響，因此經濟學的理論體系也成為消費者行為研究的核心基礎之一。

以上述例子而言，薇琪對一個品牌的知識、態度與購買決策，是屬於心理學的範疇。薇琪對產品的購買動機，以及她的性格對購買決策的影響，是屬於薇琪個人心理思考運作的結果。然而，薇琪的消費行為並非只受到她個人心理的影響。家庭教育以及大的文化社會環境，都會對薇琪的消費價值觀有深遠的影響。例如長久以來，朋友圈中對品牌既定的評價，也會透過口碑及其他直接或間接的方式影響薇琪的價值判斷。薇琪所處的社會階層對品牌與產品的偏好對薇琪本身的消費行為所產生的影響，是社會學與文化人類學所關心的主題。最後，由於消費行為是一種交換的行為，自然離不開解釋人類經濟行為的經濟學範圍。這些因素彼此間複雜的互動關係，決定了薇琪所表現出的最終消費行為。

　　心理學、社會學、統計學，乃至於經濟學，這些多半適用於實證主義（Positivism：見第二章的說明）的消費者研究主題。除了這些基礎社會科學外，其他如文化人類學、符號學、文學批評，乃至於歷史學，則常為詮釋主義（Interpretivism）者用來作為消費行為研究的理論基礎。消費行為發生於社會的環境中，因此這些人類文明中累積的成就，自然也成為研究消費行為的重要基礎。在研究行銷溝通（如廣告溝通）的訊息所代表的意義，或社會價值觀在社會歷史中演進的變化如何影響消費者的行為與消費決策，都可能需要由這些學科中尋求答案。總而言之，消費者行為的研究是一門應用的學科，若能具備其他相關基礎社會科學的訓練與素養，將對研究消費者行為有極大的助益。

　　同樣的，在薇琪的例子中，若想對她的消費行為有較全面的觀點，解釋的基礎不應只侷限在基礎的社會科學上。例如，廣告對薇琪消費行為的影響，除了從心理學與社會學的觀點來理解之外，也可以從符號學（如廣告中所傳達的抽象符號的意義）與文學批評（如廣告文案的文學意義與薇琪對文學的欣賞及感受能力間的關係）的角度來觀察。這些都是從詮釋主義者的眼光來觀察消費行為時的重點議題。

🔵 圖 1–4　過度科學化的購物行為。這幅漫畫是在諷
刺將簡單的購物行為過於學術化的結果

🔘 1.3　消費者行為的模型與議題範疇

　　如前所述，消費者行為的範疇包羅萬象，研究消費者行為的主要焦點在於
瞭解影響消費者購買行為與決策的因素。圖 1–5 為一以資訊處理歷程為基礎所
建構的消費者行為模型。若將消費者的購買行為視為一資訊處理的歷程
(Information Processing)，此一歷程始於接受外在的環境資訊，包括公司所提供
的資訊以及環境中的刺激，經由內部的認知系統予以處理後，產生產品態度與
購買行為作為結束。在此一過程中，有許多群體與個體的因素會影響決策的過
程與結果。

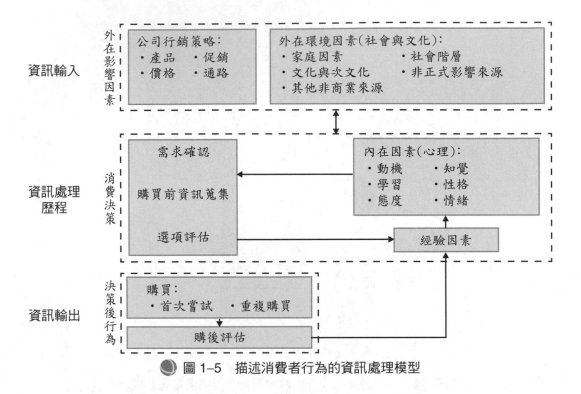

圖 1-5　描述消費者行為的資訊處理模型

1.資訊輸入階段

> ⊘ 4P 行銷策略
> 產品 (product)、價格
> (price)、通路 (place)、
> 促銷 (promotion)

　　在資訊輸入的階段，公司的 4P 行銷策略扮演極重要的角色。例如產品是否能滿足需求？價格設計是否可以接受？促銷活動是否能吸引消費者購買？以及是否能接觸到廠商的零售通路等等，都是 4P 行銷策略的主要影響。就外在環境而言，除了廠商設計的 4P 行銷策略外，消費者身處的大環境，無論是有形還是無形，也會對消費決策產生重要的影響。例如文化、社會、家庭與同儕團體，都是長期會對消費者產生無形但極大的影響因素。舉例而言，在一個社會中被認可的品牌，經常是多數消費者所渴望擁有的品牌。而在不同社會中，這些品牌就會有所差異，這就是社會文化的影響之一。

2.資訊處理歷程階段

　　在資訊輸入的階段之後，消費者須就這些資訊的內容加以處理，以達成消費的決策。在此階段，消費者內在的因素會有較大的影響，如動機、知覺、學習、態度與性格等因素。

　　首先，輸入的資訊會經過一個決策的過程，包括需求的確認，資訊的蒐集與選項的評估。其次，動機會影響需求的確認，知覺會影響資訊的蒐集，而學習、態度與性格等因素則會影響選項的評估。這些因素除了影響消費決策的歷程之外，決策的回饋所累積的經驗也會對之後的決策產生很大的影響。最後，在資訊輸出的階段，則會以資訊處理

圖 1-6　商店常用折扣活動來吸引消費者的目光

的階段結果為基礎，去購買產品。而購後的評估則會影響再次購買的意願與機率。例如，消費者會因為一個品牌的知名度而產生購買動機；產品的包裝與廣告則會影響消費者的知覺與態度。

　　上述特性都會正面影響消費決策中的資訊蒐集與選項評估的結果。然而，若是購買後使用的結果不如預期，則負面的購買經驗會改變消費者的態度，使得消費者在下次選購時避免去選購同一品牌。因此對於薇琪消費的決策歷程之解釋，需要將這些內、外在的心理及社會因素納入主要的考慮。

3. 資訊輸出階段

　　資訊輸出階段包含購買、重購以及購後評估，這是基於經過前述階段後所產生的行為結果。而在購買後產品的使用經驗則會為未來的購買行為提供資訊回饋的基礎。

　　消費者行為模型雖可用來解釋許多消費的現象，但在某些消費現象中，卻可能忽略一些重要的元素。舉例而言，消費者行為模型是一以理性為基礎假設的模型，但有許多消費購買行為發生的原因卻是以情感為主要基礎的，例如薇琪對

注意 !!!
消費者行為模型在某些消費現象中，可能忽略一些重要的元素。

L 牌精品品牌的情感等，就需要考量理性模型較少觸及的情感因素。雖說消費者行為模型可在某些部分納入情感的因素，但情感因素卻不是理性模型主要架構中的因素。因此在使用消費者行為模型解釋消費現象時，應注意這些模型的假設本身較忽略的部分可能帶來的影響。

1.4 消費者行為與行銷的關係

作為一門學科，消費者行為研究的興起，其來源與行銷密不可分。從早期以產品為重心的生產與產品概念，逐漸演變成強調以銷售為主的銷售概念，再逐漸轉至以市場需求為核心的行銷概念，以及重視企業社會責任的社會行銷概念，行銷觀念的演進中間經歷了許多的變化❻。

然而，滿足消費者的需求是行銷成功最重要的關鍵，因此瞭解消費者的需求與其購買行為，就成為行銷活動的核心工作之一。對於消費行為的研究，其目的都在於改善行銷策略的績效，使行銷策略更能貼近消費者的需求，因此瞭解消費者的購買行為與決策的特性，可以有效協助行銷策略的設計與制定，進一步改善行銷活動的效率。

就消費者行為的研究與行銷策略間具體的關係而言，許多消費行為的研究主題，都可用來作為市場區隔（見第八章的說明）與目標市場選擇的變數，以及品牌市場定位與品牌管理（見第七章的說明）的應用。在消費者行為中的討論主題，如性格與生活型態等，都是常見的心理統計類型的市場區隔變數，在一些適用於心理統計的產品上可以使用這些變數作市場區隔。

此外，在研究品牌市場定位時，品牌形象在消費者知覺系統中的位置與品牌知識在消費者知識結構中的組成都是瞭解品牌定位的重點。在廣告與其他促銷效果的評估上，都需借重對消費者記憶系統的瞭解才能做正確的評估。最後，瞭解消費者的消費動機更是產品行銷的最基本的要件。這些都是消費者研究與行銷活動間具體的關聯。

行銷一分鐘

行銷戰爭

行銷作為一項企業的主要功能，和戰爭頗為相似。行銷學者賴茲和屈特

---

❻ Iacobucci, D. (2005). *Kellogg on Marketing.* New York, NY: John Wiley & Sons, Inc.

(Ries & Trout) 曾著有一本名著「行銷戰爭」(Marketing Warfare)，將企業的行銷活動視為從事戰爭的行為。要贏得戰爭，必須動用大量的資源（例如金錢）、正確的戰略與戰術，並且有效的執行，才有贏得戰爭的可能。

時至今日，仍然有許多行銷戰的原則與方法，是源自於古代的戰爭哲學思想。例如西方克勞塞維茲的「戰爭論」，以及東方的孫子兵法，都是企業在思考大方向的行銷戰略時，常常引為借鏡的思想論述。

將行銷視為戰爭，意味兩者間有主要的相似點。例如，在戰爭中的敵人，就是行銷中的競爭者，而戰爭所爭奪的領土，就是行銷中爭取的顧客。要贏得戰爭，最重要的是有周詳規劃的戰略與戰術；同樣地，在行銷中，要比競爭者更成功地行銷自己的產品，也需要縝密思考規劃的策略。戰爭在戰略規劃的過程中，情報的取得至關重要，正確即時的情報往往可以決定一場戰役的勝負；同樣在行銷活動中，收集市場情報的行銷研究，就是企業收集戰場情報的主要工具。而在行銷活動中，情報收集的標的，常常就是最多變難測的消費者。由此觀點而言，瞭解消費者行為、瞭解市場的行為層面，正是取得重要情報以贏取戰爭的重要方法。

1.5 消費者行為與環境的關係

如前所述，消費者行為是一門有理論基礎的應用科學，在行銷學術研究的領域扮演重要的核心角色。但在實務的層面，消費者行為的研究與我們身處的環境息息相關，許多不同的環境都與消費者行為產生複雜的互動關係，而消費行為的研究也對這些環境產生深淺程度不一的影響。以下就幾個與消費者行為研究最相關的環境與消費者行為之間的關係作一簡述：

㈠消費者行為與企業的關係

消費者行為與企業間的關係有兩個層次：(1)就企業行銷的角度而言，瞭解消費者行為，從而瞭解消費者市場的需求是成功行銷的不二法門；(2)就企業經

營的倫理層次而言，重視消費者的權益保護，不作不實的行銷溝通與宣傳，則
是企業與消費者間長期關係建立與經營的重要基礎。

> **⊙ 消費主義**
> 強調消費與購買行為可
> 以為個人帶來福祉，且
> 消費者的權力與利益應
> 受到適當的保障。

　　近代消費主義 (Consumerism) 的興起，強調消費與購買
行為可以為個人帶來福祉，且消費者的權利與利益應受到適
當的保障。在此一過程中，需要企業的配合，才能達成真正
為消費者創造集體幸福的任務。

　　臺灣在步入已開發國家的進程中，服務業愈來愈受到重視，在 GDP 所佔的
比重也愈來愈大。在此種以人際互動為主的社會中，無論是速食業的麥當勞、
航空業的長榮與中華航空，或是娛樂業的錢櫃 KTV，都需要重視消費者行為的
研究，以便加強品質的進步以創造長期的顧客滿意。

㈡消費者行為與社會大眾的關係

　　在現代的行銷觀念中，強調社會行銷 (Social Marketing) 觀念的重要。社會
行銷強調企業不止是直接面對消費者，也需要與不是企業直接接觸的消費者建
立互動關係。現代的企業不只是需要重視消費者的權益，也需要基於企業的社
會責任，照顧社會大多數群眾，特別是弱勢團體的福祉。在通訊及交通發達的
現代社會，企業形象的建立，不只是依靠企業的直接消費者，一般大眾的觀感
也是影響極大的來源之一。因此瞭解消費者行為不止是意味著要瞭解企業的直
接消費者，企業組織也需要放大眼光與視野，瞭解一般社會大眾的需求。

　　近年來有許多大型的活動，是針對社會大眾的需求而產生的，如藝術活動
《歌劇魅影》以及「太陽劇團」來臺演出、將貓熊引進臺灣，以及多年來安泰
人壽對臺北馬拉松的贊助❼等，都有許多的消費者參與這些活動。對於企業而
言，瞭解消費者行為對於成功舉辦這些活動具有重要的意義。

㈢消費者行為與政府的關係

---

❼　安泰人壽已於 2008 年被富邦金控併購，因此臺北馬拉松於 2009 年開始改由富邦金
　　控冠名贊助。

　　政府是另一個與消費者關係密切的重要組織。無論是在消費者權益保護的具體政策的設計、立法與執行上，或是在企業與消費者間有消費糾紛時的仲裁上，對消費行為的瞭解都是成功施行這些功能的重要條件。此外，不管是由政府所設立的消費者機構（如行政院消費者保護會，簡稱消保會），或是由民間以基金會性質所設立的消費者權益保護的組織（如財團法人中華民國消費者文教基金會，簡稱消基會），都常常需要運用消費者行為的知識來確保其運作的成功。

　　另外，在民主政治中的近代政府強調為人民服務的角色，在此一關係中，人民即是政府服務功能的消費者。選票是消費者的成本，而政府的服務內容即是選票所購買的產品。政府必須深入的瞭解消費者行為才能設計足以滿足人民需求的服務內容。例如臺北市政府的「1999」專線，就是為了提供市民進行更有效服務所設置的，這個專線使得市民可以更迅速有效的與市府取得聯繫，解決個人的切身問題。

 行銷一分鐘

無心插柳的產品創新

　　行銷學中的產品創新，從創意發想到上市，都有一套固定的程序。然而，在實務經驗中，許多產品的發明創新，常常是無心插柳的結果。例如可口可樂的原始配方，原先是用來治療感冒的糖漿。便利貼 (Post-it) 原先是一項要強化膠帶黏性的失敗產品，而威而鋼 (Viagra) 則是在研究治療心血管疾病的藥物時恰好發現的。

　　由此來看，產品的產生有時未必是計畫中的結果，作為行銷人員，保持開放的心胸、能用不同的角度和觀點看待事物，再配合敏銳的觀察以及聯想的能力，是行銷工作創新的核心要素。

🔘 1.6 本書的內容與架構

　　本書目的在於介紹消費者行為的各個面向，對消費者行為的內容作一完整而簡潔的介紹。

㈠第 1 部分：概論

　　第二章針對消費者行為的研究方法作一介紹，描述主要的研究方法與使用時機。

　　第三章介紹消費者的決策行為與風險態度，分別描述在確定、不確定與風險情境下決策行為的理論模型及其應用，以及判斷時的捷思與謬誤。

㈡第 2 部分：討論個體因素對消費者行為的影響

　　第四章討論動機對消費行為的影響，介紹動機的結構及理論，各個不同心理學學派對動機的看法，以及動機理論在消費者行為上的應用等。

　　第五章討論知覺系統的特性，以及心理學中的知覺理論在消費者行為以及行銷策略中的應用。

　　第六章針對學習的主題，討論行為學派與認知學派的學習理論，以及這些理論在消費者行為上的應用。

　　第七章延續學習的主題，討論消費者的分類能力以及知識結構，將認知心理學的分類理論應用於品牌管理的主題，說明如何從消費者行為的角度利用分類理論進行品牌管理的工作。

　　第八章討論性格理論，介紹佛洛伊德的理論、特質論的性格理論、自我概念以及品牌性格的理論在消費者行為中的應用。

　　第九章介紹態度理論。態度的形成與改變是消費者行為中最重要的理論之一，本章將有系統的介紹主要的態度形成與改變的理論，如多屬性組合論、態度的三元論、ELM 理論以及認知失調和歸因的理論等等，並討論行銷實務如廣告等可以如何運用這些理論來影響消費者對產品的態度，建立消費者對品牌的偏好。

㈢第 3 部分：討論團體因素對消費行為的影響

第十章討論參考團體與意見領袖對消費行為的影響，介紹參考團體在行銷上的意義，如行銷人員可以如何運用意見領袖及口碑來影響消費者的消費決策。

第十一章討論家庭因素對消費行為與決策的影響。本章介紹對消費者行為有決定性影響的家庭因素，例如家庭生命週期、家庭決策的類型、家庭成員在消費決策上扮演的角色以及家庭成員社會化的歷程等等。

第十二章討論社會階層對消費行為的影響。人類文化的特性之一，在於社會階級的形成。社會階級相近的群體，彼此會在消費行為的觀念、習慣、品味以及資訊分享上互相影響，形成消費決策的重要來源。本章介紹社會階級的意義、型態、社會階級的衡量方式以及社會階級與階級流動對行銷與消費者行為的意涵。

第十三章針對文化的主題進行討論。文化是影響消費者行為最重要的團體因素之一。文化因素不易察覺，但影響卻無遠弗屆。本章介紹主要的文化理論與文化面向，說明文化如何影響消費者的價值觀與具體的消費行為。

第十四章就次文化以及跨文化的議題深入討論。每個社會都有許多不同群體的次文化團體，例如以地區、宗教、種族／族群以及其他基礎所構成的次文化。消費者長期身處這些次文化團體中，其價值觀會向這些次文化的常模認同，而其消費習性也自然深受這些次文化的影響。本章就一些常見的次文化團體的特性，以及與消費行為的關係作一說明。此外，在全球化浪潮席捲世界的今日，跨國企業不斷的在尋求全球的市場機會。然而，不同市場間的文化差異經常讓企業行銷工作遇到沒有預見的障礙。因此就國際行銷的立場而言，對於不同文化間跨文化差異的瞭解，是在進行行銷企劃時不可忽略的重要工作。本章就跨文化差異的重要課題作一深入討論，作為行銷人員進行國際行銷企劃時的參考。

㈣第 4 部分：提出幾個目前消費者行為研究的新方向

許多消費者研究的新發展，在多數相關的教科書中並未涵蓋，本書則試圖對這些主題加以介紹。

第十五章介紹體驗行銷以及情緒／情感的角色，以及環境因素對消費行為的影響。對體驗行銷以及情緒／情感的重視，代表行銷界希望更加重視消費決策中，理性模型所無法解釋或涵蓋的部分。體驗的基礎多半在於感性或是情緒的層面，而非來自於傳統經濟學的理性人思維所演繹出的模型。本章就體驗行銷以及情緒／情感等較新的主題加以著墨，希望藉此勾勒出消費者行為研究未來的輪廓與風貌。

第十六章介紹消費者行為研究的新方向，包含網路消費者行為以及綠色消費行為。近年來，網際網路成為發展最快速的商業平臺，網路虛擬環境的特性也使得在網路上的消費者行為有別於在真實環境中的消費者行為。近年有許多研究針對網路的消費者行為進行瞭解，而第十六章除將近年的研究作一整理外，也針對目前熱門的環保議題在消費行為上的角色將研究結果作一整理及介紹。

第十七章介紹新興的神經經濟學和神經行銷學。本章主要研究大腦功能的神經科學，闡述如何透過大腦掃描的技術與行銷作結合，以瞭解消費者在接收行銷資訊時大腦活動的歷程以及這些新的發展如何能增加我們對消費者行為的瞭解。

行銷實戰應用

Under Armour 的成功之道

Under Armour 是一家 1996 年成立的公司，最初是創辦人凱文·普朗克 (Kevin Plank) 在踢足球時，覺得純棉的運動衣不夠吸濕排汗，穿久了很不舒服，於是開始尋找並測試許多人工合成的衣料，並將找到適合的材料製成運動服飾，開始銷售。最早他只是透過自己的人際網路銷售，並由於產品結合科技與技術的優異品質，逐漸在專業運動員中打響名氣，在隨後的 20 年間快速擴展。從最早的足球服裝，逐步進展至各類專業運動用品，並且在海外市場快速擴展。截至 2014 年，Under Armour 已經在美國市場打敗 Adidas，成為僅次於 NIKE 的第二大運動品牌。

是什麼樣的因素，使得 Under Armour 能在強敵環伺、競爭激烈的運動用品市場中快速崛起？

一般認為，Under Armour 的成功有幾個關鍵因素。

首先，在 NIKE 獨大的運動市場中，Under Armour 選擇從較為小眾的專業運動市場切入，而沒有立即引起大廠注意。等到 Under Armour 已經厚積實力、開始全面深入各個產品線的市場時，已經銳不可當，大廠要開始防堵早為時已晚。再者，Under Armour 以青中年的消費市場為主力目標客群，不僅瞭解目標客層對運動用品的功能需求，更深入心理層面，產出有名的 slogan: "I will what I want." 將運動員不屈不撓的精神表露無遺，深深打動許多消費者的心。同時，Under Armour 也創造了許多動人的品牌故事，讓品牌行銷更具吸引力。這些都是塑造 Under Armour 這個品牌，奠定今日在運動用品市場中地位的主要策略，也讓第一大品牌 NIKE 開始認真面對此後起之秀的挑戰。

Under Armour 的雄心壯志，可由他們位於馬里蘭總部員工重量訓練室鏡上掛的標語略窺一二："They are still sleeping in Beaverton."（他們仍在比佛頓沉睡），而 NIKE 的總部，正是位於奧勒岡州的比佛頓市 (Beaverton)。想取代 NIKE 成為下個運動用品界霸主的企圖心，不言而喻。

◉ 本章主要概念

消費者行為	經濟學
心理學	訊息處理模型
社會學	消費主義
文化人類學	

 習 題 ▪▪

一、選擇題

（　）1.下列關於消費者行為的敘述，何者錯誤？　(A)消費者行為是一門理論，也是一項應用　(B)消費者行為僅有量化資料分析，並無質化資料分析　(C)除了學術界之外，消費者行為在實務界也相當重要　(D)消費者行為是一門高度科際整合的學科

（　）2.下列何者不是消費者行為主要考慮的因素？　(A)能力　(B)動機　(C)任務難易程度　(D)機會

（　）3.下列何者不是消費者行為主要包含的基礎學科？　(A)心理學　(B)物理學　(C)經濟學　(D)文化人類學

（　）4.以消費者行為模型為基礎，下列何者不是外在影響因素？　(A)社會階層　(B)公司行銷策略　(C)家庭因素　(D)心理因素

（　）5.下列關於消費者行為模型的敘述，何者錯誤？　(A)消費者行為模型包含了資訊的輸入、處理以及輸出　(B)在訊息處理的過程中，外在因素有較大的影響　(C)購買行為與購後評估屬於訊息輸出的階段　(D)消費者行為模型為一理性架構，所以較可能會忽略情感因素的影響

（　）6.下列關於消費者行為關係的敘述，何者正確？　(A)消費者行為與企業之間的關係在於行銷與倫理兩個層次　(B)消費者行為與行銷為兩門獨立的學科，所以並沒有相關的概念與特性　(C)消費者行為大多應用於商業利益，所以政府與消費者行為並無深切關係　(D)社會行銷的興起，使得社會大眾與消費者行為的關係受到限制

（　）7.消費者行為的研究和下列何種管理的學科關係最密切？　(A)生產管理　(B)行銷管理　(C)組織行為　(D)財務管理

（　）8.消費者態度的議題是源自於下列何種基礎社會科學？　(A)心理學　(B)社會學　(C)經濟學　(D)人類學

（　）9.下列何者不是消費者行為的內在影響因素？　(A)學習　(B)文化　(C)知覺　(D)性格

（　）10.以消費者資訊處理模型作為消費者行為的基礎模型可能欠缺針對下列何者的探討？　(A)記憶　(B)知覺　(C)學習　(D)情緒

二、思考應用題

1.以你最近一次的消費購買行為為例，從需求確認、資訊蒐集、選項評估以至於購買行為的產生，每個階段各受到本章中所提的哪些因素影響？其中如動機、知覺、性格、學習、態度等個體因素以及文化、社會階層、家庭、參考團體等環境因素的角色各自為何？以你自己的消費經驗與你朋友最近一次的消費經驗做比較，又

有何不同?

2. 將你所遇到的消費者行為問題（例如要如何刺激消費者來購買或是小品牌要如何對抗大品牌贏取消費者信心）寫下來，在本課程結束時，看看你所學的內容是否能解答你所列出的問題？如果不行，為什麼？你覺得消費者行為應該研究哪些主題才能解答你的問題？

3. 你和你的父母輩對「流行」這個概念，彼此想法有何相同與不同之處？在你父母輩流行的事物和你的時代中流行的事物引爆流行的關鍵有何不同？

4. 以你最近一次購買服務的經驗為例（例如去餐廳、搭乘飛機或是剪頭髮），說明你對服務品質的滿意程度，這包括整體的滿意度，以及對各細節（屬性）的滿意。並說明業者對消費者行為的瞭解，如何影響到你的滿意程度？

5. 以你最近看過印象最深刻的廣告為例，說明為何你會對這支廣告印象特別深刻的原因？你對消費者行為的瞭解是否能解釋你為何對這支廣告印象深刻的原因？

第二章 消費者行為的研究方法

你知道全球最大的房地產開發商是誰嗎?是中國大陸的萬科地產。萬科地產成立於 1988 年,當時的總經理王石,隨著萬科地產的成長茁壯,也逐漸成為中國大陸最家喻戶曉的知名人物之一。萬科地產專門開發平價住宅,其總經理王石也以能精確掌握房地產趨勢動向而聞名地產界。王石喜愛運動爬山,曾經三次來到臺灣攀登玉山,他也曾經成功攀上珠穆朗瑪峰。曾經有記者問他:「爬珠穆朗瑪峰難還是經營事業難?」王石的回答十分有趣,他說:「我爬珠穆朗瑪峰花了 6 天,經營事業花了我 22 年,而且現在還在繼續,你說哪個比較難?」

王石來臺灣時,曾經受邀去考察各地的房地產。當看到有針對單親家庭的特殊需求而開發的社區住宅專案,內有托嬰等照護服務時,王石除了對建商考慮的周詳倍加讚嘆外,他同時也認為,自己絕不會來臺灣做房地產開發的生意。為什麼呢?理由很簡單。因為市場區隔可以細緻到規劃單親家庭的目標客層,代表了一個重要的意義,就是「市場競爭太過激烈了」。就王石以及萬科地產的角度而言,他沒有理由從中國大陸廣大而容易入手的市場中分出資源來經營臺灣這個競爭如此激烈的市場。就王石而言,這是一個事倍功半而不討好的策略❶。

王石的這個例子告訴我們什麼重要的事情?不是別的,正是對市場資訊蒐集以及判讀的能力,對行銷策略形成的重要角色。用現代的行銷研究語彙來說,王石是使用「觀察法」(見 2.3 節的說明)來蒐集市場的資訊。然而,成功的市

---

❶ 孫秀惠 (2008)。〈王石:再怎麼開放,我都不會去!〉。《商業周刊》,1073。

場資訊解讀，除了嚴謹的資料蒐集的方法之外，更有賴於對市場的敏感以及經驗。王石具備了此種必須的經驗以及能力，使得他能在看到單親家庭的社區時，做出「市場競爭必然激烈」的判斷與結論。

王石的例子告訴我們，要瞭解一個市場，必須對市場資訊有充分判斷與解讀的能力。作為一個實證的學科，消費者行為同樣也需要對市場和消費行為的資料進行蒐集以及判讀。本章的目的，即在於介紹消費者行為的研究方法，如何能進行有效的消費行為以及市場資訊的蒐集以及判讀的方法。本章的內容是方法論，這些方法在社會科學的其他領域，如心理學、社會學以及文化人類學中，也是共通的研究法。

消費者行為是一門實證的科學，這句話意指任何理論的建立，都必須要有實證的證據作為推論的基礎。在現代西方文明中，透過客觀方式蒐集而來的證據作為佐證理論基礎的證明，最早出現於自然科學。物理學、化學以及醫學的發展，都深受此自文藝復興與啟蒙時代以來主流思潮的影響。在十九世紀末，二十世紀初之時，當社會科學開始蓬勃發展時，也受到此種精神的影響，於是在研究人類行為時，也講求實證證據來證明理論的正確，消費者行為的研究也不例外。

> ⊙ 實證證據
> 指經由蒐集資料對所提的理論提供支持的證據。

在本書中所討論的各項主題與內容，無論是消費者的態度、決策，或是社會文化對消費者決策的影響，其理論的建立都需要透過實證資料的蒐集。同樣在實務界中，無論是廣告或是市場研究，也都需要嚴謹的研究方法來蒐集消費者的行為資料，來進一步設計有效的行銷策略或行銷溝通策略。因此，熟悉研究方法是學習消費者行為最重要的基礎之一。

本章結構如下：首先先就消費者研究方法的類型作一分類，然後介紹研究的流程與步驟；接著以研究流程的每項步驟作為大綱，分別介紹具體的研究方法，以及各個步驟執行時的要領及應注意事項。

"A and C are a bit on the gritty side... B seems to have a bitter aftertaste... C has a good taste but a bit too mushy..."

🔵 圖 2–1　傳神描述消費者研究的漫畫

2.1　消費者研究的種類與適用時機

　　消費者研究的類型很多，大體上可以依照所蒐集資料的型態，以及研究的類型來做分類。

㈠以資料的型態區分

　　可分為質化研究與量化研究兩種❷：

1.質化研究 (Qualitative Research)

　　質化研究是以蒐集質性的資料（如文字）為主，為詮釋主義 (Interpretivism) 者研究消費行為時常用的方法。詮釋主義偏重於描述消費的現象，不認為複雜的消費現象有單一的原因解釋，主張事實是透過研究者主觀的研判所下的結論。

2.量化研究 (Quantitative Research)

❷　Malhotra, N. K., Peterson, M., & Kleiser, S. B. (1999). "Marketing Research: A State-of-the-art Review and Directions for the 21st Century." *Journal of the Academy of the Marketing Science*, 27, 2, 160–183.

　　量化研究是以蒐集數量的資料（如數字）為主，為實證主義 (Positivism) 者研究消費行為時常用的方法。實證主義者主張消費現象的因果關係可以透過嚴謹的研究過程得到釐清，消費現象有單純的原因可以解釋，對行為的研究則是客觀的科學研究歷程，這也是詮釋主義和實證主義在研究基本的假設上最大的差異。

㈡以研究的類型區分

　　可分為探索性研究、描述性研究以及因果性研究等三種❸：

1.探索性研究 (Exploratory Research)

　　探索性研究是在對一個問題或現象進行初步瞭解時使用的方法。通常探索性研究沒有特定的假設需要檢驗，而是開放性的針對一個現象進行資料蒐集。這類研究通常透過觀察或訪談的方式蒐集質化的資料，透過對資料的詮釋去瞭解現象。例如要進入一個新的國際市場時，由於沒有其他深入的資料可以幫助瞭解該市場的特性，常以探索性研究對該市場進行初步的瞭解。

2.描述性研究 (Descriptive Research)

　　描述性研究是對一個現象使用文字或數字進行描述。例如消費者對一個品牌的知名度、態度及購買意願等，常以問卷的形式蒐集數量的資料描述之。一個品牌的品牌形象，則可能用文字的方式描繪，例如以深度訪談或投射測驗的方式來描述品牌的形象。和探索性研究類似，描述性研究通常沒有特定的假設，只就一個現象及其中相關的主題作具體的描繪。

3.因果性研究 (Causal Research)

　　因果性研究是在確認變數之間的因果關係，通常是最嚴謹的研究方法。由於社會科學所研究的現象通常非常複雜，許多變數彼此進行複雜的互動而產生最後觀察到的現象。因此要確認變數間的因果關係通常是很困難的，需要有嚴謹控制程序的實驗法才能處理複雜變數間的關係。

---

❸　Burns, A. C., & Bush, R. F. (2006). *Marketing Research.* 5th edition. Upper Saddle River, NJ: Pearson Prentice Hall.

　　因果性研究乃藉由操弄自變數（以及中介變數與調節變數）與觀察依變數的變化，來探討兩者間的因果關係。在此過程中，有許多可能會干擾因果關係推論的混淆變項必須加以適當控制，才能正確推論因果關係的存在，因此需要使用高度量化而嚴謹的實驗方法才能達到研究的目的。以下將各種常見的研究方法之分類以表 2-1 加以說明（具體的研究方法細節將於 2.2 節中說明）：

表 2-1　研究方法分類

	探索性研究	描述性研究	因果性研究
質化研究	訪談法 觀察法	訪談法 投射測驗	無
量化研究	次級資料 觀察法	問卷調查法	實驗法

2.2　消費者研究的步驟與方法

　　如同其他社會科學的實證資料蒐集步驟，消費者研究在蒐集消費者行為或態度資料時，有嚴謹而固定的研究方法及步驟。這些步驟主要包括：研究問題範疇的界定、研究設計與抽樣方法的決定、資料蒐集、資料分析，以及結果的解釋與報告撰寫等步驟。茲以圖 2-2 描述消費者研究的流程[4]。

---

❹　Krum, J. R., Rau, P. A., & Keiser, S. K. (1987). "The Marketing Research Process: Role Perceptions of Researchers and Users." *Journal of Advertising Research*, 27, 8–21.

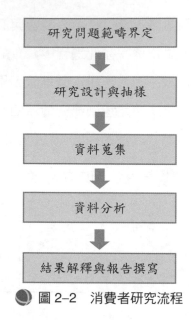

研究問題範疇界定

↓

研究設計與抽樣

↓

資料蒐集

↓

資料分析

↓

結果解釋與報告撰寫

圖 2-2　消費者研究流程

以下針對研究流程中的每一步驟的具體執行方法作一討論。

2.2.1　研究問題範疇界定

　　研究流程的第一項步驟為研究問題範疇界定。此步驟是一項看來普通但卻是最重要的研究步驟。正確的研究範疇定義可以有效界定研究的方向與範圍，也會決定資料的形式、資料蒐集的方法以及資料分析的效力與結果解釋的方向。而錯誤或誤導的研究結果，往往源自於研究範疇界定的錯誤，使得之後資料蒐集的方向都產生了偏差。由管理問題轉化成研究問題，是一項重要的過程。研究的問題本身必須能藉由資料的蒐集與解釋來解決原先管理的問題，研究者應先規劃蒐集哪些資料可以解決什麼問題。確認所蒐集的資料可以解決管理決策的問題是此部分最重要的目的之一。

　　舉例而言，公司開發新產品時，要為新產品訂定價格，這是行銷決策問題。為了要制定適當價格而進行研究時，研究問題需要瞭解消費者的價格知覺，亦即產品在消費者心目中的主觀價值。此時，轉化為研究問題時，可以研究消費者的價格敏感度，觀察在不同價格水準時，消費者對產品的接受程度，由此找出最適當的價格水準。如此，針對不同的行銷決策或管理問題，可以將之轉化成研究問題，然後針對研究問題蒐集適當資料來幫助解決管理的問題。

◆ 2.2.2 研究設計與抽樣

在研究範疇確定之後，接下來就是要決定針對本研究應使用何種研究設計與樣本的選定。研究設計的種類有很多，視特定研究的目的與性質決定最適用的設計。通常探索性研究由於要廣泛的蒐集資料，且無特定的研究假設，故其研究假設較為寬鬆；描述性研究需要較探索性研究更嚴謹的研究設計；因果性研究為了確認變數間的因果關係，通常需要最嚴謹的研究設計。

如上所述，研究設計的種類繁多，但大致可分為受試者內設計 (Within-subject Design) 與受試者間設計 (Between-subject Design) 兩大類的設計型態。受試者內設計指的是同一批消費者接受不同的變數操弄；受試者間設計指的是不同的變數操弄是給不同的消費者。舉例而言，若一家飲料公司有 A、B、C 三種不同新口味的飲料，希望在產品上市前作口味測試，以決定何種口味最受消費者歡迎，將該口味推出上市，此時受試者內設計與受試者間設計都可使用。受試者內設計是指將不同的口味由同一批受試者試飲，然後由同一批受試者比較口味間的差異；受試者間設計是指將不同口味的飲料給不同的受試者試飲，由不同的受試者比較口味間的差異。

上述兩種設計各有優缺點。受試者內設計由於同一個人嘗試了不同的口味，口味間可能會彼此干擾，影響測試結果；受試者間設計則因不同口味由不同人嘗試，人與人間的個別差異 (Individual Difference) 可能會影響結果。因此並無一定標準可以比較何種設計較佳，需視個別研究的特性決定。但須注意有些研究的變數只能採取某一種設計方式。例如以性別為變數時，只能採用受試者間設計，原因是同一個人不可能同時是男也是女，因此不可能採用受試者內設計。

決定了研究設計之後，接下來需要決定抽樣的方法與樣本組成，同時考慮抽樣誤差及如何減少誤差。抽樣方法有許多種，但通常可分為隨機抽樣與非隨機抽樣兩類。表 2-2 列出主要的抽樣方法以及簡單的意義說明：

🍀 表 2-2　常見的抽樣方法

方　式		說　明
隨機抽樣	簡單隨機抽樣	按照一定隨機規則從母群中抽出樣本
	階層抽樣	先定義階層變數，再從每個階層中進行隨機抽樣的程序
	集群抽樣	先將母群區分為數個彼此互斥而同質性高的集群，再從每個集群中隨機抽取異質性高的樣本
非隨機抽樣	便利抽樣	依照樣本取得的便利性為主要考量所進行的抽樣程序
	判斷抽樣	依研究者個人經驗的判斷所進行的一種便利抽樣的形式
	配額抽樣	一種兩階段式的判斷抽樣。先發展配額變數，分配樣本額度，然後進行判斷抽樣的程序

（資料來源：改寫自 Malhotra, N. (2007). *Marketing Research: An Applied Orientation*, 332. 5th edition. Pearson Educaion Inc: Upper Saddle River, NJ.）

樣本組成是指對研究資料蒐集對象的描述，通常會以人口統計或行為變數描述。例如：「20 歲至 40 歲高中教育程度以上共 100 人，男女各半，每個月使用本產品至少一次以上。」就是一個描述受試樣本的方式。最後，任何研究都會有誤差，而抽樣程序、樣本特性以及研究作業程序等，都可能造成誤差。例如電話抽樣無法涵蓋沒有列在電話簿中的家戶，有些拒訪的人也可能造成誤差，或者在資料輸入階段，輸入的手誤等也會造成誤差。表 2-3 列出常見的抽樣誤差及改善方式：

🎾 圖 2-3　若使用網路進行問卷調查，則樣本可能無法涵蓋到沒有裝設網路或是不熟悉電腦操作的民眾（即未涵蓋誤差）

🍀 表 2-3　抽樣誤差的類型及改善方式

誤差類型	意　義	改善方式
隨機誤差	問卷測量的過程中由隨機程序產生的誤差。如抽樣等過程產生的隨機誤差	・抽樣過程盡量符合隨機程序
未涵蓋誤差／過度涵蓋誤差	未能抽樣到的部分母體／抽樣比重過大的部分母體	・改善取樣方法 ・調整次樣本比例
不在家	因受訪者不在家所致無法取樣的誤差	・先約定電話聯絡時間 ・確定在家時間，再打電話過去

拒　答	因受訪者拒答導致無法取樣的誤差	・匿名保證 ・提供誘因 ・提前告知
資料蒐集 執行誤差	因訪員特質或資料蒐集過程中的執行程序所致的誤差	・加強訪員訓練 ・需清楚書寫訪員須知 ・複檢訪員資料
行政誤差	資料輸入及編輯過程中產生的誤差	・仔細檢查資料編輯 ・複查

（資料來源：改寫自 Malhotra, N. (2007). *Marketing Research: An Applied Orientation*, 90. 5th edition. Pearson Educaion Inc: Upper Saddle River, NJ.）

　　研究資料品質的提升並不意味能夠完全消除誤差，而是在各個階段將可能的誤差盡量減少到最小。對各項誤差來源仔細的考慮以及在程序上盡量減少誤差的產生，是提升資料品質的不二法門。

2.2.3　資料蒐集

　　在研究方法決定之後，接下來便是實際執行資料蒐集的程序。資料蒐集的方法甚多，以下針對主要常見的方法作一簡單介紹：

㈠次級資料蒐集

　　相對於為特定目的而蒐集的主要資料 (Primary Data)，使用別人先前已經蒐集好並出版的資料稱為次級資料 (Secondary Data)❺。在市場上可取得的次級資料中，有些來源是來自於政府，如主計處、內政部、經濟部等單位每年都出版許多有關人口統計或工商業活動（如進出口貿易等）的資料可供利用；有些則是專為商業用途（如不同產品的市場、消費者生活型態等）所蒐集的次級資料。在臺灣，常用的商業次級資料來源是東方廣告出版的 E-ICP 資料庫 (Eastern-Integrated Consumer Profile)，可視需求付費使用。

　　使用次級資料的主要優點是成本較低廉，通常適用於初步探索性的研究；

---

❺　Castleberry, S. B. (2001). "Using Secondary Data in Marketing Research: A Project That Melds Web and Off-Web Sources." *Journal of Marketing Education*, 23, 3, 195–203.

主要缺點是由於資料是為了一般性的目的而蒐集，未必適合針對特定目的的研究。此外，由於資料蒐集是由第三者所執行，對於資料的品質較難掌握，也是使用次級資料時需要特別留意的地方。

㈡觀察法

觀察法是另一種常用的研究工具，通常在探索性的研究中對於研究對象進行初步瞭解時使用❻。觀察可分為許多種類：⑴若是以觀察內容是否事先明確指定來區分，可分為結構觀察（觀察前有明確指定觀察標的）與非結構觀察（觀察前未指定觀察標的）；⑵若是以觀察對象是否知悉自己正被觀察，可分為偽裝觀察與非偽裝觀察；⑶若是以觀察情境是否經過刻意安排來區分，可分為自然觀察與非自然觀察；⑷若是以觀察所使用的工具區分，則可分為肉眼觀察與機械輔助觀察。

觀察時所記錄的內容固須詳盡，對觀察所得的內容進行的資料分析與詮釋更為重要。研究者必須能就觀察內容在深層意義上相互連結，藉此產生對行銷策略新的意涵。此種詮釋的能力多半來自於持續練習所產生的經驗，經常作此類資料的分析可以增加詮釋的能力，為行銷策略帶來新的啟發。

㈢投射測驗

投射測驗的根本假設是來自於佛洛伊德的心理分析理論。心理分析的理論假設人有許多動機自己並不清楚，受到各種因素的影響而潛抑 (Repress) 在潛意識中。這些潛意識中的想法只有透過仔細設計的中性材料才能投射 (Projection) 出來。圖 2–4 為一投射測驗在商業上應用的卡通測驗圖片例子：

---

❻ Ezzy, D. (2001). "Are Qualitative Methods Misunderstood?" *Australian and New Zealand Journal of Public Health*, 25, 4, 294–297.

🔵 圖 2–4 投射測驗圖片實例（對 ABC 百貨公司的看法會透過此類卡通圖片的投射表現出來）

受試者看卡通圖片，填入兩人對話的答案，這個答案可視為受試者對該百貨公司態度看法的投射。另外在以小孩為對象的研究中，由於小孩較難將自己的思考與感覺內容口語化，所以也常使用投射測驗作為資料蒐集的方法。

除了上述的卡通測驗外，在消費者研究中常見的投射測驗如字詞聯想（如當你看到「洗衣粉」這個詞時會聯想到什麼?）、詞句完成（如我最想要的洗衣粉是_____。）、故事完成（如編製一個與洗衣粉有關的故事的開頭，要求受試者繼續完成該故事）等等。

在以小孩為對象的投射測驗中，常用卡通的方式呈現材料，再要求小朋友依自己的想像繼續說出卡通裡的人物的想法及互動過程。如同觀察法一樣，研究者也必須對投射出的反應有豐富的詮釋經驗才能成功解釋內在的動機。

㈣焦點團體座談與深度訪談

訪談是需要蒐集質化資料時常用的方法之一，也是消費者研究最重要、最常用的蒐集質化資料的研究方法之一。通常依訪談人數多寡分為焦點團體座談以及深度訪談兩類❼。焦點團體座談是以 4 到 8 人的小組為訪談單位的集體訪

❼ Greenbaum, T. L. (1993). "Focus Group Research Is Not a Commodity Business." *Marketing News*, 27, 5, 4; Greenbaum, T. L. (1991). "Answer to Moderator Problems Starts with Asking Right Questions." *Marketing News*, 25, 11, 8–9; Fern, E. F. (1982).

談，而深度訪談則通常是一對一的訪談形式。

在焦點團體座談（見圖 2–5）中，座談會主持人扮演了最核心的角色，主持人的主持技巧與經驗對座談會的成敗有決定性的影響。此外，主持人的個人性格與特色也影響座談會的成效甚鉅。在主持技巧方面，主持人應具備良好的傾聽能力，能就重要問題進行追問 (Probing) 的技巧，不做引導或偏差的評論，對討論大綱能融會貫通並靈活運用，以及清晰的表達與組織能力。就現場氣氛而言，主持人要能掌控座談會現場的氣氛，鼓勵發言較少的參與者發言，並抑制過度活躍的參加者。至於是否能創造現場融洽的氣氛，就有賴於主持人的性格及親和力。

圖 2–5　焦點團體座談

深度訪談通常採一對一的形式。與焦點團體座談相比，深度訪談能觸及較私密與個人性的問題，且討論深度也較焦點團體為佳。但其缺點則是缺乏團體討論互動中的腦力激盪功能，較屬個人經驗的提供而較少新點子發想的機會。

由於上述兩種方式各有優缺點，因此實際操作應視研究性質與預算等條件限制來決定應採何者。

㈤問　卷

使用問卷作描述性研究是蒐集量化資料最常用的方法❼。問卷設計的題目內容，須以研究目的為根據設計，答案應能回應研究目的的需要。問卷設計應注意基本原則如題意及使用文字的清晰，答案應使用適當的量尺等等。以下為一針對中國大陸民眾餐飲習慣進行調查的網路問卷的實例：

"The Use of Focus Groups for Idea Generation: The Effects of Group Size, Acquaintanceship, and Moderator on Response Quantity and Quality." *Journal of Marketing Research*, 1–13.

❽　Webb, J. (2000). "Questionnaires and Their Design." *The Marketing Review*, 1, 2, 197–218.

問卷名稱：餐飲使用習慣

調查配額：3,000 人

開始時間：

結束時間：

關鍵說明

　　非常感謝您提供的寶貴意見，在答卷之前請認真閱讀以下說明：

1. 真實。我們每個問題都與您每天生活息息相關，所以，我們希望得到您的真實回答。

2. 耐心。請您務必閱讀我們的問題，不要使用滑鼠亂點擊答案，以免被判作無效問卷。

　　因此，如果出現「沒聽過 A 產品」但「最喜歡 A 產品」這種矛盾的回答，審核人員會將其判作無效問卷。

　　閱讀完上面的說明之後，我們開始本次的交流吧！

正式問卷

一、西式速食店（洋速食店）

品牌表現

A1. 當提到「西式速食店（洋速食店）」的時候，您會想到哪些品牌呢？

　　_____、_____、_____

A2. 請問您最喜歡的「西式速食店（洋速食店）」是哪個品牌呢？

　　_____

A3. 最近三個月內，您最常去哪一家「西式速食店（洋速食店）」買餐點或飲料呢？

　　_____

A3a. 為什麼最近三個月內您最常去剛剛您說的這家「西式速食店（洋速食店）」買餐點或飲料呢？〔複選〕

01) 品牌知名度高	02) 常看到這個品牌的廣告
03) 這家店的廣告吸引人	04) 有外送的服務
05) 購買方便（容易買到）	06) 常有促銷活動
07) 常推出新的產品	08) 口味種類選擇多
09) 產品好吃	10) 產品有特色
11) 產品乾淨衛生	12) 價格適當
13) 店內環境舒適	14) 店內環境乾淨清潔
15) 店內有提供小孩遊樂區	96) 其他（請註明）_____

99) 從不吃西式速食店（洋速食店）的東西一〔跳答 C1〕

A4. 請問您下次最想去哪一家「西式速食店（洋速食店）」買餐點或飲料呢？

_____

購買行為

B1. 平時在選擇要到哪一家「西式速食店（洋速食店）」用餐或喝飲料，通常是誰決定的呢？〔單選〕

01) 我是主要的決定者

02) 我不是決定者，但我會參與意見

03) 我從來都不會參與任何意見，都是別人決定的

B2. 請問您通常在選擇要到哪一家「西式速食店（洋速食店）」的時侯，最關注的是以下哪些因素呢？〔排序，排出最關注的前五個因素〕

01) 品牌知名度高   02) 常看到這個品牌的廣告

03) 這家店的廣告吸引人   04) 有外送的服務

05) 購買方便（容易買到）   06) 常有促銷活動

07) 常推出新的產品   08) 口味種類選擇多

09) 產品好吃   10) 產品有特色

11) 產品乾淨衛生   12) 價格適當

13) 店內環境舒適   14) 店內環境乾淨清潔

15) 店內有提供小孩遊樂區   96) 其他（請註明）_____

B3. 請問您平均一次大約會花多少錢買「西式速食店（洋速食店）」的餐點或飲料呢？（請寫出一個固定的金額數字）

_____元

B4. 針對下列的「西式速食店（洋速食店）」，哪一種情況最適合描述您的使用行為：〔單選〕

一個月內有去消費過＝1；三個月內有去消費過＝2；六個月內有去消費過＝3；半年內沒去消費過，但以前有去過＝4；從來沒有去過＝5

a. 肯德基	1	2	3	4	5
b. 麥當勞	1	2	3	4	5
c. 德克士	1	2	3	4	5

資訊來源
C1. 您通常會從哪些管道看到「西式速食店（洋速食店）」的訊息呢？〔複選〕

01) 雜誌　　　　　　　　　　　02) 網路
03) 家裡或單位內的電視廣告　　04) 戶外看板廣告
05) 辦公樓宇 LCD　　　　　　　06) 地鐵廣告
07) 燈箱廣告　　　　　　　　　08) 銷售人員
09) 親朋好友　　　　　　　　　10) 車身廣告
11) 公車內的電視廣告　　　　　12) 計程車內的電視廣告
96) 其他（請註明）＿＿＿＿＿＿＿＿＿＿

二、現做的飲料外賣店

現做的飲料外賣店：指的是現場現沖的茶飲料／果汁／咖啡的外賣店，例如：珍珠奶茶、泡沫紅茶／綠茶等。

品牌表現
D1. 當提到「現做的飲料外賣店」的時候，您會想到哪個品牌呢？
＿＿＿＿＿＿＿、＿＿＿＿＿＿＿、＿＿＿＿＿＿＿

D2. 請問您最喜歡的「現做的飲料外賣店」是哪個品牌呢？
＿＿＿＿＿＿＿

D3. 最近三個月內，您最常去哪一家「現做的飲料外賣店」買飲料呢？
＿＿＿＿＿＿＿

D3a. 為什麼最近三個月內您最常去剛剛您說的這家「現做的飲料外賣店」買飲料呢？〔複選〕

01) 飲料種類選擇多　　　　　02) 經常推出新產品
03) 飲料好喝　　　　　　　　04) 飲料有特色
05) 口味道地　　　　　　　　06) 成分天然新鮮
07) 飲料乾淨衛生　　　　　　08) 價格合理
09) 店面環境整潔　　　　　　10) 店員服務有效率
11) 店員服務態度親切　　　　12) 有客制化的服務
13) 店員服務專業　　　　　　14) 有外送服務
15) 促銷活動多　　　　　　　16) 購買方便（容易買到）
17) 這家飲料外賣店的廣告吸引人　96) 其他（請註明）＿＿＿＿＿＿
99) 從不喝現做的飲料外賣店的東西—（跳答 F1）

D4. 請問您下次最想去哪一家「現做的飲料外賣店」買餐點或飲料呢?

_____

購買行為

E1. 平時在選擇要到哪一家「現做的飲料外賣店」買飲料,通常是誰決定的呢?〔單選〕

01) 我是主要的決定者

02) 我不是決定者,但我會參與意見

03) 我從來都不會參與任何意見,都是別人決定的

E2. 請問您通常在選擇要到哪一家「現做的飲料外賣店」的時候,最關注的是以下哪些因素呢?〔排序,排出最關注的前五個因素〕

01) 飲料種類選擇多	02) 經常推出新產品
03) 飲料好喝	04) 飲料有特色
05) 口味道地	06) 成分天然新鮮
07) 飲料乾淨衛生	08) 價格合理
09) 店面環境整潔	10) 店員服務有效率
11) 店員服務態度親切	12) 有客制化的服務
13) 店員服務專業	14) 有外送服務
15) 促銷活動多	16) 購買方便(容易買到)
17) 這家飲料外賣店的廣告吸引人	96) 其他(請註明)_____

E3. 請問您自己本身平均一次大約會花多少錢買「現做的飲料外賣店」的飲料呢?(請寫出一個固定的金額數字)

_____元

E4. 針對下列的「現做的飲料外賣店」,哪一種情況最適合描述您的使用行為:〔單選〕
一個月內有去消費過 = 1;三個月內有去消費過 = 2;六個月內有去消費過 = 3;半年內沒去消費過,但以前有去過 = 4;從來沒有去過 = 5

a. C 多多	1	2	3	4	5
b. 街客	1	2	3	4	5
c. 快樂檸檬	1	2	3	4	5
d. 避風塘	1	2	3	4	5
e. 茶風暴	1	2	3	4	5
f. coco 都可	1	2	3	4	5

資訊來源

F1. 您通常會從哪些管道看到「現做的飲料外賣店」的信息呢?〔複選〕

01) 雜誌 02) 網路

03) 家裡或單位內的電視廣告 04) 戶外看板廣告

05) 辦公樓宇 LCD 06) 地鐵廣告

07) 燈箱廣告 08) 銷售人員

09) 親朋好友 10) 車身廣告

11) 公車內的電視廣告 12) 計程車內的電視廣告

96) 其他（請註明）_____

三、火　鍋

品牌表現

G1. 當提到「火鍋店」的時候，您會想到哪個品牌呢?

_____、_____、_____

G2. 請問您最喜歡的「火鍋店」是哪個品牌呢?

_____

G3. 最近三個月內，您最常去哪一家「火鍋店」吃火鍋呢?

_____

G3a. 為什麼最近三個月內您最常去剛剛您說的這個「火鍋店」吃火鍋呢?〔複選〕

01) 品牌知名度高 02) 口碑好

03) 食材選擇性多 04) 經常推出新食材

05) 鍋底用料實在 06) 鍋底味道獨特

07) 食材／鍋底乾淨衛生 08) 調料選擇性多

09) 價格合理 10) 店內環境整潔

11) 地點便利／在附近 12) 店員服務有效率

13) 店員服務態度親切 14) 店員服務專業

15) 店內等候時的服務周到 16) 促銷活動多

17) 店內的空間寬敞舒適 18) 這個火鍋店廣告吸引人

96) 其他（請註明）_____ 99) 從不在外面吃火鍋─（跳答 J1）

G4. 請問您下次最想去吃哪一家「火鍋店」的火鍋呢?

_____

購買行為

H1. 平時在選擇要到哪一家「火鍋店」吃火鍋，通常是誰決定的呢？〔單選〕

01) 我是主要的決定者

02) 我不是決定者，但我會參與意見

03) 我從來都不會參與任何意見，都是別人決定的

H2. 請問您通常在選擇要到哪一家「火鍋店」的時侯，最關注的是以下哪些因素呢？〔排序，排出最關注的前五個因素〕

01) 品牌知名度高	02) 口碑好
03) 食材選擇性多	04) 經常推出新食材
05) 鍋底用料實在	06) 鍋底味道獨特
07) 食材／鍋底乾淨衛生	08) 調料選擇性多
09) 價格合理	10) 店內環境整潔
11) 地點便利／在附近	12) 店員服務有效率
13) 店員服務態度親切	14) 店員服務專業
15) 店內等候時的服務周到	16) 促銷活動多
17) 店內的空間寬敞舒適	18) 這個火鍋店廣告吸引人

96) 其他（請註明）＿＿＿＿＿＿＿＿＿

H3. 請問您自己本身平均一次大約會花多少錢買「火鍋店」的飲料呢？（請寫出一個固定的金額數字）

＿＿＿＿＿＿＿＿元

H4. 針對下列的「火鍋店」，哪一種情況最適合描述您的使用行為：〔單選〕

一個月內有去消費＝1；三個月內有消費過＝2；六個月內有去消費過＝3；半年內沒去消費過，但以前有去過＝4；從來沒有去過＝5

a. 小肥羊火鍋	1	2	3	4	5
b. 譚魚頭火鍋	1	2	3	4	5
c. 東來順	1	2	3	4	5
d. 重慶小天鵝火鍋	1	2	3	4	5
e. 小尾羊火鍋	1	2	3	4	5
f. 海底撈	1	2	3	4	5
g. 豆撈坊	1	2	3	4	5
h. 秦媽火鍋	1	2	3	4	5
i. 德莊火鍋	1	2	3	4	5
j. 麻辣誘惑	1	2	3	4	5

資訊來源

J1. 您通常會從哪些管道看到「火鍋店」的資訊呢?〔複選〕

01) 雜誌　　　　　　　　　　　02) 網路

03) 家裡或單位內的電視廣告　　04) 戶外看板廣告

05) 辦公樓宇 LCD　　　　　　　06) 地鐵廣告

07) 燈箱廣告　　　　　　　　　08) 銷售人員

09) 親朋好友　　　　　　　　　10) 車身廣告

11) 公車內的電視廣告　　　　　12) 計程車內的電視廣告

96) 其他（請註明）＿＿＿＿＿＿＿＿＿

基本資料

Sex. 您的性別是:〔單選〕

男	1
女	2

Age. 您的年齡:〔單選〕

19 歲以下	1
20～24 歲	2
25～29 歲	3
30～34 歲	4
35～39 歲	5
40～44 歲	6
45～49 歲	7
50 歲以上	8

Year. 請問您在本地市區居住了多少年呢?〔單選〕

不滿 3 年	1
3 年以上	2

Local. 請問您的戶籍是否位於本地?〔單選〕

是	1
否	2

Edu. 請問您的教育程度是:（將只作整體分析，請放心作答）〔單選〕

初中及以下	1
高中／高職	2
專科	3
本科	4
研究生及以上	5

Marry. 您的婚姻狀況：〔單選〕

未婚	1
已婚	2
其他（鰥／寡／離婚／分居）	3

Work. 請問您目前的工作狀況是：〔單選〕

全職工作	1	續問 D4
兼職工作	2	續問 D4
學生	3	跳問 D5
家庭主婦／家庭管理	4	跳問 D5
無業／待業／退休	5	跳問 D5
其他	6	跳問 D5

Occ. 請問您的職業是：〔單選〕

一般白領職員（業務／會計／收銀員／業務助理／工程師／採購／倉管／行政等）	1
管理或主管人員（經理／科長／廠長／副理／總經理／顧問等）	2
自營商／公司負責人（自有公司／股東／自有店面等）	3
專業技術人士（有證照如律師／會計師／醫師／建築師／教授等）	4
藍領（工人／工廠作業員／店員／司機／農林漁牧／水電工／廚師等）	5
軍人／公務員／教師	6
其他，請註明：＿＿＿＿＿＿＿＿＿＿	7

Pinc. 您的個人月收入（單位：人民幣）（將只作整體分析，請放心作答）〔單選〕

Hinc. 您的家庭月收入（單位：人民幣）（將只作整體分析，請放心作答）〔單選〕

	Pinc	Hinc
沒有收入	1	1
1–999 元	2	2
1,000–1,999 元	3	3
2,000–2,999 元	4	4

3,000–3,999 元	5	5
4,000–4,999 元	6	6
5,000–5,999 元	7	7
6,000–7,999 元	8	8
8,000–9,999 元	9	9
10,000–14,999 元	10	10
15,000–19,999 元	11	11
20,000 元及以上	12	12
拒答	99	99

（資料來源：上海速動市場信息諮詢有限公司）

　　問卷施測的方法有許多種，常見的有郵寄、面訪、電訪、電子郵件以及網路等方式。表 2–4 將各種問卷施測方式的優、缺點作一比較：

表 2–4　問卷施測方法比較

	郵　寄	面　訪	電　訪	電子郵件	網　路
優點	・成本低 ・接觸面廣 ・適用敏感問題 ・可匿名回答	・回應率高 ・可追問開放問題 ・問題順序可調整 ・可使用視覺材料	・成本適中 ・可使用電腦輔助 ・抽樣面廣 ・資料蒐集速度快	・成本低 ・無訪員誤差 ・資料蒐集速度快 ・接觸面廣	・問題設計彈性大 ・可用視覺材料 ・資料蒐集速度快 ・成本低
缺點	・回應率低 ・無法控制資料品質 ・無法追問開放問題 ・無法控制回答順序	・成本高 ・訪問時間較短 ・有訪員誤差 ・受訪者資格難控制	・無法使用視覺材料 ・不易建立信任關係 ・無法接觸到不在電話簿中的人 ・拒答率較面訪高	・無法澄清模糊問題 ・問題順序不能改 ・受訪資格難控制 ・填答環境難控制	・樣本資格難控制 ・資料品質難控制 ・重複填答難控制 ・只能接觸到網路使用者

（資料來源：改寫自 Malhotra, N. (2007). *Marketing Research: An Applied Orientation*, 187 & 204. 5th edition. Pearson Educaion Inc: Upper Saddle River, NJ.）

注意 !!!
網路發達之後，網路問卷有逐漸替代傳統問卷的趨勢。

值得注意的是，在網路發達之後，網路問卷快速崛起，有逐漸替代傳統問卷形式的趨勢❾。網路問卷利用網路傳遞問卷內容，受訪者可以直接在網路上瀏覽問卷以及作答。網路問卷成本低，沒有傳統問卷中佔成本結構最大宗的訪員人事成本，且可以使用網路技術呈現動態的電視廣告，這是一般傳統問卷所無法輕易達成的。此外，網路問卷可以適用於交通不便，訪員不易到達的地區，例如中國大陸的鄉村地區，可以參考中國大陸的網路市場研究諮詢公司，如 Avanti Research Partner 中國市場調查網站 (http://www.chinarp.cn)。

為了要使問卷作答者的背景清晰可考，網路問卷通常需要培養一批會員，就個別問卷內容選擇適當會員發給問卷，培養以及維持會員就有一定成本（可以參考臺灣以及中國大陸網路調研的會員網站，如波仕特線上市調網 (http://www.pollster.com.tw) 以及新銳在線市場調查平臺 (http://www.jisha.cn)）。但整體而言，相較於傳統問卷，網路問卷仍有很高的成本優勢。在低成本下能維持相當的測量準確度時，網路問卷的未來發展，值得行銷人員的重視。

㈥實驗法

實驗法是在學術研究中作因果性研究時最常用的方法。藉由操弄自變數與測量依變數變化的方法，探討自變數與依變數間的因果關係。實驗法可以在經過精密設計與控制的實驗室中進行，也可在較自然的環境中進行田野實驗 (Field Experiment)。

實驗法需依據研究假設設計實驗，自變數與依變數皆須明確的操作型定義 (Operational Definition)。此外，對可能影響結果詮釋的混淆變數 (Confounding Variable) 亦須加以控制。從科學的立場而言，實驗法的結果僅能「支持」實驗假設，並無法「證實」假設是正確的。這是因為會影響因果關係的變數極多，在單一實驗中僅能就其中一小部分進行探討而已。

---

❾　Miller, T. W. (2001). "Can We Trust the Data of Online Research?" *Marketing Research*, 13, 2, 26–32.

行銷一分鐘

大數據 (Big Data) [10]

　　大數據 (Big Data)，又稱巨量資料或是海量資料。在日常生活中，無論是在科學、經濟、社會現象或者生物活動、疾病散播等各方面，隨時都有數以億萬計的資料產生。顧名思義，大數據的資料量非常龐大，在過去，由於儲存資料與計算的能力有限，無法以一般的資料庫管理系統工具快速的蒐集與分析大量的資料。但現在，由於計算技術的進步、資料儲存容量的增加以及成本的降低，已足以應付大數據。

　　現今社會已愈來愈重視大數據背後隱藏的訊息，因為藉由蒐集、觀察與分析大數據，可以讓研究者看出在少量資料中無法發現的現象，從而有發現新知識的可能。例如，在研究物質組成的強子對撞機計劃中，實驗中記錄大量對撞次數資料，在過濾數億次的資料後，得到約 100 次有用撞擊資料。也就是說，大約只有 0.001% 的資料是有利用價值的。如果不是拜現代資訊科技大量蒐集與儲存資料的能力所賜，要找到這麼稀少的有效資料，幾乎是不可能的。

　　除了科學實驗外，社會活動也會產生大量資料。人們每天在網路上搜尋的資料、在社群網站（如 Facebook）中彼此來往的訊息，都是社會活動大數據的資料來源。研究社會行為的人員可以透過資料探勘（Data Mining，或稱資料採礦）的分析方式，如集群分析等模型，瞭解及預測人類社會行為的模式以及溝通方式等。另外，我們亦可以從高速公路來往車流的資料，分析以及設計更便利、優良的道路系統。這些都是大數據目前常見的應用場合。在可見的未來，大數據的應用將會愈來愈廣泛，也會為各行各業的發展，帶來新的契機。

---

[10]　維基百科，〈大數據〉。

⏱ **行銷一分鐘**

VR、AR、MR：改變人類未來生活與消費型態的大趨勢

　　寶可夢 (Pokemon) 遊戲的風行，可能是 2016 年資訊產業應用端最大的事件之一。人手一機大街小巷滿街抓「寶」，成了街頭奇景。北投萬人空巷抓寶，不只成為社區安寧的議題，甚至成為時代雜誌 (Times) 所形容的「可能的世界末日景象」。不過，在十年後，這些奇景都將成為微不足道的小事。寶可夢的風行，真正的意義其實是在宣告擴增實境 (Augmented Reality, AR) 時代的來臨，而寶可夢只是第一個小試身手的產品。

　　在智慧型手機、無線網路產業逐漸成熟之際，快速增加的 CPU 速度、價格便宜的超大容量記憶體，以及快速的無線網路傳輸速度，讓資訊界的下一個新興產業逐漸開始嶄露頭角。這個新興產業中有三個主要的類別：虛擬實境 (Virtual Reality, VR)、擴增實境 (Augmented Reality, AR)，及混合實境 (Mixed Reality, MR)。

　　VR 是使用者身處完全虛擬的環境中，AR 及 MR 則是虛擬與真實環境混合存在。AR 的虛擬物件和使用者眼睛的距離不變，頭轉到哪裡，物件也跟著轉動，使用者較容易區分虛擬與真實物件的不同（例如 Google Glass 中的虛擬物件）；而 MR 的虛擬物件則會改變和使用者眼睛間的對應距離關係，使用者較不容易區辨二者間的不同（例如微軟的 Hololens）。一般可以用一個真實─虛擬的連續向度 (Reality-virtuality Continuum) 來分別這幾個概念的不同：從完全真實的環境 (Real Environment)─擴增的真實環境 (Augmented Real)─擴增的虛擬環境 (Augmented Virtual) 到完全虛擬的環境 (Virtual Environment)。

　　虛擬環境的商業應用，目前看到最直接的就是遊戲產業，但這些技術的潛力遠不止於此，無論在商業、醫療乃至於教育，都充滿了無限應用的可能，也許以後學生上地理課，不用再一直面對枯燥無味的課本，而能透過虛擬實境去真實的經歷地球上每一個地方，這不是有趣多了嗎？

◆ 2.2.4 資料分析

在資料蒐集齊全之後，接下來便是進行資料分析的工作。

㈠質化資料的分析

若是質化的資料，通常會由受過訓練的資料分析人員將受訪者對問題的回答加以歸納整理，針對不同受訪者間相似的答案整理出與訪談大綱、研究目的相關的精簡內容，同時過濾掉不相關的內容。作歸納整理時盡量以受訪者的回答內容作忠實的呈現，至於資料分析人員就受訪內容作進一步個人的推論，則須視研究的特性與主題決定是否適合這樣做。有時為了確認資料分析人員詮釋資料的正確性，會由兩組人員就同一組資料進行分析，兩組詮釋的資料間具有高度一致性時才能接受。

內容分析 (Content Analysis) 是另一種分析質化資料的相關方法，此法適合需要將質化資料轉化為量化資料時使用。首先，就欲分析的內容列出一套編碼 (Coding) 的規則，然後將質化的內容編碼成為量化（例如頻率）的資料。舉例而言，若欲分析廣告的品牌性格 (Brand Personality)，則可將不同品牌性格的面向給與分類的代碼，然後將抽樣取得的廣告，按照受過訓練的資料分析人員來判斷一個廣告的品牌性格為何，給與個別廣告品牌性格的代碼，再將轉化後的資料進行較為量化的分析。

如同其他質化資料的分析方法，由於內容分析牽涉資料分析人員主觀的判斷，通常需要兩組人員分別作分析，然後綜合兩組間具高度評分者信度 (Inter-rater Reliability) 的轉碼資料作為結果。對於轉碼兩組人員不同意的部分，則通常經由討論或第三組人員的判斷來達到一致的結果。

㈡量化資料的分析

若是量化問卷的資料，則須將原始問卷資料編碼輸入統計軟體中進行進一步的分析。市面上有許多套裝的統計軟體如 SPSS 或 SAS 都可以滿足一般資料分析的需求。資料輸入須注意不要有編碼或輸入上的錯誤，通常會對輸入的資料進行資料清理 (Data Cleaning) 的檢查工作，以減少誤差的發生。在資料編碼輸入後針對輸入的資料進行統計分析。

　　一般描述性的研究以單變量統計 (Univariate Statistics) 的分析方法為主，如平均數、變異數、標準差等的計算，配合圖形及表格來進行分析。這類的資料分析也會在沒有特定的假設下使用單變量的推論統計，如 t 檢定 (t-test)、相關 (Correlation)、迴歸 (Regression) 或變異數分析 (Analysis of Variance) 等方式作檢定。有時針對特定的研究問題，除了以上所述的單變量統計的分析技術外，也會使用較複雜的多變量統計分析方法。例如，在市場產品定位的研究中常會用到多向度尺度法 (Multidimensional Scaling, MDS)，而在新產品開發時常使用聯合分析 (Conjoint Analysis) 來設計最佳的屬性組合。表 2–5 將常用的資料分析技術及其適用的場合作一整理：

表 2–5　常用的統計分析及其適用場合

資料分析技術	目的與適用場合
t 檢定 (t-test)	檢定兩組在一個依變數上的差異。例如男性與女性顧客對產品偏好的差異
相關 (Correlation)	計算兩個連續變數間共變的程度。例如收入與產品購買意願的相關
多元迴歸 (Multiple Regression)	用兩個以上的自變數來預測另一個依變數。例如用年齡、收入以及教育程度來預測產品的購買意願
變異數分析 (Analysis of Variance)	同時比較兩組以上在一個自變數上的差異。也可比較多個自變數在一個依變數上的差異效果及自變數間的互動關係。例如同時比較性別、年齡層與教育程度對產品態度的影響
區辨分析 (Discriminant Analysis)	以數個自變數來預測一個不連續的間斷依變數 (Discrete Variable)。例如以年齡，教育以及收入來預測消費者是否會購買一項產品。其中依變數是否購買為一間斷變數，只有買與不買兩種情形
邏輯式迴歸 (Logistic Regression)	以數個自變數來預測一個依變數發生的機率。例如以性別、年齡、收入以及教育程度來預測產品購買的機率 註：邏輯式迴歸的依變數是不連續的變數(例如「生」或「死」)，與多元迴歸的連續依變數(如「購買意願」或「態度偏好」)不同
因素分析	尋找一群有相關的變數彼此共通的潛伏變數 (Latent

(Factor Analysis)	Variable)。例如一群消費者間共通的性格或生活型態的歸納，常用到因素分析作為工具
集群分析 (Cluster Analysis)	將變數按彼此間的關係予以分群，常用的有 K-means 與階層集群兩種方法。常見於使用性格或生活型態作市場區隔變數時使用集群分析尋找不同的消費者屬於哪些市場區隔時使用
多向度尺度法 (Multidimensional Scaling)	利用品牌間相似性評估的資料畫出品牌間的幾何距離圖。常見於在瞭解市場品牌定位時繪製品牌的知覺圖 (Perceptual Map，見第五章圖 5–6) 時使用
聯合分析 (Conjoint Analysis)	分析組成品牌的屬性之權重及特定屬性值的價值多少。常用於新產品設計時決定最佳屬性組合之用

 行銷一分鐘

資料分析技術與行銷策略的關係

　　資料分析技術常可以幫助行銷人員規劃行銷策略。例如，聯合分析 (Conjoint Analysis) 在新產品開發時可以幫助決定最佳的屬性組合為何。舉例而言，如果公司要發展一款新的筆記型電腦，其可能的屬性組合如下：

　　　　DRAM：1GB, 2GB

　　　　CPU：1.66GHz, 2GHz

　　　　HD：250GB, 320GB

　　　　顏色：黑色，白色，銀色

　　　　價格：$23,000, $27,000, $29,000

　　這些屬性一共可以組合出七十二 ($= C_1^2 \times C_1^2 \times C_1^2 \times C_1^3 \times C_1^3$) 種不同規格的電腦。為了決定哪種組合是消費者最願意購買的機種，行銷研究人員將這七十二種組合的規格分別寫在七十二張卡片上，再請消費者針對每種規格進行評分或是排名。將這些排名評分的結果進行聯合分析，可以分析出每個屬性的相對權重 (Weight)，以及屬性值的效益分數 (Utility Score)。行銷人員便可依照分析結果，設計最能為市場接受的筆記型電腦產品。

◆ 2.2.5 結果解釋與報告撰寫

在資料經過仔細的分析後，最後需將結果呈現在報告中。報告使用的目的不同，其格式也有很大的差異。例如為學術目的而寫的論文與產業中使用的報告在內容及形式上皆有很大差異。但無論何種報告，都應具備以下部分：

㈠引　言

此部分介紹研究的背景與動機，以及研究的目的。應說明為何要進行此研究，以及透過此研究可以達成何種目的。在學術研究的論文報告中，通常要回顧相關文獻，以突顯本研究的重要性。若是因果性的研究，則應隨著相關文獻的回顧導引出研究假設。在產業報告中，則須詳細說明公司經營面臨何種決策，需要進行此研究來幫助公司管理階層作決策。在管理上的決策問題及此一管理決策問題會轉化成何種消費者研究問題，皆須詳加說明。

㈡研究方法

此部分需說明研究所採用的具體方法及程序，主要應描述資料蒐集的方法。若是量化的問卷，則應包括實驗設計、材料（如問卷）、抽樣方法、樣本組成以及研究程序等步驟；若是質化的研究，則須描述訪談內容大綱、樣本組成以及訪談場次的設計等。

㈢研究結果

● 圖 2-6　善用各種圖表可以讓統計報告更容易閱讀與理解

此部分為資料蒐集完成後分析的結果，為報告的主體部分。若是量化的研究，應針對資料所作的統計分析，作詳細的報告。包括變數的平均數、標準差及變異數等等，以及詳細的統計檢定及其結果。對於有特定假設的研究，應說明統計檢定的結果是否支持研究假設。若是質化研究，則應就訪談結果作歸納整理，並說明結果與研究目的間的關聯，是否回答了研究的問題等。

㈣結論與建議

此部分是整個報告的結論，應就研究結果作一個整體討論，包含結果的再歸納整理，以及結果對研究目的的達成有何貢獻等。在學術論文中，通常會討論本結果對學術理論與實務界的貢獻為何，以及本研究的研究限制與未來研究方向。而在產業界的報告中，則須將研究結果與行銷決策連結，說明本研究的結論如何幫助解決行銷決策的問題。

 行銷實戰應用

行銷研究產業在企業經營中的角色

行銷研究是近數十年間崛起的產業，其興起與消費者導向的行銷有密切的關係。強調消費者導向的行銷觀念著重瞭解消費者的需求以提供滿足消費者的產品以及服務，於是行銷研究成為瞭解消費者需求以及蒐集市場資訊最重要的工具。許多公司專精於提供市場研究相關的資訊，如 Nielsen、Kantar、IRI、Ipsos 等公司（表 2–6 為美國行銷協會所列全球前十大行銷研究公司），這些公司在臺灣也多設有分公司。此外，大型企管顧問公司如麥肯錫 (McKinsey & Co.) 等，在行銷相關的企管顧問計畫中也會大量使用行銷研究的工具來蒐集市場資訊。可說行銷研究已成為一項不可或缺的核心工具。

由於今日的商業活動多由受過商管教育的人員擔任管理活動，許多人發揮在學校所受教育的觀念，希望可以充分利用行銷研究的功能。然而，許多人也發現行銷研究提供的多半是常識性的結論，對於行銷策略的制定似乎並無太大助益，偶爾才會在某些計畫中得到重要有用的資訊。這個現象主要的原因在於對行銷研究的特性認識不足所導致。行銷研究作為一項工具，有其適用範圍，並非所有的行銷策略問題都可以透過行銷研究得到解決。

　　如本文標題所述，行銷研究是介於科學與藝術間的介面，藝術層面是指行銷策略與行銷活動的設定本身需要特別的觀點與創意，對行銷研究所蒐集到的資訊能加以創意的運用。而科學則是指行銷研究作為資訊蒐集工具本身的特性，是具備科學性質的內涵。科學的特性是善於處理範圍小而明確的問題，對於大範疇而定義不清的問題較不能發揮其效益。就使用層面而言，行銷研究是資訊蒐集的方法，因此對於行銷策略設計過程中需要蒐集市場資料的問題其處理能力最佳，但在其他非由資料來決定的行銷決策則幫助甚少。因此使用者必須瞭解什麼問題適合用行銷研究，什麼問題不適合，才能適當運用這項工具，發揮其應有的效益。

　　在合適的場合，適當運用行銷研究可以有效的協助行銷決策。舉例而言，湯廚濃湯 (Campbell Soup) 是一個具有百年歷史的公司，其主要產品就是現成製好的罐頭湯品，如雞湯、牛肉湯等。早期湯廚濃湯曾為了是否要在一家地區性的報紙《週六晚郵報》(Saturday Evening Post) 上面刊登湯廚的品牌廣告之行銷決策而傷腦筋，這個報紙的主要讀者是藍領階級的勞工。各位讀者，你們覺得這個問題應該如何切入呢？

　　湯廚濃湯的考量是，由於罐頭湯的成本較高，一般消費者應是收入較高的白領階級才會去購買以及使用，藍領階級可能不是湯廚濃湯的目標客群，因此不需要在這個以藍領階級為主要讀者群的報紙上刊登廣告。但他們仍然為此進行了一項行銷研究以確定湯廚濃湯的主要客群是誰。以該報紙發行區域為取樣來源，湯廚濃湯進行了一項特別的研究。

　　湯廚濃湯使用行為軌跡追蹤法 (Behavioral Tracing Method)，在以居住者為藍領及白領的兩個社區中蒐集家戶所棄置的垃圾一段時間，將垃圾內容進行分析後發現，從藍領階級社區樣本中蒐集到的湯廚濃湯空罐頭，顯著的較白領階級社區樣本中蒐集到的為多，這顯示藍領階級使用湯廚濃湯的量較白領階級為多。這是個令人驚異的發現，因為這個結論違反常識的推論。但無論原因為何，湯廚濃湯最後決定在這個報紙上刊登湯廚濃湯的品牌廣告，而這個廣告對於提升湯廚濃湯品牌的知名度以及產品銷售，都發揮了很大的效益❶。

　　這是一個成功運用行銷研究這項工具的例子，值得我們進一步瞭解，這個例子和一般不成功使用行銷研究的差異在哪裡？首先，在這個例子裡，有一個明確的行銷問題（要不要在這個報紙上登廣告？）需要市場資訊（湯廚濃湯湯品的主要消費者是白領還是藍領？）來協助做決策。其次，行銷研究有明確的目標，亦蒐集資訊以瞭解湯廚濃湯品牌的目標客戶是誰。再者，這項研究有明確的研究方法，母群是該報紙發行的地區範圍，而樣本則是藍／白領的消費者。湯廚濃湯沒有使用一般的問卷或是訪談的方式，而是選擇了一個特別的行為軌跡追蹤法，藉由蒐集家戶的垃圾來決定湯廚濃湯的消費量。最後，資料所提供的結論明確的為行銷決策提供了答案（要刊登廣告）。

　　由上例可知，湯廚濃湯的行銷研究具備一個好的研究所必須的特點，更重要的是，這項研究的結論成功幫助湯廚濃湯做了行銷的決策。換言之，一個好的消費者研究，必須確認其結論的確能幫助行銷人員做出行銷決策，而這點唯有熟悉行銷研究方法的研究者才能準確的判斷。

❀ 表 2-6　2016 年全球前十大行銷研究公司

排　名	公司名稱	總部地點	網　址
1	Nielsen Holdings N.V.	New York & Netherlands	Nielsen.com
2	Kantar	London	Kantar.com
3	IMS Health Inc.	Danbury, CT	IMSHealth.com
4	Ipsos S.A.	Paris	Ipsos.com
5	GfK SE	Nuremberg, Germany	GfK.com
6	IRI	Chicago, IL	IRIWorldwide.com
7	dunnhumby	London	dunnhumby.com
8	Westat	Rockville, MD	Westat.com
9	INTAGE Holdings Inc.	Tokyo	www.intageholdings.co.jp
10	comScore	Reston, VA	comScore.com

（資料來源：改寫自 American Marketing Association [AMA] (2016, October). "The 2016 AMA Gold Global Top 25 Report." *Marketing News.*）

⓫　Zikmund, W. G., & Babin, B. J. (2010). *Essentials of Marketing Research,* 195. Cengage Learning: Mason, OH.

●本章主要概念

質化研究	次級資料
量化研究	觀察法
探索性研究	投射測驗
描述性研究	焦點團體座談
因果性研究	深度訪談
研究設計	實驗法
抽　樣	

 習 題

一、選擇題

（　） 1.下列關於消費者行為研究的敘述，何者錯誤？　(A)大多以資料的型態與研究的類型來分類　(B)質化研究是以文字為主，而量化研究則是以數字為主　(C)實證主義較常使用質化研究，而詮釋主義較常使用量化研究　(D)詮釋主義偏重於描述消費的現象，而實證主義者則主張現象的因果關係可以透過嚴謹的研究過程得到解釋

（　） 2.下列何者的分類方式並不是以研究類型為分類依據？　(A)探索性研究　(B)質化研究　(C)描述性研究　(D)因果性研究

（　） 3.通常在執行因果性研究時，會使用下列何種方法？　(A)觀察法　(B)次級資料蒐集　(C)投射測驗　(D)實驗法

（　） 4.下列何者為消費者研究流程的第一項步驟？　(A)資料蒐集　(B)研究設計與抽樣　(C)研究問題範疇界定　(D)資料分析

（　） 5.下列何種研究設計較可能因為人與人間的個別差異而影響結果？　(A)受試者間設計　(B)受試者內設計　(C)混合設計　(D)以上皆是

（　） 6.下列何者屬於非隨機抽樣？　(A)便利抽樣　(B)簡單隨機抽樣　(C)集群抽樣　(D)階層抽樣

（　） 7.若消費者對於自身的消費動機並不清楚或是受到其他因素而抑制時，該使

用下列何種方法？　(A)問卷調查法　(B)投射測驗　(C)觀察法　(D)次級資料
蒐集

(　) 8.在焦點團體與深度訪談中，主持人不應有下列何種行為或特質？　(A)主持
人應具備良好的傾聽能力　(B)若受訪者不知該如何表達時，主持人可以引
導或是幫助受訪者評論　(C)具有追問的技巧　(D)良好的表達與組織能力

(　) 9.下列關於資料分析的敘述，何者正確？　(A)內容分析是一種將量化轉為質
化的方法　(B)量化分析時，通常輸入的資料會經由資料探勘的檢查工作，
以減少誤差的發生　(C)由於多變量統計分析方法太過複雜，所以不會使用
到　(D)質化的資料可藉由編碼轉化為量化的資料

(　) 10.下列關於觀察法的分類依據，何者錯誤？　(A)觀察者的專業領域　(B)觀察
對象是否知悉自己正被觀察　(C)觀察情境是否經過刻意安排　(D)觀察所使
用的工具

二、思考應用題

1.採用觀察法到超級市場或是量販店進行購物行為的觀察。選擇一個正在採購產品
的消費者，觀察他的購物行為：

(1)他的購物行為是有目的的還是無特定目的的瀏覽？如何判斷？

(2)他選購哪些品項的產品？選擇何種品牌？他選購的標準是什麼？（例如：品質還
是價格為主？）

(3)他選擇的產品是從貨架的哪些位置拿的？貨架的位置會影響他選擇的品牌嗎？
理由是什麼？

2.用網路搜尋「民族誌」(Ethnography) 這個字，可以知道這是文化人類學中的一個
研究方法。它的意義是什麼？你可以想到任何一個消費行為的研究是可以適用民
族誌這樣的研究方法的嗎？

3.以「臺灣人對中醫的態度」為主題設計一份問卷，探討不同性別、收入、居住地
區以及社會階層對中醫態度的差異。包含是否相信中醫療效、何種情形下會使用
中醫以及尋找自己相信的中醫的方式之比較。

4.以焦點團體訪談比較「國家地理頻道」(National Geographic Channel) 與「探索頻道」

(Discovery Channel) 在品牌聯想以及品牌定位上的相同與差異之處。先擬定一個訪談大綱，然後找 6～8 位有經常觀賞此二頻道經驗的人作為受訪者。你認為此二頻道的相似與相異之處是從何來源而造成的?

5. 選擇兩個不同品牌的同口味果汁（例如統一與光泉的柳橙汁），設計一項實驗測試並比較消費者對二者的味覺感官以及態度的差異。

第三章　消費者決策與風險態度

　　在最早期的樂透彩中，有一個神祕號碼 39 號，從第三期到第七期的樂透彩中連續出現，引起了許多人的注意與討論。樂透彩共有四十九個號碼，同一個號碼連續出現五次似乎違反了一般人對隨機概念的認知，也讓許多人猜測為何出現此種情形。包括 39 號的球比較重（或比較輕）等等因素，都有人提出討論。事實上，可能不需要這麼複雜的因果關係 (Causal Explanation) 的解釋，單純使用機率的特性 (Probabilistic Explanation) 來解釋就可以理解這個現象。

　　我們對隨機概念的理解是認為如果一個號碼的出現機會是 1/49，那麼就應該要每隔四十九次左右才會出現一次。然而，這個想法其實並不符合日常生活機率的實際運作情形。研究行為決策的特佛斯基與卡尼曼（Amos Tversky & Daniel Kahneman：卡尼曼是 2002 年諾貝爾經濟學獎的得主；特佛斯基因癌症過世，故無緣得獎）指出，認為出現機會是 1/n 的事件要每隔 n 次左右才會出現的想法，是犯了機率判斷中「代表性的捷思」（Representativeness Heuristic，見 3.5 節）。事實上，日常生活中隨機事件出現的機會往往並不平均。

　　以飛機航行為例，假若飛機失事的機率是 1/10,000，並不意味著每飛一萬次才會出現一次失事。有時飛機失事會連續出現（稱之為「機瘟」），但有時又連續長時間沒有任何問題，長期平均的失事機率是 1/10,000。由上述可知，期望值的前提是「長期」的結果，但期望值並未保證短期的出現機率也會和長期一樣。由於我們用代表性的捷思來做判斷，因此容易認為 39 號連續出現的事實是很奇特的。事實上，從第七期之後，之後有超過二十期未曾再出現 39 號，正足以佐證機率長短期分布不同的解釋。

　　樂透彩的例子只是說明我們日常生活中有許多判斷的偏誤 (Judgmental Bias)。有許多其他的例子在行為決策的研究中被發掘出來。本章的內容，即在於對這些研究提供一個簡短而有系統的回顧，作為消費者決策行為模型的基礎。

　　消費者決策 (Consumer Decision Making) 是消費者行為中的一項核心課題，因為消費者每天都在從事許多購買決策的活動。小至早餐要吃什麼，大到汽車、房屋的購買，都需要作決策。就消費者而言，錯誤的消費購買決策會導致事後的後悔以及麻煩的退換貨等問題。而就廠商而言，瞭解消費者作決策的歷程將有助於設計有效的行銷策略。因此，對消費者決策行為的瞭解成為消費者行為中的一項重要的課題。

　　影響消費者決策的因素很多，從個體的因素如動機、知覺、學習與性格等，乃至於團體的因素如文化、社會階層與參考團體等等，都對消費者個人的決策有重要的影響。本章結構如下：首先先就決策的種類作一分類，再深入介紹決策的歷程，以及在決策歷程的每一階段中相關的議題。

● 圖 3-1　決策的困難

3.1　決策的類型

㈠依品牌差異與涉入程度分類

依品牌間的差異大小以及消費者購買的涉入程度，可以將決策分類如下：

表 3–1　決策的類型

		消費者購買的涉入程度	
		高	低
品牌間的差異	大	複雜決策	尋求多樣化的決策
	小	降低失調的決策	習慣性決策

（資料來源：Assael, H. (1987). *Consumer Behavior and Marketing Action*, 87. 3rd edition. Boston, Kent Publishing Company.）

以下就各個決策的內容分別介紹：

1.複雜決策 (Complex Decision Making)

複雜決策是高涉入下的深入決策，通常發生於購買重要或高價的產品，而品牌間的差異很大之時。消費者必須事先蒐集相關資料，對品牌間的差異以及可選擇的選項有深入的瞭解，在高度複雜的決策環境中作成決策，此種決策型態稱之為複雜決策，如購買房屋或汽車是屬於此種類型的決策。

2.尋求多樣化的決策 (Variety-seeking Decision Making)

若是品牌間的差異很大，但消費者個人涉入的程度較低時，消費者未必會以價值極大化作為決策的標準,而會以嘗試不同品牌間的差異作為決策的目標,此種決策稱之為尋求多樣化的決策。

3.降低失調的決策 (Dissonance-reduction Decision Making)

若是在高涉入的狀態下面臨品牌間差異甚小的決策，則決策目標是以降低購買後產生的失調為重點。由於品牌間差異不大，消費者容易在選擇購買一個品牌後又去想到別的品牌的優點，造成後悔的情緒，因此這類決策的重點在於希望決策所選擇的品牌能夠防止或減少購買後產生後悔的情緒，此種決策稱為降低失調的決策。

4.習慣性決策 (Habitual Decision Making)

若是品牌間的差異小，而消費者又是處於低涉入的狀態，則過去購買同類產品所形成的慣性會主宰此類決策的品牌選擇。例如一般消費者在購買日常家用品如衛生紙時，就是屬於這一類的決策型態。

㈡依認知資源的多寡分類

> **⊙ 認知資源**
> 指人的認知系統在處理生活中資訊時，能投入的心智能力有多少。例如講手機不會花費太多的心力（亦即有充足的認知資源），但若一面開車一面講手機，則講手機會變成一項吃力的工作。因為開車本身就耗費了多數的認知資源。

若將決策視為問題解決 (Problem Solving) 的一種形式，則依決策過程中所使用的認知資源的多寡區分，可將決策分為三類：

1.例行決策 (Routine Problem Solving)

指不花太多認知資源的慣性決策，是基於先前經驗所建立的一套決策模式的重複運用。例如購買衛生紙，多數人不會在每次選擇衛生紙時去重新選擇品牌，而是依照過去的習慣選擇一樣的品牌，這就是不花太多認知資源的慣性決策。

2.有限決策 (Limited Problem Solving)

指使用中等程度的認知資源進行決策的過程，通常是在購買情境中使用各種認知系統中的問題解決的技巧來達成決策，但在決策之前則較少有事先的資料蒐集或準備的過程。例如逛街時選擇衣服，通常在購買前不會花很多時間蒐集相關資料，而是當場看到時會集中注意力仔細比較選擇。

3.深入決策 (Extensive Problem Solving)

指在決策之前就大量使用認知資源去蒐集資料或進行相關的評估，以求在做重要的決策時能順利達到決策的目標。例如買車或是買房子，通常會蒐集很多資訊，仔細必較後再做決定。這過程中會花費大量認知資源來做決策，因而稱為深入的決策。

㈢依決策的風險分類

依決策問題是否牽涉風險為依據，可將決策分為三類：

1. 確定情境下的決策 (Decision under Certainty)

指的是在決策的環境中沒有機率因素影響，此時影響決策的重心在於主觀價值的認定。例如，決定週末和朋友聚餐的地點或是出遊的地點都是確定下的決策。此時選擇餐廳或觀光景點的決定因素不是機率，而是哪家餐廳或景點對決策者有較高的價值 (Value) 或效益 (Utility)。

● 圖 3–2　這麼多餐廳,哪一家便宜又好吃?

2. 不確定情境下的決策 (Decision under Uncertainty)

不確定和風險的差異，主要在於機率因素是否可知。不確定下的決策指的是雖有機率的因素，但無法確實得知此機率的實際大小是多少。舉例而言，旅行出遊時許多人會買保險，是為了萬一出現的交通意外，但由於無法得知此意外發生的確實機率為何，因此消費者必須對此不確定的大小作出主觀的評估而決定是否要購買保險。

3. 風險情境下的決策 (Decision under Risk)

機率因子較可確實得知。例如，使用丟銅板的方式來決定賭博輸贏時，我們可以知道輸贏的機率各為 1/2。此時，決策者須就 1/2 贏面機率的吸引力來決定自己是否加入此一賭局。此種機率因子的大小是否確實可知，就是不確定情境下決策與風險情境下決策的最大差異。

⬡ 3.2　決策歷程模型

在理性決策的模型下，消費者的決策可分為問題確認、資訊蒐集、選項評估、產品選擇以及購後評估等五個階段，如圖 3–3 所示，並分別討論其特性：

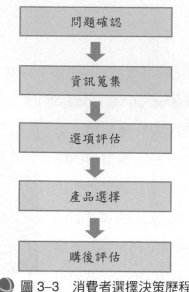

　　　　　　　　問題確認

　　　　　　　　資訊蒐集

　　　　　　　　選項評估

　　　　　　　　產品選擇

　　　　　　　　購後評估

🔵 圖 3–3　消費者選擇決策歷程

(一)問題確認 (Problem Recognition)

　　大多數的決策起於需求的產生。消費者的需求需要得到滿足，因而導致尋求解決方案的過程。由此角度而言，決策行為可視為問題解決的過程。確認需求相當於確認問題，由決策而產生的選擇則可視為解決問題的答案。

　　然而，雖然問題或需求的確認會導致購買行為的產生，但購買行為卻未必一定來自於需求確認。消費者往往會在無真正需求的情形下，因為其他因素而產生購買行為。例如廠商所作的折扣拍賣，或是朋友的口碑推薦，甚至是推銷業務代表的強力推銷，都可能讓消費者在沒有必然需求的情況下購買一項產品。因此，對決策行為的研究也須注意此種非由傳統問題確認所引發的決策情境。

(二)資訊蒐集 (Information Search)

　　為了滿足需求，消費者必須蒐集相關資訊。在所有可能考慮的選項中，選擇適合個人需求的產品❶。所有列入考慮的選項的集合稱為考慮集合

---

❶ Beatty, S. E., & Smith, S. M. (1987). "External Search Effort: An Investigation across Several Product Categories." *Journal of Consumer Research*, 14, 83–95.

(Consideration Set)，其中可以接受的品牌稱為召喚集合 (Evoked Set)，而不能接受的品牌稱為無效集合 (Inept Set)，另有一些品牌是不列入考慮，也不會引起任何興趣的品牌，這些無差異品牌構成的集合稱為惰性集合 (Inert Set)。最後，在召喚集合中經進一步選擇後所購買的其中一項或數項品牌，稱為購買品牌 (Purchased Brand)。

在資訊蒐集的過程中，除了選擇集合的差異外，資訊的來源也是值得討論的重點。消費者可以從許多不同的資訊來源（例如口碑、大眾傳播媒體如廣告，以及網路等等）取得選項的資訊。選擇與消費者的性質不同，這些訊息來源的影響力就不同。舉例而言，對於較重要的抉擇以及涉入程度 (Involvement) 較高的消費者，會從較多的資訊來源蒐集資訊，資訊蒐集的深度與廣度也較多。因此，在考慮消費者資訊蒐集的特性時，資訊來源、決策的特性以及消費者的決策目標等等需要一併納入考慮。

㈢選項評估 (Alternative Evaluation)

在蒐集資訊的階段後會形成可選擇的選項或行動方案，消費者須就這些選項進行評估，選出可以滿足需求的產品。在無風險或無不確定因素的情境下，消費者必須考量選項的個別屬性以及整體的價值，從中選擇價值最大的選項。在此情形下，選擇的認知歷程就成為影響決策結果的主要因素，以及重要的研究課題。若是有風險或不確定的因素存在於決策環境中時，消費者的風險敏感度及風險態度就成為影響決策的關鍵因素。在下節中將分別針對確定情境、不確定情境以及風險情境下的消費者行為作一介紹。

㈣產品選擇 (Product Choice)

在權衡利弊得失及取捨，以及考量風險因素之後，消費者選擇適合個人需求的產品❷。產品購買本身有許多類型：⑴依照消費者過去使用產品的經驗可

---

❷　Erdem, T., & Swait, J. (2004). "Brand Credibility, Brand Consideration, and Choice." *Journal of Consumer Research*, 31, 191–198.

分為嘗試性購買 (Trial Purchase) 與重複性購買 (Repeat Purchase)；⑵依照購買的產品特性可分為功能性購買 (Functional Shopping) 與享樂性購買 (Hedonic Shopping)；⑶依照購買時深思熟慮的程度可分為計畫性購買 (Planned Buying) 以及衝動性購買 (Impulsive Buying) 等等。

消費者的產品選擇不只受到購買前選項評估程序的影響，也受到購買當時的情境影響。購物環境中的商店氣氛，以及同行其他人的意見等，都會影響購買行為的表現。構成商店氣氛的元素如燈光、音樂、氣味以及服務人員的態度等，都會影響購物行為的產生。例如，研究顯示，在賣場中播放較快的音樂，消費者停留的時間較短，而較慢的音樂則會使消費者停留較長的時間。這些都是行銷人員在設計行銷策略時應納入考量的重要因素。

㈤購後評估 (Post-purchase Evaluation)

消費者在購買產品後的使用經驗，會評估產品的功能及其他表現是否符合當初購買前的預期。如果產品符合或超過預期，則消費者會產生一定的滿意度，並在下次的購買中表現重複購買的行為。長期對於某一品牌的正面態度以及隨之表現的重複購買行為，就構成了品牌忠誠度。相反的，若產品的使用經驗不如預期，則滿意度降低，下次重複購買同一品牌的機率也隨之降低，品牌忠誠度也將無法建立。

在購後評估中的另一項消費行為特點與認知失調 (Cognitive Dissonance) 有關。認知失調❸是指態度與行為不一致時所產生的認知系統失調及其所導致的主觀不舒服的狀態 (詳見第九章)。消費者需要改變態度或是行為以降低失調的狀態。在購後評估的階段中，認知失調特別容易發生於品牌差異小，但決策複雜度及涉入程度高的情形之下。在消費者購買一項產品後，有時會發現另外一個原先沒有採購的品牌可能是較佳的選擇，此時就容易發生認知失調的情形。從行銷人員的角度而言，此時必須致力增加產品其他的附加價值如售後服務等，以協助消費者降低認知失調的程度。

❸ Festinger, L. (1957). *A Theory of Cognitive Dissonance*. Evanston, IL: Row, Peterson.

◎ 3.3　確定情境下的決策行為

消費者在眾多產品及品牌中選擇一項可滿足需求的產品或品牌的過程是在研究確定情境下決策行為的主要議題。由於在多數情況下，這些決策並不涉及風險的成分，因此稱為確定情境下的決策。決定消費者在確定情境下選擇的主要因素是不同的選項對消費者主觀價值的高低。

對於確定情境下消費者選擇行為的研究重點集中於討論選擇的認知歷程。在面對一些可能的產品或品牌的選項時，消費者是如何選出滿足個人需求的產品？下面將討論主要選擇歷程的理論模型。但由於選擇決策的認知歷程並非外顯可觀察的行為，如何觀察與測量選擇行為歷程的研究方法就成為一項首要必須解決的課題，因此，以下首先就選擇歷程的研究方法作一綜合整理，再針對個別的選擇歷程模型加以討論。

◆ 3.3.1　選擇歷程的研究方法

由於選擇歷程是一內在的認知歷程，無法直接觀察或測量。因此需要以間接的方式來偵測選擇歷程的存在。通常研究在確定情境下的選擇歷程時，實驗者會給消費者一個品牌×屬性的矩陣。消費者檢視各個品牌的不同屬性，以決定哪一項選擇最能滿足需求。在過去文獻中，有三種方式常被用來測量選擇的認知歷程。

1.內省式的口頭報告 (Verbal Protocol)

第一種方式是採用內省式的口頭報告方式，將在品牌×屬性矩陣的選擇情境中的想法詳細陳述報告（稱為 "Think Aloud"），亦即在選擇過程中，隨時把自己想到的事完整說出來。實驗者將受試者的口頭報告詳加記錄後，由受過訓練的分析人員分析內容來推論消費者的認知歷程。

2.使用記錄眼球運動的特殊儀器

第二種方式是使用記錄眼球運動的特殊儀器（眼動儀：Eye Tracker）來記錄及推論選擇的認知歷程。消費者戴上一個可以追蹤記錄眼球運動的特殊眼鏡，當他檢視品牌×屬性的矩陣時，儀器便可記錄眼球移動的方向及速度，藉由分析眼球運動軌跡的資料，便可推論消費者選擇的歷程。

3.迷宮矩陣 (Mouselab)

此外，選擇歷程的資料也可透過一種稱為迷宮矩陣的特殊方法來蒐集。藉由電腦程式的輔助，實驗者可在電腦螢幕上呈現一個品牌×屬性的矩陣，在此矩陣中所有屬性的值都被蓋住。消費者可以使用電腦滑鼠將游標移動至任一方格中，當他壓住滑鼠的按鍵時，該方格的數值便可顯現出來。一旦放開滑鼠按鍵，則屬性的數值又會被蓋住。消費者可選擇任意數值檢視，也可重複檢視同一方格，直到作出選擇為止，電腦則記錄消費者檢視屬性數值的所有行為。透過對此類資料的分析，也可推論及瞭解消費者在多屬性選擇中的認知歷程。

◆ 3.3.2 選擇歷程的模型與分類

確定情境下的選擇模型可以按照兩個向度加以分類，一是選擇的基準，可分為以品牌為基礎的選擇歷程 (Brand-based Processing)，以及以屬性為基礎的選擇歷程 (Attribute-based Processing)。以品牌為基礎的選擇歷程是指在選擇歷程中訊息的處理方式是在同一品牌中處理不同屬性的訊息；以屬性為基礎的選擇歷程是指訊息的處理，是在同一屬性下處理不同品牌的訊息。

另一個分類的向度，是以在選擇歷程中，屬性的價值彼此間是否能相互補償來區分，分為可補償的歷程 (Compensatory Processing) 以及不可補償的歷程 (Non-compensatory Processing) 兩類。若是在選擇歷程中，一個具有較高價值的屬性可以彌補另一個價值較低的屬性，則稱為可補償的歷程；若是價值不同的屬性間彼此不能互相補償，則稱為不可補償的歷程。

依此二向度的分類，可將常見的選擇歷程的模型分類如下：

🍇 表 3-2 確定情境下的選擇歷程模型

	以品牌為基礎的選擇模型	以屬性為基礎的選擇模型
可補償的歷程	• 加權平均模型 (WA)	• 加成差異模型 (AD) • 多數屬性勝出模型 (MCD)
不可補償的歷程	• 交集標準模型 (CONJ) • 聯集標準模型 (DISJ) • 情感移轉模型 (AR)	• 逐面向消去模型 (EBA) • 詞彙半次序模型 (LEX)

以下就各個模型的內容分別介紹：

㈠加權平均模型 (Weighted Average Model, WA)

加權平均模型是一個以品牌為基礎的可補償選擇歷程。此模型假設消費者在作選擇時，會將相關的屬性作加權平均，進行如下的訊息處理歷程：

$$V(A) = \sum w(a_i) \times v(a_i)$$

其中： V(A) = A 品牌的整體價值

w(a_i) = A 品牌中屬性 a 的權重

v(a_i) = A 品牌中屬性 a 的價值

此機制類似個體經濟學中所談的「主觀期望效益理論」(Subjective Expected Utility Theory, SEU) 的概念，將各個品牌加權平均的結果互相比較，選擇整體加權平均價值最高的品牌。例如在選擇筆記型電腦時，針對每個品牌將重要屬性如 CPU 的速度、記憶體大小、重量及價格等屬性作加權平均後，比較每個品牌在整體價值上的高低，選擇價值最高的品牌，就是一個加權平均歷程的例子。

> ⊙ **主觀期望效益理論**
> 將各個品牌加權平均的結果互相比較，選擇整體加權平均價值最高的品牌。

由於使用加權平均的方式整合屬性價值，因此屬性間彼此可以互補，且訊息處理的過程是整合同一品牌中不同屬性的資訊，因此是一以品牌為基礎的選擇模型。由過去研究❹可知，加權平均模型是一種深入的資訊處理模式，使用

❹ Bettman, J., Luce, M. F., & Payne, J. (1998). "Constructive Consumer Choice Processes." *Journal of Consumer Research*, 25, 3, 187–217.

此方式作決策可以對選項作較周全的考量，但也會使用大量認知資源，對於決策者而言，是需要更多注意力及思考力的選擇方式。

㈡加成差異模型 (Additive Difference Model, AD)

在加成差異模型中，消費者先比較兩個待選品牌重要屬性上的差異，然後將這些差異加總，以決定何者在整體的價值上較為吸引人❺。

● 圖 3-4　每一個人對筆記型電腦的屬性偏好都不同，有人喜歡較大的螢幕，也有人非白色不買

以 A 品牌與 B 品牌的電腦選擇為例，消費者將 A 品牌與 B 品牌在主要屬性上（如 CPU 速度、記憶體與硬碟容量、重量、速度等）的差異相減（例如設定為 A 品牌−B 品牌），再將相減的結果加總，若結果是正數，表示 A 品牌的整體價值較 B 品牌為佳，則選擇 A 品牌。若總結果是負數，則表示 A 品牌整體價值不如 B 品牌，此時選擇 B 品牌電腦是較佳的抉擇。

由上述可知，由於加成差異模型是比較屬性間的差異，因此是一個以屬性為基礎的模型。但因為最後有一個總和加成的過程，因此也是一個可補償的選擇歷程。

㈢多數屬性勝出模型 (Majority of Confirming Dimensions Model, MCD)

多數屬性勝出模型的適用情境與㈡的加成差異模型相似，都是在有兩個選項中要選擇其一時 (Binary Choice) 用以解釋選擇的歷程。在多數屬性勝出模型中，消費者比較兩個品牌主要屬性的優劣，然後選擇有較多屬性表現較佳的品牌。由於此模型只單純的計算較佳（及較差）的屬性數目多寡，而不作複雜的加總或取捨的程序，因此才稱為「多數屬性勝出」的模型。

以選擇電腦為例，若 A 品牌與 B 品牌的電腦有以下規格的差異：

---

❺　Tversky, A. (1969). "Intransitivity of Preferences." *Psychological Review*, 76, 31–48.

♣ 表 3-3　電腦選擇假設範例

	CPU	DRAM	硬 碟	重 量	價 格
A 品牌	3GHz	256MB	120GB	1.7kg	NTD45,000
B 品牌	2.6GHz	512MB	80GB	2kg	NTD40,000

註：方框中的陰影代表品牌屬性較佳。

在上例中，A 品牌在三個屬性上表現較佳，而 B 品牌在另外兩個屬性上表現較佳，可知 A 品牌的優勝屬性占大多數，因此依照多數屬性勝出模型的原則選擇 A 品牌。

最後，由上述可知，由於多數屬性勝出模型要求屬性間的比較，因此是一個以屬性為基礎的模型，而勝負屬性最後加總的過程使得屬性間價值可以互相補償，因此也是可補償的選擇歷程。

㈣交集標準模型 (Conjunctive Model, CONJ)

交集標準模型是指消費者在各個重要屬性上都設定一個主觀可接受的最低標準，然後依序比較各個品牌在每個屬性上的表現是否符合可接受的標準。只有當一個品牌在所有屬性上的表現都超越可接受的標準時才會選擇該品牌[6]。由於必須所有屬性都超越標準，因此稱為「交集標準模型」。

當使用此方法購買筆記型電腦時，消費者針對各個屬性設定標準，如需要 2GHz 速度以上的 CPU、256MB 的 DRAM、40GB 以上的硬碟、2.5 公斤的重量以下以及新臺幣 4 萬元以內的規格。只有當一個品牌符合以上所有的標準時，消費者才會選擇該品牌。此種歷程即是交集標準模型的程序。

由上述可知，由於交集標準模型是比較同一品牌中的屬性，因此是一個以品牌為基礎的選擇歷程。同時，由於屬性比較是相對於消費者個人設立的標準，屬性間彼此不能互補，因此也是一個不可補償的選擇模型歷程。

---

[6] Einhorn, H. J. (1970). "The Use of Nonlinear, Noncompensatory Models in Decision Making." *Psychological Bulletin*, 75, 221–230.

(五)聯集標準模型 (Disjunctive Model, DISJ)

聯集標準模型與交集標準模型類似，也是消費者設立主觀可接受的標準，然後比較每個品牌的屬性是否滿足可接受的標準。但是聯集標準模型與交集標準模型的不同之處在於，在聯集標準模型中，任一品牌只要有一個屬性符合標準就會被選擇；而在交集標準模型中則是必須所有屬性都超越標準才能被選擇。以選電腦為例，無論是 CPU 速度、記憶體大小、重量或是價格，只要任一屬性超過消費者設立的標準，就會選擇該品牌。與交集標準模型一樣，聯集標準模型也是屬於以品牌為基礎，但屬性間彼此不可補償的選擇模型。

(六)情感移轉模型 (Affect Referral, AR)

(一)到(五)所描述的選擇歷程模型多半需要深入而複雜的資訊處理過程，消費者需要投注大量的心力等認知資源才能達成選擇的目的。但在許多情況下，消費者並不會使用如此複雜的方式去處理選擇的資訊，而是用很簡單的捷思（Heuristic，見 3.5 節）去作成選擇。

例如，如果 A 品牌是原有的品牌，B 品牌是新的品牌，而 A 品牌與 B 品牌間有很多相似性。消費者對原有的 A 品牌情感與使用經驗，會因 A 品牌與 B 品牌間的相似性而轉移到 B 品牌上，對 B 品牌也產生同樣的情感，此種選擇的方式稱為情感移轉模型。

值得注意的是，情感移轉的選擇方式沒有使用複雜的訊息處理程序，而是單純的因兩者間的相似性而作成選擇，這是此模型與其他模型最大不同之處。情感移轉模型因為是品牌間情感直接的移轉，因此是一以品牌為基礎的選擇歷程。此外，由於沒有在屬性間作任何取捨 (Trade-off) 或加成的處理，因此屬性間也不能互相補償，屬於不可補償的選擇歷程。

(七)逐面向消去模型 (Elimination-by-aspect Model, EBA)

逐面向消去模型是著名的心理學家特佛斯基 (Amos Tversky) 所提出的❼。

他發現在許多情形下，人們不會使用較複雜的選擇歷程（如加權平均模型），而是使用較簡單的方法，即消去不符需求的選項，而非選擇所要的。在逐面向消去模型中，消費者對個別的屬性有一個主觀的最低標準，當面對可能的品牌選項時，會針對最重要的屬性比較各個品牌在該屬性上的表現，將不符合個人認定最低標準的品牌剔除。剩下的品牌再比較次重要的屬性，然後刪除不符合標準的品牌選項。不斷重複這個比較與刪除的程序，直到剩下一個品牌為止，這個品牌就是最後的選擇品牌。

> ▶ 特佛斯基
>
> 特佛斯基是猶太裔心理學家，早期在耶路撒冷大學任教，其後轉至史丹佛大學任教。其研究集中在行為決策領域，對風險以及不確定下的決策行為，以及選擇行為有深入的論述。其與康尼曼 (Daniel Kahneman) 的展望理論，獲得 2002 年諾貝爾經濟學獎。

舉例而言，在選購筆記型電腦時，若 CPU 的速度是最重要的屬性，則消費者會設定一 CPU 速度最低可接受的標準，比較各個品牌在 CPU 速度上的表現，然後刪除不符最低標準的品牌。接著再選擇次重要的屬性（如 DRAM 記憶體大小），設定最低標準，比較不同品牌，然後刪除不符標準者。之後重複同樣程序，一直到剩下一個品牌為止。

由上述可知，逐面向消去模型是比較同一屬性上不同品牌的表現，因此是以屬性為基礎的選擇模型，且不同屬性間的價值高低，由於採取消去法，因此無法互相補償，屬於不可補償的選擇模型。

(八)詞彙半次序模型 (Lexicographic Semi-order Model, LEX)

詞彙半次序模型是一較早期的模型[8]，本模型的認知歷程與逐面向消去模型類似，也是選擇最重要的屬性，然後比較不同品牌在屬性上的表現是否符合消費者主觀設定的標準。然而，詞彙半次序模型是一個較簡單的模型，此模型只使用最重要的屬性，比較品牌在此屬性上的表現，然後選擇表現最佳者。只

---

[7] Tversky, A. (1972). "Elimination by Aspect: A Theory of Choice." *Psychological Review*, 79, 281–299.

[8] Bhadury, J., & Eiselt, H. A. (1999). "Brand Positioning under Lexicographic Choice Rules." *European Journal of Operational Research*, 113, 1, 1–16.

有不同品牌在最重要屬性上的表現沒有明顯差異時，才會使用到次重要屬性的訊息。再以選購電腦為例，若 CPU 速度是最重要的屬性，則詞彙半次序模型是指比較各個品牌的電腦在 CPU 速度上的表現，然後選擇表現最佳者。

　　由上述可知，由於詞彙半次序模型是比較不同品牌在同一屬性上的表現，因此是一以屬性為基礎的選擇模型。此外，由於屬性間沒有整合的過程，因此也是一不可補償的歷程。

㈨選擇歷程模型在行銷策略上的應用

　　就廠商而言，消費者的選擇歷程會影響最終產品的選擇。舉例而言，若 A 廠商的產品與 B 廠商相比，A 廠商的產品在最重要的屬性上較 B 廠商表現佳，但 B 廠商在次重要的屬性上較 A 廠商好，則若消費者使用以品牌為基礎，可補償的選擇模型如加權平均的模式，則 A、B 廠商的產品都有可能被選擇，因為 B 廠商在最重要屬性上的不足可由次重要屬性來補足。

　　但若消費者使用以屬性為基礎，不可補償的選擇模型，如逐面向消去模型，則 B 廠商的產品可能在比較最重要的屬性時便被淘汰，不再納入考慮，次重要的屬性表現再好也沒有機會讓 B 廠商的產品被選擇。由上述可知，品牌的競爭力不僅是受到產品本身特性的影響，也受到消費者選擇方式的影響。

◈ 3.3.3　有關選擇行為的研究

　　除了選擇歷程的模型外，過去研究選擇行為的學者亦針對選擇行為的特性做了許多研究，這些研究提供我們對於選擇行為的特性有更進一步的瞭解。以下將部分重要的研究做一整理。

㈠免費的魔力

　　常見廠商在促銷產品時，使用「免費」的策略。事實上，「免費」二個字對消費者所造成的影響，常常出乎我們的意料之外，茲舉例說明如下：

　　實驗者先給受試者三顆 Kiss 巧克力（約 0.16 盎司），並要求受試者在下列兩組不同的交易方式中，分別選出一個他們願意接受的條件。

第一組交易方式

A：用一顆 Kiss 巧克力換一條小的 Sneaker's 巧克力（約 1 盎司）。

B：用兩顆 Kiss 巧克力換一條大的 Sneaker's 巧克力（約 2 盎司）。

第二組交易方式

C：用一顆 Kiss 巧克力換一條大的 Sneaker's 巧克力。

D：什麼都不用給，直接獲得一條小的 Sneaker's 巧克力（意即免費的選擇）。

實驗結果顯示，在第一組交易方式中，多數受試者會選擇接受 B 的條件。若從重量的角度而言，在 A 條件下巧克力的總重量是 1.32（= 0.16 + 0.16 + 1）盎司，而在 B 條件下巧克力的總重量是 2.16（= 0.16 + 2）盎司，因此接受 B 條件是個理性的選擇。

在第二組交易方式中，多數受試者會選擇接受 D 的條件。若從重量的角度而言，在 C 條件下巧克力的總重量是 2.32（= 0.16 + 0.16 + 2）盎司，而在 D 條件下巧克力的總重量是 1.48（= 0.16 + 0.16 + 0.16 + 1）盎司，顯然 D 條件並不是最划算的交易❾。

這個實驗告訴我們，「免費」二個字會使得受試者在決策時做出不理性的選擇。

㈡價格的魔力

前述「免費的魔力」，是屬於訂價的特殊促銷情況，然而事實上，價格本身就可以對消費者的選擇產生影響，特別是高價產品。究竟價格在消費者的選擇行為中扮演何種角色呢？

一項研究❿指出，使用者服用訂價較高的止痛劑，所感受到的止痛效果（如症狀減輕程度、藥效發作速度等）會比服用訂價較低，但成分完全相同的止痛

---

❾ Shampanier, K., Mazar, N., & Ariely, D. (2007). "Zero as a Special Price: The Value of Free Products." *Marketing Science*, 26, 6, 742–757.

❿ Shiv, B., Carmon, Z., & Ariely, D. (2005). "Placebo Effects of Marketing Actions: Consumers May Get What They Pay For." *Journal of Marketing Research*, 42, 4, 383–393.

價格除了影響消費者認知的價值評估外，還會對生理層面產生影響。

劑要好；此外，對於同樣訴求能促進心智功能（廣告用詞，並非有確實證據證實）的機能性飲料，消費者喝下訂價較高者，其解答謎題的正確率會比喝下訂價較低者要來得高。從上述兩例中可看出，價格對消費者決策的影響層面之深遠，遠超出我們的想像。

㈢選項多寡的迷思

　　許多人深信，在決策時，若資訊愈充足，則決策的品質就愈好。例如有許多企業相信，若能提供愈多的選項以供選擇，那麼顧客就愈能選出真正符合他們需求的產品。但事實真的是如此嗎？一項研究❶指出，如果提供顧客 6 種果醬的選擇，則大約可吸引 40% 經過的顧客去嘗試口味，且約有 30% 的人會選擇購買；但若將選項增加到 24 種時，雖然吸引的顧客人數變多，約有 60%，但最後決定購買的顧客卻只剩 3%。

　　這個研究告訴我們，由於人類認知能力的限制，過多的選項會使消費者不知如何選擇與判斷，反而減少購買的機會。相關研究❷指出，當選項超過 7 個時，選擇出錯的機率就會增加。因此，廠商在決定要給顧客什麼選項以及多少選項時，並非愈多選擇愈好，而是要考慮顧客訊息處理的能力，來決定最佳的選項數量。

◎ 3.4 風險下的決策行為

　　在 3.3 節中討論的是在確定情境下消費者選擇的認知歷程。然而，許多日常情境中的決策並非百分之百完全是確定的狀態，而是有許多的風險與不確定

---

❶ Iyengar, S., & Lepper, R. (2000). "When Choice is Demotivating: Can One Desire Too Much of a Good Thing?" *Journal of Personality and Social Psychology*, 79, 6, 995–1006.

❷ Iyengar, S. (2011). *The Art of Choosing*. 12th Edition. New York, NY: Hachette Book Group.

性的存在。探討在風險下的決策行為主要的焦點在於瞭解人的風險態度的變化，以及風險態度對決策的影響。

　　展望理論 (Prospect Theory) 是由著名的心理學家卡尼曼與特佛斯基 (Kahneman & Tversky) 二人在 1979 年所提出，用以解釋人在風險情境下決策行為的認知歷程。本理論獲得了 2002 年的諾貝爾經濟學獎的肯定，在決策行為的研究歷史上佔有舉足輕重的地位。

 行銷一分鐘

常見的判斷謬誤：僅由個案進行評論

　　新聞媒體有時會刊登一些值得深入思索的報導。例如有篇報導提到，許多成功人士如比爾・蓋茲曾經從哈佛休學，或是華倫・巴菲特大學想進哈佛卻申請不成，據此質疑哈佛教育是否有價值。這類的評論乍看之下似乎很有道理，但是從研究決策行為的人眼中看來，卻是不折不扣的判斷謬誤 (Judgmental Bias)。比爾・蓋茲和華倫・巴菲特都僅為個案，要檢驗哈佛教育的成效，不能僅從兩個個案來判斷，而是需要檢視以下四種類別的資料：

	就讀哈佛	未就讀哈佛
日後成功	A	B
日後失敗	C	D

　　A、B、C、D 是每個情況下長期累積的人數統計。如果 A 和 D 人數很多，而 B 和 C 人數很少，那麼哈佛的教育就不能說是沒效果；反之，若是 A 和 D 人數少，B 和 C 人數多，哈佛教育可能就真的需要檢討了。

　　這個判斷上的法則，和一開始用比爾・蓋茲和華倫・巴菲特為例下的結論，差別在於前者是用個案 (Case Information) 作為判斷的依據，而後者是用基本比例（Base Rate，見 3.5.1 節）作為判斷的依據。當然使用整體基本比例判斷，遠比以個案資訊判斷，要可靠得多。

🔷 3.4.1 展望理論

　　展望理論 (Prospect Theory) 假設在風險下的選擇行為是由兩個主要元素以乘積或其他類似的機制整合所組成[13]：一是價值函數 (Value Function)，另一是主觀知覺的機率函數（Probability Function，又稱 π Function）。價值函數是一項選項的主觀價值，而機率函數則是該選項出現主觀評估的可能性（類似主觀期望效益理論或加權平均模型中的權重概念）。假設有一風險下的選擇有二選項 x 與 y，其中 x 出現的機率是 p，而 y 出現的機率是 q。展望理論認為此選擇的整體價值可表示如下：

$$V(x, p; y, q) = \pi(p) \times v(x) + \pi(q) \times v(y)$$

其中：v(x) 與 v(y) 是 x 與 y 的價值函數；$\pi(p)$ 與 $\pi(q)$ 是機率函數。

　　與傳統個體經濟學中的主觀期望效益理論 (Subjective Expected Utility Theory) 不同的是，選項的主觀價值並非絕對的價值，而是相對於一參考點 (Reference Point) 所產生的變動而決定。典型的價值函數型式如圖 3–5 所示：

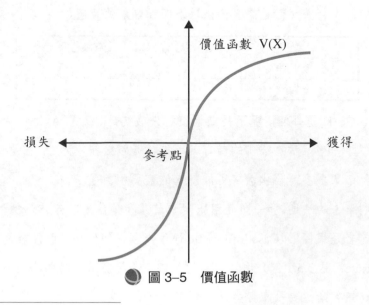

🔵 圖 3–5　價值函數

[13]　Kahneman, D., & Tversky, A. (1979). "Prospect Theory: An Analysis of Decision under Risk." *Econometrica*, XLVII, 263–291.

獲得與損失對價值的影響效果在價值函數中有幾個重要的特性：

1.價值的相對性

　　獲得與損失的定義是相對於參考點。通常參考點是決策者在決策當時的資產現狀。一個選項相對於參考點可增加資產價值的是獲得，減少資產價值的是損失。

2.敏感度遞減

　　由價值函數的圖形可看出，獲得或損失對價值的影響會逐漸遞減。同樣是1,000 元，在參考點處獲得的 1,000 元所感受到的快樂程度較先獲得 10,000 元後再獲得 1,000 元的快樂程度要大。同樣地，在參考點處損失的 1,000 元所感受到的痛苦程度，要較先損失 10,000 元後再損失 1,000 元的痛苦程度要大。

3.得失不對稱

　　在損失狀態中的價值變化斜率較獲得狀態為陡峭。亦即同樣是 1,000 元，損失 1,000 元所造成的痛苦程度較獲得 1,000 元的快樂程度為大。

4.價值函數在獲得的狀態中是凹型 (Concave) 函數（亦即圖 3–5 中的第一象限）；在損失的狀態中是凸型 (Convex) 的函數（亦即圖 3–5 中的第三象限）

　　在獲得的狀態中人們傾向於避免冒險，而在損失的狀態中則傾向於追求風險。此點與 3.5 節所述的框架效果有密切的關係，將於 3.5 節中說明。

　　展望理論中的另一項重要元素是機率函數，在展望理論中稱為 π 機率函數。典型的機率函數型式如圖 3–6 所示：

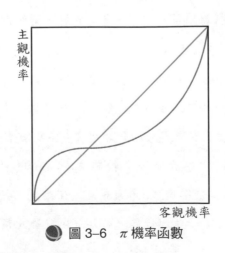

　● 圖 3–6　π 機率函數

在機率函數中，x 軸是客觀機率，而 y 軸是主觀機率。此機率函數有以下幾個特性：

1.確定性效果

確定會發生的事件（亦即 p(x) = 1）會有較高的權重 (Overweighting)。人們會給確定事件過高的權重。

2.過度加權

對機率極小的事件，通常會過度加權。亦即會過度高估極小機率事件發生的機會。

3.加權不足

對較大機率的事件會加權不足，亦即對發生機率較大的事件會低估其發生的可能性。

此二函數可以解釋許多過去傳統經濟學理論不易解釋的人類選擇行為。也使得展望理論成為解釋風險決策最佳的理論模型。

⏱ 行銷一分鐘

AI: 機器人統治世界的時代來了嗎?

對於我們未來生活與消費型態影響最大的科技，可能非人工智慧 (Artificial Intelligence, AI) 莫屬。早在 1970 年代，資訊與心理學家就在構想，如何讓機器像人一樣有思考、判斷與學習的能力。著名的諾貝爾經濟學獎得主赫伯特·西蒙 (Herbert Simon)，早在 1956 年就已經提出人工智慧的理論，隨之也有許多模型與演算法逐步發展出來，但受限於當時電腦的計算速度與容量，無法真正具體實現這些概念。時至今日，受惠於無線網路及電腦硬體成本大幅降低、計算速度大幅增快，才使得人工智慧技術得以成真。IBM 設計的西洋棋人工智慧系統「深藍」，打敗了西洋棋大師卡斯帕羅夫；Google 的圍棋人工智慧系統 AlphaGo，打敗歐洲圍棋冠軍樊麾，都象徵著人工智慧系統的大幅躍進。可以預見在未來，人工智慧技術會快速發展，不只是在機器人領域，而是將完完全全改變人類生活與文明。

　　當然，人工智慧的出現，除了改善人類生活與文明發展之外，也衍生出許多其他的想像。例如，在「魔鬼終結者」系列及其他相似主題的電影中，我們都能看到機器人統治世界的想像故事。未來，雖然不知道機器人是否真的可能統治世界，不過可以確定的是，很多工作職位會因為人工智慧的發展而消失。依此趨勢發展下去，受影響的將不只是一般大眾認為會因科技發達而失業的族群，而是進一步開始影響到白領階級，甚至是各專業領域的人才。例如，現在已經有律師事務所開始導入人工智慧處理相關事務。未來，包括金融會計業、醫師、教師、律師等行業的工作機會，都會受到人工智慧的影響而縮減。牛津大學馬丁學院的研究報告顯示，未來美國 47% 的工作職位將被自動化系統取代，包括助理、接待人員、稅務顧問、房地產經紀人，以及動物飼養員等。

　　這是整個人類社會的大趨勢，且勢在必行，迎接它的來臨不過是遲早的問題。

　　但是，我們真的已經準備好面對這個衝擊了嗎？

3.4.2 框架效果

　　在展望理論中有一個重要的現象稱為框架效果 (Framing Effect)。用以下問題說明[14]：

　　假設有一個流行性傳染病即將爆發，預計會造成 600 人的死亡。衛生單位規劃了兩種防疫方案（A 方案與 B 方案），以下是兩方案執行後的結果：

　　執行 A 方案：將有 100% 機率使得 400 人因而得以生還。

　　執行 B 方案：有 2/3 機率可使 600 人得以生還，另外有 1/3 機率 0 人生還。

　　決策者須在 A 與 B 兩方案間擇一。另有兩方案 C 與 D 如下，決策者須在 C 與 D 間二選一：

---

[14] Kahneman, D., & Tversky, A. (1986). "Rational Choice and the Framing of Decisions." *Journal of Business*, 59, 4, S251–S278.

執行 C 方案：將有 100% 機率使得 200 人因而死亡。

執行 D 方案：有 2/3 機率會造成 0 人死亡，另有 1/3 機率會造成 600 人死亡。

若要求回答問題者在 A 方案與 B 方案中作一選擇，則可發現多數人會選擇 A 方案。但若要在 C 與 D 中二選一，則多數人會選擇 D 方案。所有的方案（A、B、C 與 D）在統計期望值上皆相同，因此無法依照數學的原則進行決策。然而若仔細比較（A、B）與（C、D）兩組選項，則可發現 A 與 C 是完全相同的選項，因為 100% 機率有 400 人生還亦即 100% 機會有 200 人死亡。

同樣 B 與 D 是完全相同的選項，亦即 2/3 機會有 600 人生還即是 2/3 機會 0 人死亡，而 1/3 機率 0 人生還即是 1/3 機率 600 人死亡。換言之，兩組選項間的本質相同，只是描述的方式不同而已。

依照傳統經濟學對人的偏好的基本假設，偏好應有一定的一致性及穩定性，不應隨描述方式的不同而改變。然而如本例所顯示，在 A、B 選擇中選 A 的消費者許多會在 C、D 中選 D，產生了偏好反轉 (Preference Reversal)❶❺的現象。問題是：為何會產生此現象？

仔細比較 A、B、C、D 的差異可發現，A、B 選擇的不同在於 A 是 100% 確定無風險的選項，而 B 是有風險的選項。同樣在 C、D 的選項中，C 是無風險的選項，而 D 是有風險的選項。而（A、B）與（C、D）的差異則在於前者是以「獲得」的框架描述選項，而後者則是以「損失」的框架描述選項。

根據上述，卡尼曼與特佛斯基為人的風險決策的特性下了一個重要結論，即是在「獲得」的框架中（即 A 與 B 的選擇），人們傾向於風險趨避 (Risk Averse)，選擇保守而無風險的選項（亦即選擇 A）。但在「損失」的框架中（即 C 與 D 的

> **注意 !!!**
> 在獲得的框架中，人們會選擇無風險的選項；在損失的框架中，人們會選擇有風險的選項。

選擇），人們傾向於追逐風險 (Risk Seeking)，選擇較有風險的選項（亦即選擇 D）。這種風險態度隨決策框架不同而改變的現象即稱為「框架效果」。

---

❶❺ Kahneman, D., & Tversky, A. (1991). "Loss Aversion in Riskless Choice: A Reference-Dependent Model." *Quarterly Journal of Economics*, 106, 4, 1039–1061.

◆ 3.4.3 吸引效果與折衷效果

自展望理論問世以來，陸續有研究者基於展望理論的精神，發展出不同的理論體系。茲就吸引效果與折衷效果說明如下 ❶ ：

1.吸引效果 (Attraction Effect)

吸引效果是在探討由比較而來的選擇效應。假設有 A 和 B 兩個選項，A 的品質比 B 好，且 A 的價格也比 B 貴。若增加一個價格比 B 貴，但品質卻沒有 B 好的 C（見圖 3-8），則選擇 B 的人會比在只有 A 和 B 兩個選項時增加。理論上，C 的價格比 B 貴、品質又比 B 差，因此不會有人選擇 C，C 可說是一個無關的選項。但是 C 的加入卻會讓選 B 的人增加，亦即 C 的加入會讓 B 的吸引力增加，其原因在於比較 A 和 B 時，兩者在品質和價格上各擅勝場，端看消費者側重品質或價格；但在比較 B 和 C 時，卻能明顯看出 B 優於 C，因此會吸引更多人選擇 B，此種現象被稱之為吸引效果。

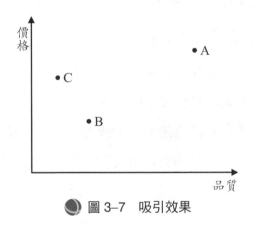

🌑 圖 3-7　吸引效果

2.折衷效果 (Compromise Effect)

假設有 A 和 B 兩個選項，A 的品質比 B 好，且 A 的價格也比 B 貴。若增加一個價格比 B 便宜，但品質卻沒有 B 好的 C（見圖 3-9），則選擇 B 的人會比在只有 A 和 B 兩個選項時增加。這是因為 C 的加入讓 A 和 C 成為兩個極端的

---

❶ Simonson, I. (1989). "Choice Based on Reasons: The Case of Attraction and Compromise Effects." *Journal of Consumer Research*, 16, 2, 158–174.

選項，而 B 則成為折衷的選項，因此較多人會選擇 B，此種現象被稱為折衷效果。

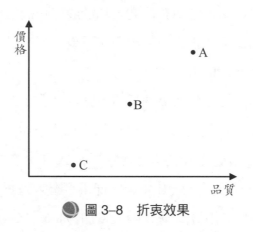

◉ 圖 3-8　折衷效果

綜觀上述可知，吸引效果和折衷效果都是選擇的背景 (Context) 造成比較對象不同而在選擇上有所差異的結果。

◈ 3.4.4　風險決策理論在行銷策略上的應用

近年來，展望理論在金融產品消費者的投資行為中受到愈來愈多的重視。「行為財務學」的發展，即是以展望理論作為其主要的理論基礎。傳統關於投資行為的研究較少從行為層面出發去瞭解消費者的投資決策。而展望理論則提供了一個理論架構，為財務研究提供了一個從行為瞭解投資決策的新方向。近年來許多新的關於投資行為的研究，納入了框架的概念，以及其對風險態度的影響，和對未來的報酬的價值知覺等，這些都是展望理論的具體應用。

在傳統消費者行為上，展望理論也用來解釋或協助設計行銷策略。以框架效果為例，將一塊豬肉描述為「有 80% 的瘦肉」或「有 20% 的肥肉」會帶給消費者不一樣的感受。即使是同一塊豬肉，用瘦肉描述會比用肥肉描述感到更有價值。此例中瘦肉是獲得的框架，而肥肉是損失的框架，這就是一個框架效果的應用實例。

另外，許多日常生活中牽涉風險的選擇，都可以用框架效果來解釋。對高度近視的消費者，動近視矯正手術來矯正近視是一個減少近視度數的辦法。對目前正在使用一般眼鏡的消費者而言，許多人對動此手術保持較保留的態度，如果從展望理論的角度來看，則保持現狀是一個獲得框架，而動手術可能產生的後遺症則有可能的損失，即使手術後遺症的機率很小，但展望理論中的 π 機率函數也預測消費者會高估極小事件的機率，因此在獲得框架下消費者傾向於風險趨避，亦即不動手術的選擇。但若眼睛本身有疾患，則是在一個損失框架，此時即使手術本身有潛在風險，消費者仍會去動手術，原因就是在損失框架中消費者會去追逐風險，這就是框架效應在解釋及預測消費行為上的一個應用。

● 圖 3-9　一半滿的杯子？一半空的杯子？同樣的一杯水，用兩種不同的敘述方式是否會帶給消費者同樣的感受？

行銷一分鐘

85%？ 50%？ 用基本比例算的才算

有鋼鐵業者做廣告，告訴消費者，地震時 85% 倒塌的建築屬於低矮建築，藉此傳遞購屋時應該要注意鋼材的選擇。多數人會毫不猶豫地接受此類訊息，可是從決策研究人員的眼中看來，這個論證的有效性是令人相當存疑的。

問題在於：沒有地震的時候，有多少房屋是屬於低矮建築？如果在所有建築比例中，低矮建築本來就佔了 85%，而地震時倒塌的房舍中有 85% 的比例是低矮建築，那麼就不能用這個資料證明低矮建築比較危險，因為在未倒塌時，低矮建築本來就佔了較多比例。但若是在所有的房舍中，低矮建築只佔 50%，而在倒塌的房屋中，就有 85% 屬於低矮建築，這樣的數據就有實質意義了。

這類判斷上可能的謬誤，可說是常常出現在我們日常生活中，詮釋此類資料時，不能由 85% 和 15% 比較，而是要和基本比例 (Base Rate) 比較才有意義。

◐ 3.5　不確定情境下的決策行為：捷思與謬誤

有許多討論在不確定情境下的決策行為的研究，焦點集中於在決策或判斷時如何處理不確定性的因素。早期有一系列重要的研究指出在不確定情境下，人會使用一些捷思 (Heuristic) 來處理不確定因素 ❶。這些捷思在多數情形下可以幫助決策者快速的達到決策目標，但在一些情形下則會造成判斷與決策上的謬誤 (Bias)。茲將這些研究中所發現的主要捷思與其所導致的謬誤整理如下：

◆ 3.5.1　代表性的捷思 (Representativeness Heuristic)

在許多情形下，人們會利用兩件事物間的代表性（或相似性）來作預測或判斷。此種代表性的捷思可以減少許多在判斷時蒐集與整合資料所需的認知勞務 (Cognitive Efforts)，但有時則會造成判斷的謬誤 ❶。

1.基本比例的謬誤

一個有名的例子是「基本比例的謬誤」(Base-rate Fallacy)。故事描述在一個社區中有 70% 的律師與 30% 的工程師，若從此社區中隨機抽取一人湯姆，接著描寫湯姆的個性是木訥，不善言詞，喜歡電腦與猜謎遊戲。受訪者被要求猜測湯姆是律師或是工程師的機率是多少。結果發現，多數人猜測湯姆是工程師的機率遠超過 30%。

由於該社區全部工程師的比例只有 30%（此比例稱為基本比例），所以無論如何湯姆是工程師的機率不可能超過 30%。此種判斷上的謬誤發生的原因，就在於湯姆的性格描寫（稱為個案資料：Case Information）與工程師較接近，亦即湯姆的性格是具有「代表性」(Representative) 的工程師性格，這項個案資料在判斷時被過度加權，造成基本比例謬誤的產生。

❶　Kahneman, D., Slovic, P., & Tversky, A. (1982). *Judgment under Uncertainty: Heuristics and Biases*. Cambridge, MA: Cambridge University Press.

❶　Kahneman, D., & Tversky, A. (1972). "Subjective Probability: A Judgment of Representativeness." *Cognitive Psychology*, 3, 430–454.

2.賭徒的謬誤

　　另一項由於使用代表性的捷思所造成的判斷謬誤是有名的「賭徒的謬誤」。受訪者被詢問，若丟擲一個銅板十次，出現正面為 H，出現反面為 T。則以下兩種結果何者出現的機會較大：

　　結果一：HHHHHTTTTT

　　結果二：HHTHTTHTTH

多數的受訪者會認為第二種結果出現的機率較大。但事實上根據機率的法則計算，兩者出現的機會一樣大（兩者皆為 $(1/2)^{10}$）。這種情況就稱為「賭徒的謬誤」。

　　出現賭徒的謬誤是因為第二種結果比較接近典型的隨機變數出現的情況，亦即結果二有隨機變數的「代表性」，因此多數人認為結果二較有可能出現。但事實上無論正面或反面出現機會為 1/2 的期望值，是指長期而非短期而言，若丟擲銅板 10 萬次，則正或反面的出現機會確為 1/2。但長期的機率無法保證任何短期（如只丟擲 10 次）的機率也是 1/2。事實上，在少量的丟銅板實驗中，正面或反面集中的現象時常可見。因此代表性捷思的使用造成了賭徒謬誤的誤判。

　　圖 3–10　輪盤以紅、黑兩色間隔排列，當小球已經連續 10 次落在紅色數字，是否代表小球落在紅色數字的機率大於 1/2?

3.5.2　易取得性的捷思 (Availability Heuristic)

　　另一項經常在不確定情形下作判斷時常用的捷思是「記憶的易取得性」(Memory Availability)，特別是在判斷事件發生的機率或頻率時，記憶中容易回憶起的相似事件會造成較高的機率或頻率的判斷。例如判斷空難發生的機率會受到近期是否有空難發生的影響。近期發生空難使記憶中空難的記憶取得性大增，因而增加了空難發生頻率的判斷。

　　許多實驗[19]也提供了支持的證據，例如，要求受試者估計在英文字中，字

---

[19]　Kahneman, D., & Tversky, A. (1972). "On the Psychology of Prediction." *Psychological*

母 K 出現在字中第一個位置的次數較多，還是出現在第三個位置的次數較多時，多數人會認為 K 出現在第一個位置的字較多。但根據統計顯示，K 出現在第三個位置的字較多。這是由於去想 K 在第一個位置的字時，記憶的取得性較高，而 K 在第三個位置的字相對較不容易想得出來，因此記憶的易取得性不同，造成了判斷的誤差。

此外，個人經驗的差異也造成記憶易取得性的不同。要夫妻估計誰做的家事較多時，多數人都認為自己對家庭的貢獻較大。這是由於在估計自己與對方做的家事次數時，比較容易回憶起有個人經驗的部分，亦即自己做過的家事的記憶取得性較高，而對方做家事的記憶取得性較低，因此造成判斷上的差異。

◆ 3.5.3 定錨與調整 (Anchoring and Adjustment)

另一種常見的捷思是定錨與調整。在估計機率（Frequency：亦即事件發生的次數）時，消費者會選定一個起始的錨點，然後從錨點作調整[20]。這是常見的做法，但其問題是錨點的高低會造成最後判斷的差異。此外，若調整的幅度不夠，也會造成判斷的誤差。

在一個簡單的實驗[21]中，受試者要在無計算機輔助下，在 5 秒內估計 $1 \times 2 \times 3 \cdots \times 6 \times 7 \times 8$ 的乘積。一組估計 $1 \times 2 \times 3 \times 4 \times 5 \times 6 \times 7 \times 8$，而另一組則估計 $8 \times 7 \times 6 \times 5 \times 4 \times 3 \times 2 \times 1$。結果發現後者估計出的乘積顯著地大於前者。這是由於後者估計的起始錨點 $(8 \times 7 \times 6 \cdots)$ 較前者 $(1 \times 2 \times 3 \cdots)$ 高，且調整幅度不足，所以造成差異。

另一個實驗要求受試者在 0 到 100 間隨機選取一個號碼，然後以該號碼為基準作調整，用以猜測非洲國家的數目。結果發現，抽到較高號碼的人（亦即錨

Review, 80, 237–251.

[20] Kahneman, D., & Tversky, A. (1971). "The Belief in the Law of Small Numbers." *Psychological Bulletin*, 76, 105–110.

[21] Kahneman, D., Slovic, P., & Tversky, A. (1991). (Eds.) *Judgment under Uncertainty: Heuristics and Biases*. New York, NY: Cambridge University Press.

點較高），猜的非洲國家數目較低號碼的人要多。值得注意的是，受試者清楚知道自己起始的號碼是隨機決定的，但仍因定錨調整的調整幅度不足而產生誤差。

此外，尚有實驗者出示數種產品，然後要求受試者寫下他們的身分證號碼的最後兩碼（亦即美國的社會安全號碼。例如：123–45–6789，最後兩碼就是 89）。然後詢問受試者是否願意用這個號碼（亦即 89 元）來出價購買每項產品，若受試者不願意，則實驗者要求受試者針對每項產品提出他們所願意出的購買價格。

當實驗者把這些基於自由意志所出的價格和每位受試者的社會安全號碼對比後發現，受試者的出價和他的身分證號碼呈現顯著的正相關。亦即身分證末兩碼的數字愈大，他所開出的價格也愈高。雖然受試者並不自覺，也不承認自己的出價和隨機的身分證號碼有關，但實際上他們的出價，確實是受到了之前寫下身分證號碼這個程序的影響❷。

上述實驗有兩個重要的意義：⑴除非有明確的參照點，否則消費者對於產品的價格其實是無法判斷的；⑵即使消費者不自知，他們仍然會就近使用任何可以取得的資訊作為定錨點，由此進行調整，產生最終的產品出價。亦即不管我們是否自覺，定錨與調整是我們常常會使用的捷思。

行銷一分鐘

占卜算命——解決生命中的不確定感

2008 年下半年的金融海嘯，使得許多人失業，也使得許多人對生命興起許多的不確定感。許多過去很確定的事情，如工作、家庭等等，在一瞬間變得不確定了。因而對未來的規劃，也需要在不確定感中做成決策。為了幫助自己做更有信心的決策與規劃，許多人會轉向尋求玄學的領域，於是算命在此時也大行其道。

❷ Ariely, D., Loewenstein, G., & Prelec, D. (2003). "Coherent Arbitrariness: Stable Demand Curves without Stable Preferences." *Quarterly Journal of Economics*, 118, 1, 73–105.

一般算命的機制包括三個部分：(1)隨機的種子；(2)依照隨機種子進行的固定演算法；(3)解釋演算法算出的結果。以紫微斗數為例，生辰年月日時就是隨機種子，以此資訊為基礎，按固定演算法算出的命盤就是結果，如何解釋命盤則是第三部分，八字和卜卦也是同樣原理。

以卜卦而言，抽籤或是捻米就是隨機種子，按固定演算法算出的就是結果，難的仍然是如何解卦。《易經》共有六十四卦，如何把千變萬化的現象的問題都能套用這六十四卦的內容來解釋，是最難的部分。

總而言之，算命依賴隨機種子作為基礎，得出的結果是否能讓人相信，就見仁見智了，這與個人對命運的假設以及神鬼的看法有關。不過，在不確定的時代，算命這一行，恐怕還是會繼續大行其道的！

3.5.4 不確定下的決策理論在行銷策略上的應用

在行銷上有許多需要消費者判斷機率或頻率的場合，可以善用以上所介紹的原則。例如判斷機器故障的機率以決定是否要購買某一品牌的機器產品，或是判斷交通事故發生的機率以決定是否要搭乘某一種交通工具，又或是在服務消費中判斷服務失敗的機會等。這些在消費前所作的判斷常會影響甚或決定消費的意願。廠商應善加利用如代表性的捷思、易取得性的捷思以及定錨與調整等消費者在不確定下判斷的特性設計行銷策略，增進消費者使用產品的意願。

另外一個消費現象與不確定知覺有關的是新產品的啟用。特別是在高科技產品技術日新月異，快速突破的時代，消費者往往對新產品的知識不足，導致許多對新產品購買及使用的不確定感，包括對產品效用、個人學習及使用的不確定感等。這種不確定感往往會對新產品的啟用構成負面影響。如何利用不確定情境下判斷的特性來設計行銷策略以降低消費者的不確定感及風險知覺，是廠商在行銷高科技新產品時的一大挑戰。

行銷實戰應用

加配備還是減配備？消費者行為研究對行銷策略的影響

在一項研究中，派克等研究人員 (Park, Jun & Macinnis)，要求接受測試的消費者，對可能購買的車輛決定要選擇哪些配備。在其中一個情境中，消費者被告知要從一部只有基本配備的陽春車輛中，選擇要增加哪些選配；在另一個情境中，消費者則被告知，他們要從一部全配的車輛中，決定要減少哪些選配。一般來看，可能會認為這兩個情境是完全一樣的，消費者所做的選擇應該也會一樣。然而有趣的是，研究者發現，消費者在第二個減少選配的情境中，所決定要選擇購買的配備數量以及總價格，都比在第一個增加配備的情境中要來得多。

為什麼會有這樣的差異呢？研究者認為，在減少配備的情境中，消費者的參考點和增加配備的情境不同。減少配備的情境中，消費者面對一部全配的車輛，要決定是否減少某些配備，這時減少這件事情本身會讓消費者感受到損失，而產生損失嫌惡 (Loss Aversion) 的感受，因此會比較不願意減少已經屬於自己的配備；而在增加配備的情境中則沒有損失嫌惡的效果，因此會增加比較少的配備。

許多消費者研究的結果，都可應用在商業行為上，如這項研究結果便顯示，一般車商可藉由「改變讓消費者選擇的方法」提升業績。多數車商的作法是讓消費者選擇要增加哪些配備，其實如果應用上述減少配備的作法，便很可能讓消費者購買更多產品。

⊙ 本章主要概念 ───

複雜決策	加成差異模型
降低失調的決策	多數屬性勝出模型
尋求多樣化的決策	情感移轉模型
習慣性決策	展望理論
確定情境決策	價值函數
不確定情境決策	π 機率函數
風險情境決策	框架效果
迷宮矩陣	代表性捷思
加權平均模型	記憶易取得性捷思
逐面向消去模型	定錨與調整捷思
詞彙半次序模型	吸引效果
交集標準模型	折衷效果
聯集標準模型	

 習 題

一、選擇題

（　）1. 下列何者不是消費者決策類型的分類依據？　(A)消費者購買的涉入程度　(B)動機強弱　(C)是否牽涉風險　(D)品牌差異

（　）2. 若將決策視為問題解決的一種形式，下列何者不屬於此一決策類型？　(A)確定下的決策　(B)例行決策　(C)有限決策　(D)深入決策

（　）3. 在消費者選擇決策歷程中，需求的產生屬於決策歷程中的哪一階段？　(A)產品選擇　(B)選項評估　(C)問題確認　(D)資訊蒐集

（　）4. 產品選擇有許多不同的類型，下列何者不屬於其劃分依據？　(A)消費者過去使用產品的經驗　(B)購買的產品特性　(C)社會文化的影響　(D)深思熟慮的程度

（　）5. 下列何者不是選擇歷程的測量方法？　(A)內省式的口頭報告　(B)迷宮矩陣　(C)記錄眼球運動　(D)田野調查

(　)　6.確定情境下的選擇模型眾多，下列何者不是選擇模型的分類依據？　(A)可補償的歷程　(B)不可補償的歷程　(C)以態度為基礎　(D)以品牌為基礎

(　)　7.若消費者是以可補償歷程的角度做選擇，消費者將不會使用下列哪一種模型？　(A)加成差異模型　(B)情感移轉模型　(C)加權平均模型　(D)多數屬性勝出模型

(　)　8.下列關於價值函數特性的敘述，何者正確？　(A)敏感度遞增　(B)價值的絕對性　(C)得失不對稱　(D)價值函數在獲得狀態中斜率為正，在損失狀態中斜率為負

(　)　9.在展望理論的機率函數中，下列敘述何者錯誤？　(A) x 軸是主觀機率，y 軸是客觀機率　(B)具有確定性效果　(C)對機率極小的事件通常會過度加權　(D)對較大機率的事件會加權不足

(　)　10.在不確定情境下，人會使用一些捷思來處理不確定因素，下列何者非主要捷思類型？　(A)定錨與調整　(B)代表性捷思　(C)轉移性捷思　(D)易取得性捷思

二、思考應用題

1.當你購買(1)一包面紙、(2)一輛汽車或是(3)一場歌劇表演的票時，你的消費決策行為有何不同？在三者中你是否經歷同樣的過程（問題確認→資訊蒐集→選項評估→產品選擇→購後評估）？還是這個過程會隨產品特性不同而有所差異？

2.在投資理財上，幾乎所有人都知道「低買高賣」的這個原則，但為何多數人卻都是「高買低賣」？這是不理性的決策行為嗎？什麼因素會導致投資人高買低賣？

3.從你的朋友中找出二位，一位是屬於追逐風險者，另一位是規避風險者。觀察並比較此二人在購買行為決策時的差異，以及決策品質的好壞。風險態度對他們決策的影響是什麼？

4.當你在便利商店購買一項產品時，仔細觀察自己的產品選購歷程。你用的是哪一種決策歷程模型（例如加權平均模型或是逐面向消去模型）？哪種方法會給你帶來較佳的決策品質或是沒有差異？哪種方法比較節省認知心力？為什麼？

5.一般在決策理論中會將決策者分為極大化者 (Maximizer) 以及滿足者 (Satisficer)。極大化者要求自己的選擇能夠獲得最大的利益，而滿足者只要決策能達到滿足個人目標的程度就可以。你是屬於極大化者還是滿足者？你覺得哪一種人的決策品質較佳？為什麼？哪一種人可以在日常生活中取得較大的幸福感？

第 **2** 部分　個體因素

第四章　動機對消費行為的影響

　　麥克思‧胡伯 (Max Huber) 博士是一個太空物理學家，他在做實驗時實驗器材不慎爆炸，炸傷了他的臉，造成臉部幾近毀容。在試過許多醫療方式都無效之後，胡伯博士自己開始研究新的配方來醫治自己的臉部。在嘗試使用過許多材料後，他終於從海藻中提煉出一種物質，能夠顯著改善皮膚細胞並幫助細胞修復與成長。在此種新配方的神效下，胡伯博士的臉部創傷回復到別人幾乎看不出來他過去因嚴重燒傷而造成的毀容❶。

　　這個故事聽起來很熟悉嗎? 是的，這就是海洋拉娜 (La Mer) 的品牌故事。這種新的海藻配方被加在海洋拉娜的產品之中，造成這個高檔產品的熱賣。一罐原價新臺幣五萬元的產品，在百貨公司週年慶時折扣賣新臺幣三萬五千元，竟然造成大排長龍的瘋狂搶購熱潮。許多知道以上品牌故事的消費者，也認為海洋拉娜中的特殊成分能對他們的皮膚有著神奇的功效。似乎，上述的品牌故事對產品有著顯著的加分效果。

　　許多品牌都有類似的品牌故事。例如 SKII 保養品的主要成分 Pitera 的來源就是一例。在 1975 年，一群科學家在參觀釀酒工廠時，發現年邁的釀酒老婆婆，臉部滿是皺紋，但她釀酒的雙手卻白嫩柔軟如少女，科學家們開始追尋箇中緣由，分析了近 500 種酵母，包括日本清酒與許多少見的酵母菌，歷時 5 年的研究與失敗，才找到 Pitera 天然活膚酵母精華❷。

---

❶　海洋拉娜 (La Mer)。網址：http://www.larner.com.tw/

❷　SKII。〈Pitera 奇蹟〉。網址：http://www.skii.com.tw/

從消費者行為的角度來看，品牌故事對品牌經營的意義是什麼呢？消費者對品牌的知識多半屬於語意式的記憶（Semantic Memory，見 6.2.3 節），例如品牌名稱、品質及成分等等。而品牌故事則是一種情節式的記憶（Episodic Memory，見 6.2.3 節），會給品牌帶來鮮活的印象。由於有獨特品牌故事的品牌為數不多，所以能夠增加品牌的差異化，加強消費者的印象。

此外，品牌故事多半傳達一些情緒，可以增強消費者品牌態度的情感層面。最後，品牌故事往往與品牌的功效有關（如上述的海洋拉娜療傷的神奇功效），透過敘事式的故事陳述，比廣告式的溝通更能產生說服的效果。因此，在行銷溝通訊息滿溢消費者記憶的同時，品牌故事是另一項廠商可以用來增加品牌權益的有力工具，應在行銷策略中善加利用。

動機是所有行為的源頭，而所有行為的出現，都有動機作為內在驅力的來源。因此瞭解消費者動機成為研究消費者行為的中心主題之一。從行銷策略的角度而言，瞭解消費者的動機也有助於行銷策略的規劃。能有效改變消費者動機的行銷策略，自然也有助於產品的行銷績效。因此，本章針對心理學中的動機理論作一介紹，並將這些理論與行銷的關聯作一系統性的陳述。

本章的結構如下：首先介紹動機的一般理論模型，強調動機形成的歷程，以及包含對驅力、需求等概念的介紹。其次介紹在心理學中主要的動機理論模型，如佛洛伊德（Sigmond Freud）、馬斯洛（Abraham Maslow）、麥克拉倫（David McClelland）、穆瑞（Henry Murray）的動機理論。最後，針對這些理論模型在行銷上的應用，以及相關的動機研究方法等作一介紹。

● 圖 4-1　諷刺工作動機的漫畫

4.1 動機的本質與類型

4.1.1 動機的結構

　　心理學將動機視為一個動態的過程，此過程始於需求 (Need) 沒有得到滿足。當需求得不到滿足時，就會產生心理上的張力 (Tension)，而此種張力會導致驅力 (Drive) 的產生，促使消費者採取行為來滿足需求，以求降低張力與緊張的狀態。此種動機的歷程可以圖 4–2 表示❸：

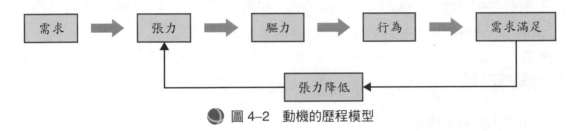

　　🌐 圖 4–2　動機的歷程模型

　　在此模型中，為了滿足需求所表現的行為，可以藉由需求的滿足而使得張力的降低，進而達成行為的目標。由此可知，需求是動機產生最重要的來源，而動機所引發的行為完成時，就達成了滿足需求的目標。

　　行銷的開始在於市場的需求，而消費者需求的本身有許多不同的類型，在過去的研究文獻中曾對不同的動機類型做過許多討論，這些有關動機的理論將於 4.2 節中略述。至於目標，則是個體設定達成需求滿足的結果。人的行為產生被認為是目標導向的 (Goal-oriented)❹，行為的發生是透過目標的設立，而目標的達成則是行為結束的判斷標準。

　　例如，當一個女性消費者接到舞會的邀請通知時，她要在自己的衣櫃中尋

---

❸ Dugree, J. F., O'Connor, G. C., & Veryzer, R. W. (1996). "Observations: Translating Values into Product Wants." *Journal of Advertising Research*, 36, 6, 90–101.

❹ Huffman, C., Ratneshwar, S., & Mick, D. G. (2000). "Consumer Goal-Structures and Goal-Determination Processes: An Integrative Framework." In Ratneshwar, Mick, & Huffman (eds.). *The Why of Consumption*, 9–35.

找適合參加舞會的服裝；如果無法找到適合的服裝，就要考慮到店裡採購適合的衣服，此時添購新衣的需求將導致衣服的購買行為，而消費的目標則是選購適合參加舞會的服飾。當消費者在店裡找到適合的服飾時，需求可得到滿足，亦即目標藉由衣服的購買而達成。

◆ 4.1.2 動機的類型與喚起

由上述可知，動機有許多不同的類型。一般在討論動機的類型時，可將動機分為正向與負向的動機，以及理性與感性的動機兩大類。此外，動機的產生也有許多不同層次的喚起 (Arousal) 方式，如生理、情緒、認知與環境都可喚起動機。以下就動機的類型及喚起的機制作一解釋。

㈠動機的類型

1.依正向與負向區分

動機的類型可分為正向動機 (Positive Motivation) 與負向動機 (Negative Motivation)。正向動機驅使消費者接近及取得某些產品，例如飢餓會使消費者設法去購買食物，此時飢餓就是正向的動機。正向的動機會使消費者產生趨近目標 (Approach Goal) 的行為；相對的，負向動機促使消費者採取行動以避免產生不利的後果，例如懼怕生病使得個人避免購買來源不明的食品。此時，負向的動機會使消費者產生避免目標 (Avoidance Goal) 的行為。

趨近與避免的目標間，有時會產生不一致的衝突情形，亦即兩個動機或目標間產生了趨避衝突 (Approach-avoidance Conflict)。例如，購買一件昂貴的衣服可能使人產生趨避衝突。衣服本身的品質讓消費者很想擁有它，但昂貴的售價卻又讓人為之卻步。此時消費者就需要在兩個衝突的動機間衡量，決定最後的購買行為❺。

2.依理性與感性區分

❺ Kramer, T., & Yoon, S. (2007). "Approach-Avoidance Motivation and the Use of Affect as Information." *Journal of Consumer Psychology*, 17, 2, 128–138.

　　除了正負向的動機外，動機也可分為理性動機 (Rational Motive) 與感性動機 (Emotional Motive) 兩類❻。行為若是以計算利弊得失的角度出發，為理性的動機。例如，買車時將油耗、經濟性及折舊價格等因素作為考量基準，就是理性的動機。反之，若是考量情感面作為準則，則為感性的動機。例如買車時考量何種汽車外型賞心悅目，就是感性動機在影響汽車的購買行為。

　　一項研究指出，消費者有兩類的個人目標，會影響他們的決策與選擇行為，稱之為調節焦點理論 (Regulatory Focus Theory)。⑴第一類稱為促進焦點 (Promotion Focus)，即消費者在做決策或選擇時，會思考決策的正面結果，傾向較為積極冒險的決策風格，敢於接受風險；⑵第二類稱為預防焦點 (Prevention Focus)❼，指的是人們在做決策時會傾向考量決策的負面與最壞結果，因而做比較保守的決策，傾向於風險趨避。這個原先是心理學中對動機的研究，在消費行為上有許多的應用。許多研究指出，當調節焦點不同時，選擇與決策行為也會因而有所差異。這個調節焦點的理論，對消費動機的瞭解有重要的貢獻。

㈡動機的喚起

　　由前述可知，動機是導致行為產生的主因。但什麼因素可以喚起 (Arousal) 一個明確的動機呢？有四種主要的環境與個人因素，可以喚起動機的產生，茲分別說明如下：

1.生理因素 (Physiological Factor)

　　生理狀態的改變，會使消費者產生生理性的動機，例如體內水分的降低，會引起口渴的需求及動機，這是生理喚起的結果。

2.情緒因素 (Emotional Factor)

　　產品的特性，特別是感官的特性，能夠引起消費者的情緒，進而引發購買

---

❻ Arnold, M. J., & Reynolds, K. E. (2003). "Hedonic Shopping Motivations." *Journal of Retailing*, 79, 77–95.

❼ Higgins, E., Idson, L., Freitas, A., Spiegel, S., & Molden, D. (2003). "Transfer of Value from Fit." *Journal of Personality and Social Psychology*, June, 84(6), 1140–1153.

● 圖 4-3　餐廳以五、六十年代的物品裝飾,吸引顧客走入時光隧道,重拾往日時光

的動機。例如,懷舊老歌能夠引起消費者對舊日時光的溫暖回憶,帶來感動的情緒,進而產生購買行為,這就是情緒喚起的例子。

3. 認知因素 (Cognitive Factor)

若動機的產生來自於一些不經意的認知念頭所導致的需求,如廣告的訴求引發消費者對產品的興趣以及購買行為即是屬於認知的喚起。

4. 環境因素 (Environmental Factor)

環境刺激也可喚起動機。如逛街經過花店時聞到花香,想起好友的生日將近,因而買花送給朋友即是屬於環境的喚起所引發的動機。

🕐 行銷一分鐘

網路參與的主要動機

在 Web 2.0 的時代,網路使用者成為參與者是重要的特性。許多使用者會以部落格的形式發表、參與網路活動,而不管是早期的部落格,或是現在的社群媒體,都是同樣的精神。根據一項學術研究❽顯示,部落客使用部落格有五項主要動機:尋求資訊 (Information Seeking)、發表評論 (Commenting)、展現自我 (Self-expression)、紀錄生活 (Life Documenting),以及參與社群論壇討論 (Community Forum Participation)。這些動機,可以在臉書或是其他社群媒體的使用型態上看到,也是參與社群媒體最常見的動機。

---

❽ Huang, C., Shen, Y., Lin, H., & Chang, S. (2007). "Bloggers' Motivations and Behaviors: A Model." *Journal of Advertising Research*, 47, 4, 472–484.

◎ 4.2　動機理論

由於動機是引發行為最重要的因素，過去有許多心理學的理論研究動機的類型及其與行為間的關係。以下針對四種最重要的動機理論作一介紹，這四個動機理論分別由佛洛伊德、馬斯洛、麥克拉倫以及穆瑞所提出。

◆ 4.2.1　佛洛伊德的動機理論

十九世紀末與二十世紀初始的猶太裔的奧地利籍醫師西格蒙・佛洛伊德 (Sigmond Freud) 是使用潛意識 (Unconsciousness) 的概念來研究與解釋人類動機的始祖❾。佛洛伊德認為人的意識有兩個層次：⑴顯意識 (Consciousness)，這是每日生活中在醒覺狀態下所感受的意識內容；⑵潛意識 (Unconsciousness)，這是意識層面無法感知的部分，但對行為卻有深遠的影響。

潛意識的內容，是由日常生活中的經驗逐漸累積而成，特別是童年時挫折或負面的創傷經驗，會被潛抑 (Repress) 到潛意識之中，平時雖無法感知，但這些累積的潛意識內容，卻會在許多重要時刻表現出來，即使我們並不自知，潛意識仍會對行為產生根本的影響。

從佛洛伊德的觀點而言，潛意識的內容多半來自創傷的負面經驗，許多人無法正面去面對這些經驗的衝擊，因而會發展出許多心理的防衛機制

● 圖 4-4　佛洛伊德（攝於 1914 年）

(Defense Mechanism) 來處理這些經驗。由動機的角度而言，若行為無法成功的達成目標，則產生挫折感。而防衛機制則是可以幫助處理挫折感的重要心理機制，減輕挫折感對人心理的衝擊。常見的防衛機制如下：

---

❾ Freud, S. (1940). "An Outline of Psychoanalysis." *The Standard Edition of the Complete Psychological Works of Sigmund Freud*, Volume XXIII.

1.合理化 (Rationalization)

消費者對於挫折尋求一個合理的理由來解釋為何目標無法完成以及需求無法滿足的原因。這個理由不只是對其他人交代，也是對自己交代的重要理由，其目的則在保護個人的自尊狀態 (Self-esteem)。一個典型的例子就是俗話說的「吃不到葡萄說葡萄酸」，吃不到葡萄的狐狸說牠本來就不想吃這個葡萄，是非不能也，實不為也，因此不至於否定自己的能力。在消費者的行為上，說高價的產品不是自己喜歡的設計風格，因此不想買，而非經濟能力不足以購買該產品，就是一個合理化的例子。

2.攻擊 (Aggression)

攻擊是另一種處理挫折常見的形式。藉由攻擊來產生的防衛機制，並不限於肢體的攻擊，更常見的是語言的攻擊，藉由攻擊克服挫折感。在許多交易的場合中，消費者因服務失誤或買到品質不良的產品，在與店家交涉的過程中，有時會因店家沒有適當的回應而產生語言攻擊的行為，便是藉由攻擊的方式來處理挫折感的動機。

3.投射 (Projection)

將挫折感帶來的負面情緒投射到一個不相關的對象上稱為投射的作用。在佛洛伊德的理論中，投射是一個處理挫折感的重要機制。而在消費行為上，許多行銷研究中，常會設計許多以商用為目的的應用投射測驗，藉由中性的視覺材料，使消費者投射出其內在的動機，就是投射概念的應用。

4.退縮 (Withdrawal)

因為無法處理現實世界中的挫折情緒,而躲進一個狹小但安全的心理空間，稱為退縮。現代世界中的某些產品，其主要的目標消費群有些即是因為此種心理需求而購買及使用該產品。例如有些成人對電動玩具或網路的成癮現象便可能與此種退縮的心理機制有關。

5.退化 (Regression)

當遭遇無法處理的重大挫折時，有時人會退化回幼兒時的狀態，其行為與思想方式都接近兒童的表現。由於兒童無須對許多成人世界的事情負責，退化是一種可使其滿足安全需求的心理狀態。市場上有些產品的設計原則，就在於滿足成人對兒童時期的渴望與想像，可視為是退化表現所產生的產品需求。

6. 認同 (Identification)

藉由對權威或公眾人物的認同心理過程，也可以作為個體處理現實生活中挫折的主要防衛機制之一。這種認同心理表現在對權威或公眾人物的崇拜上，例如對明星（如青少年的追星族）、政治人物（如臺灣的選舉文化）以及運動選手（如美國棒球圈中的臺灣選手王建民）的瘋狂追逐與崇拜上。而表現在市場行為上則是對相關人物紀念性產品的蒐集，不惜鉅資購買與該權威人物相關的產品，都是屬於這類的認同心理的表現。

圖 4–5　運動選手常是許多民眾的崇拜對象，例如職業棒球選手在臺灣、美國、日本等地都相當受歡迎

7. 潛抑 (Repression)

將意識層面的挫折感潛抑至潛意識的層次的過程稱為潛抑。這也是面對挫折常採用的防衛機制之一。潛抑的過程往往是無意識下進行的，個人也未必清楚自己在潛抑挫折。而潛抑的結果，是在許多日常生活中的口誤、語誤以及夢境中表現潛意識的內容。在消費行為上，有些運動類產品如觀賞球賽等，可以有助於發洩挫折感，減少不健康的挫折潛抑。

4.2.2　馬斯洛的需求層次理論

心理學家馬斯洛 (Abraham Maslow) 早期曾提出一個需求層次 (Need Hierarchy) 的理論，如圖 4–6 所示[10]：

---

[10]　Maslow, A. H. (1943). "A Theory of Human Motivation." *Psychological Review*, 50, 370–396.

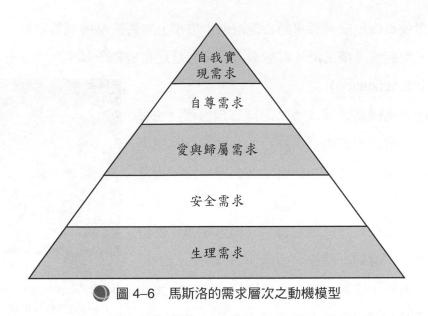

🔵 圖 4–6　馬斯洛的需求層次之動機模型

　　這個理論將人的需求分為五種不同的層次：⑴第一層是生理需求 (Physiological Needs)，如飲食、睡眠及性愛等；⑵第二層是安全需求 (Safety Needs)，例如尋求住所以及可以提供安全感的產品；⑶第三層是愛與歸屬感需求 (Love and Belongingness Needs)，包括對人際關係的建立以及愛情與友情的需求等；⑷第四層是自尊需求 (Self-esteem Needs)，包括對地位、事業、名望、金錢以及權力的追求等；⑸第五層是自我實現需求 (Self-actualization Needs)，這是個人理想的實踐階段，此時注意力的重心已不再是完全物質的需要，而是內在的自省以及生命意義的完成。

　　在馬斯洛的需求層次理論架構中，人們必須在低層次的需求得到一定滿足後，才會向高一個層次努力。而另一方面，同一層次的需求通常無法完全滿足，因此在滿足到一定程度後，便可能向高一個層次追求。此外，在消費者行為中也常常可以發現，不同的產品可以滿足不同層次的需求，例如食物是滿足生理需求，而交友網站則是滿足愛與歸屬需求的產品。而同一項產品也可能被用來滿足不同層次的需求。如衣服可以用來滿足第一層次的生理需求（遮體禦寒），但豪華的名牌衣飾也可以作為追求地位表徵的自尊需求的展現。

　　在對消費者進行的行銷策略中，也有成功運用馬斯洛理論的例子，例如寶

僑家品 (Proctor & Gamble, P&G) 的洗髮精的行銷溝通策略。P&G 四種主要的洗髮精品牌（海倫仙度絲、潘婷、飛柔以及沙宣），其定位策略就是仿照馬斯洛的概念，將消費者使用洗髮精的動機由純粹生理的需求逐步提升至純粹心理的需求，將不同的洗髮精定位在生理或是心理層次的需求（詳細具體的內容請見本章最後的行銷實戰應用）。此種定位方式有馬斯洛理論的一貫邏輯支持，便成為定位成功的範例，亦即是利用動機理論於行銷策略中的具體案例。

4.2.3　麥克拉倫的三需求理論

麥克拉倫 (David McClelland) 將人的動機與需求分為三大類型。

1. 成就需求 (Need for Achievement)

有高成就需求的人會努力超越他人，創造更高的成就，其重視的是成功本身帶來的成就感，而非成功後的報酬。

2. 權力需求 (Need for Power)

掌握權力對於有高權力需求的人而言是最重要的事，為了能掌握權力，可以犧牲許多其他的事物，例如政治人物多半都有高的權力需求。

3. 對歸屬感的需求 (Need for Affiliation)

對歸屬感的需求使人重視人與人間的關係，包含對友情、親情與愛情的追求皆屬此類動機的表現。

4.2.4　穆瑞的心因性需求理論

穆瑞 (Henry Murray) 列出二十項心因性需求 (Psychogenic Needs)，作為解釋人類需求的主要動機來源[11]，包含對成就、自主、支配及防禦等的需求。這二十項動機又稱為工具性需求 (Instrumental Needs) 或是社會性需求 (Social Needs)，原因是這些動機常是在人際互動時產生的需求。

---

[11] Costa, P. T., & McCrae, R. R. (1988). "From Catalogue to Classification: Murray's Needs and the Five-Factor Model." *Journal of Personality and Social Psychology*, 55, 258–265.

　　此外，穆瑞認為動機是受到文化影響的，亦即不同文化中的動機組成可以有所不同，因此動機的表現，不只是受到目標導向的影響，也有文化背景所造成的效果。表 4-1 為穆瑞的心因性需求的類型及其定義：

　　　　🍀 表 4-1　穆瑞的心因性需求類型及其定義

野心需求	成　就	成功、成就、克服障礙
	表　現	使他人驚豔
	受賞識	表現成就以及取得社會地位
物質需求	物質佔有	獲取事物
	物質創造	創造事物
	次　序	讓事物保持組織以及秩序
	保　存	保有事物
權力需求	屈　尊	認錯以及道歉
	自　主	獨立與阻抗
	攻　擊	攻擊以及汙衊他人
	逃避責罰	遵守規則以及逃避懲罰
	服　從	服從他人以及與他人合作
	支　配	控制他人
情感需求	與他人相關聯	與他人共度時光
	照顧他人	滿足他人需求
	與他人玩樂	與他人共享玩樂樂趣
	拒絕他人	拒絕別人的要求或協助
	受人幫助或保護	受到他人保護或是幫助
資訊需求	認　知	尋求知識與發問
	教　育	教導他人

（資料來源：Murray, H. (1938). Explorations in Personality, Oxford University Press, New York.）

行銷一分鐘

大數據的應用：Google Map 不只是地圖

現在使用智慧型手機的消費者，可以使用 Google 地圖尋找地點和商家。使用地點指引時，啟用導航地圖便會顯示沿路路況，告訴使用者沿路車輛狀況、行駛需時多久；尋找商家時，則會告訴使用者不同時段的人潮多寡，使得消費者在做路線和商家的選擇決策時，變得容易許多。由於智慧型手機的普及，衛星可以收集手機發出訊號的地點資訊，進而分析即時路況和人潮資訊，提供使用者所需的回饋資訊，這便是大數據的其中一項應用。

4.3 涉入與動機

談消費者動機就有必要討論消費者涉入的概念。涉入 (Involvement) 是消費行為研究中一個核心的概念❶❷，也是產生消費行為的一種主要動機。涉入的基本定義是指消費者對一項產品或購買決策所付出的認知心力 (Cognitive Efforts) 的多寡。

無論是出於興趣或是實際購買需求，若是消費者很關心一樣產品，對與產品相關的資訊都付出心力去吸收與瞭解，則我們說消費者與這個產品的涉入程度很高，這樣的消費者便可稱為是高涉入的消費者。相反的，若是消費者對產品並不關心，對產品資訊也不特別注意，如同產品與消費者並無任何關係時，則稱這些消費者為低涉入的消費者。

涉入的概念可能是消費者行為中最重要的概念之一。許多消費行為的表現都受到涉入程度不同的影響。一般而言，涉入有三種主要的類型。

1.產品涉入

指的是對一項特定產品的關心與涉入程度，涉入程度愈高者，通常產品知

---

❷ Zaichkowsky, J. L. (1985). "Measuring the Involvement Construct in Marketing." *Journal of Consumer Research*, 12, 341–352.

識也愈豐富。

2.購買涉入

指的是在購買情境中的涉入程度，通常是在購買決策之前產生高的涉入狀態，在購買行動結束後即回歸原先的涉入狀態。

3.廣告涉入

指的是對一特定廣告的涉入狀態，喜歡某一產品或其廣告時，便會對該廣告產生較高的涉入狀態。

> **注意!!!**
> 涉入可能是一種個別差異，但也可以是同一個人在不同時間點的不同狀態。

對於同一項產品，不同的消費者可能有不同的涉入程度，這是一種個別差異的表現。而對同一個消費者而言，對某項產品的需求可能使得一般低涉入的狀態因為購買的需求而產生高的購買情境涉入狀態。因此涉入程度的差異，不只是人與人間的差異，也可能是同一個人在不同時間點的不同狀態。涉入這個概念在第九章介紹態度改變的理論時也會使用到。

◎ 4.4 動機理論在行銷上的應用：動機與行為的關聯以及動機研究

動機的重要，在於它是行為發生的源頭。瞭解動機便可能預測行為，動機的改變自然也會造成行為的改變[13]。因此，在行銷策略上，便可以設計策略，藉由行銷活動引發消費者的購買動機。例如獨特的產品設計與包裝，能引發消費者購買的動機。如瀚斯寶麗 (Hannspree) 設計的造型液晶電視，或是 7-11 便利商店設計的可愛卡通造型贈品，都會引發消費者購買與蒐集的動機。廣告中誘人的美女代言人，或是美感的畫面設計，也有引發購買動機的效果。

此外，本章所提到的動機理論，也可以運用在行銷策略上，前述的 P&G 洗髮精的定位策略就是一例。另外，馬斯洛的需求層次理論也可用在其他產品的行銷策略規劃中。一項產品的目標客層的需求，可能是低層次的需求，也可能是高

---

[13] Snyder, C. R., & Fromkin, H. L. (1980). *Uniqueness: The Human Pursuit of Difference*. New York, NY: Plenum.

層次的動機，產品行銷規劃可以為不同客層設計不同訴求內容。此外，其他人的動機理論如麥克拉倫以及穆瑞的概念，也可用來設計行銷策略。例如針對有成就需求的人，強調產品彰顯社會地位的能力，以及對有歸屬感需求的目標客層，強調產品與家庭的連結，都是動機理論在產品行銷上具體可以應用的場合。

迪區特 (Ernest Dichter) 應用佛洛伊德的動機理論，發展出動機研究 (Motivational Research) 的方法，認為消費行為背後有潛意識的深層動機在主宰消費行為的產生，而不同產品的使用，也對應了潛意識中的不同動機。例如冰淇淋、手套與雪茄的使用，代表與性有關的動機；打保齡球或駕車則代表對權力與掌控

● 圖 4-7　手握方向盤是否讓你覺得掌握了一切?

需求的動機。透過與小樣本間的深度訪談，迪特將產品的使用與潛意識的動機加以連結。一些常見的產品與其背後的潛意識消費動機列表如表 4-2：

🍀 表 4-2　迪特的動機與產品間的關係

產　品	潛意識動機
醫療產品	安全
手套、雪茄	性
烘焙、洋娃娃	母愛
威士忌、地毯	地位
汽車、保齡球、動力機械	權力

（參考資料：Dichter, E. (1964). *Handbook of Consumer Motivations: The Psychology of the World of Objects*. McGraw-Hill: New York, NY.）

正如同佛洛伊德的研究一般，迪特的動機研究在樣本數與客觀性上也受到質疑。但不可否認的，他的研究為動機在消費行為上所扮演的角色，提出了一個新的觀察角度。

行銷實戰應用

寶僑家品 (P&G) 的定位行銷策略規劃

　　P&G 是全球最大的消費日用品製造廠商之一，其產品組合遍及各種日用品如洗衣精、個人清潔用品以及女性保養產品，著名的 SKII 保養品就是 P&G 在臺灣的主力產品之一。P&G 在進入臺灣市場後，首先開發上市的產品就是洗髮精，前後一共上市了數種洗髮精的品牌，如海倫仙度絲 (Head & Shoulders)、潘婷 (Pantene)、飛柔 (Pert) 以及沙宣 (Vidal Sasoon) 等著名品牌。由於 P&G 是全球知名的品牌製造商，其行銷能力以及策略開發能力廣受矚目，因此瞭解其行銷策略的規劃與設計對產品的行銷有莫大助益。

　　最初 P&G 在進入臺灣市場時選擇上市洗髮精而非其擅長且具有多種品牌的洗衣粉（如著名品牌汰漬 (Tide)），是因為臺灣市場的結構特性。在當時的臺灣市場中，洗衣粉的市場與洗髮精的市場特性很不相同。在洗衣粉市場中，白蘭洗衣粉是市場領導者，其他則屬較小品牌的市場，屬於典型的獨佔式競爭 (Monopolistic Competition)；但當時洗髮精的市場並無獨大的品牌，而是由許多小的品牌（如 566、脫普及金美克能等）所組成的市場，各家的市佔率都很小，屬於典型完全競爭 (Perfect Competition) 的裂化市場 (Fragmented Market)。相較於洗衣粉市場，洗髮精是進入障礙較低的市場，因而 P&G 選擇進入洗髮精市場。

> ⊙裂化市場
> 指市場上有很多小型的競爭者，而沒有主要的市場領導者。任一競爭者個別的行銷活動對市場不會構成太大的影響。例如牛肉麵的市場就屬於這類裂化市場。

　　由於 P&G 是一個多品牌的公司，其優點在於擁有高的總體市佔率，但缺點則是可能會造成自己品牌間的互相競爭 (Cannibalization)，浪費行銷資源。因此在其行銷策略的設計上，主要的考慮便是如何能保有高的市佔率，但降低自我競爭的機率。因此清楚的品牌定位以及目標客層的區隔與選擇就是最重要的行銷規劃。

　　其四種主要的洗髮精品牌定位策略就是仿照馬斯洛的模型概念，將其定位分別由純粹生理的需求逐步提升至純粹心理的需求。例如，海倫仙度絲是訴求純粹生理需求（亦即去頭皮屑）的品牌；潘婷訴求護髮與保養健康髮質，是混合部分生理與心理需求，但生理大於動機的品牌；飛柔則是強調飛揚柔順，是心理需求逐漸凌駕生理需求的表現；而沙宣對造型的強調，則是純粹訴求心理的動機。這個定位的邏輯可由圖 4–8 表示之：

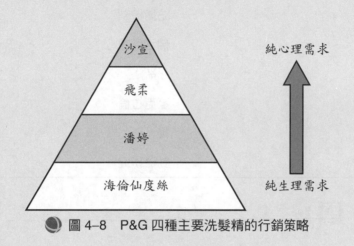

沙宣

飛柔

潘婷

海倫仙度絲

純心理需求

純生理需求

　圖 4–8　P&G 四種主要洗髮精的行銷策略

注意 !!!
除了好的策略之外，執行面才是最重要的成功要素。

此種定位方式有馬斯洛理論的一貫邏輯支持，成為定位成功的範例，亦即是利用動機理論於行銷策略中的明顯案例。由於定位是存在於消費者腦中的訊息，必須保持一致才能逐漸滲透到市場上產生一致的訊息。多年來，無論公司的品牌經理是誰，這些定位的訊息都沒有轉變，因此能產生一致的印象，這也是定位策略成功的最重要關鍵。

┌───┐
│　　　　　　　　● 本章主要概念 ──────────│
│   │
│ 動　機　　　　　　　　情緒喚起   │
│   │
│ 驅　力　　　　　　　　認知喚起   │
│   │
│ 張　力　　　　　　　　環境喚起   │
│   │
│ 目　標　　　　　　　　防衛機制   │
│   │
│ 正向動機　　　　　　　佛洛伊德   │
│   │
│ 負向動機　　　　　　　馬斯洛   │
│   │
│ 理性動機　　　　　　　麥克拉倫   │
│   │
│ 感性動機　　　　　　　穆　瑞   │
│   │
│ 生理喚起　　　　　　　動機研究   │
│   │
└───┘

 習 題

一、選擇題

（　　）1. 下列關於動機結構的敘述，何者錯誤？　(A)動機為一動態的過程　(B)過程始於需求沒有得到滿足　(C)過程中的張力會導致驅力的產生　(D)消費者會採取行動，進一步提升張力

（　　）2. 約翰覺得口很渴，因此想去商店買飲料，此敘述中口渴是屬於下列何種動機？　(A)理性的動機　(B)感性的動機　(C)正向的動機　(D)負向的動機

（　　）3. 根據佛洛伊德的動機理論，人會產生防衛機制以減輕挫折感對心理的衝擊，下列何者不屬於佛洛伊德所提的防衛機制？　(A)投射　(B)退縮　(C)進化　(D)攻擊

（　　）4. 根據馬斯洛的需求層次理論，當人追求金錢與權力時，其需求屬於下列何種層次？　(A)生理　(B)安全　(C)愛與歸屬感　(D)自尊

（　　）5. 下列何者不是麥克拉倫與穆瑞兩位學者在需求理論中的共同點？　(A)安全　(B)成就　(C)權力　(D)人與人之間的關係

（　　）6. 下列何者不屬於涉入的類型？　(A)產品涉入　(B)他人涉入　(C)廣告涉入　(D)購買涉入

（　）7.「吃不到葡萄說葡萄酸」是屬於下列何種防衛機制？　(A)認同　(B)退化　(C)攻擊　(D)合理化

（　）8.懷舊老歌能夠引起消費者對舊日時光的溫暖回憶，進而喚起消費者產生購買行為的動機是屬於下列何種因素？　(A)生理因素　(B)情緒因素　(C)認知因素　(D)環境因素

（　）9.下列關於動機和目標的敘述，何者正確？　(A)兩個動機或目標間，有時會產生不一致的衝突情形　(B)消費者在做決策或選擇時，若勇於接受風險，做出較大膽的決策乃為預防焦點　(C)正向的動機是驅使消費者接近及取得某些產品的動機，會使消費者產生避免目標的行為　(D)若是以計算利弊得失的角度出發，則是感性的動機

（　）10.穆瑞的心因性需求理論中，人們會努力克服障礙，表現成就來取得社會地位是屬於下列何種需求？　(A)權力需求　(B)物質需求　(C)野心需求　(D)資訊需求

二、思考應用題

1. 選擇一項產品（如 Ralph Lauren Polo Shirt），以馬斯洛的需求層次理論為基礎，發展五種廣告訴求分別對應馬斯洛的五種動機。這些訴求有何差異？

2. 承上題，如果以馬斯洛的需求動機層次為主軸，你覺得如果要用各個層次做廣告，每個層次適合的產品各是什麼（例如食品類適合第一個層次）？在每種產品上，哪些品牌曾經以該層次的動機作為廣告的主要訴求？

3. 以你最近一次去賣場或百貨公司採購為例，分別以(1)佛洛伊德、(2)馬斯洛、(3)麥克拉倫以及(4)穆瑞的理論為基礎，解釋你的購買動機。

4. 如何用動機理論來解釋人們使用網路部落格以及論壇的行為？這些動機和玩網路電玩以及網路聊天交友的動機有何不同？

5. 「要就要頂尖的」(The Best or Nothing) 是梅賽德斯—賓士汽車 (Mercedes-Benz) 的廣告標語 (Slogan)。這個訴求可以何種動機理論來解釋？

第五章　消費者知覺

投資理財顧問真的能幫你增值財富嗎？

　　2008 年最熱賣的書籍種類，不是文學小說，也不是勵志小品，而是投資理財的書籍。經過 2008 下半年的金融海嘯，許多人在此波經濟景氣循環中財富嚴重縮水，全球財富至今仍在經歷一個重新分配的階段。從美國次級房貸 (Subprime Mortgage) 開始，金融機構如骨牌般不支倒地，引發全球的連鎖效應。成立於 1850 年的雷曼兄弟 (Lehmann Brothers) 由於沒有美國政府的紓困奧援而宣布倒閉，成為這波歷史少見的金融海嘯的高峰。

　　反映在金融面的影響，美國道瓊工業指數 (Dow Jones) 從 2007 年的高點超過 14,000 點，到 2009 年 3 月初跌破 7,000 點，跌幅超過 50%。上海 A 股由最高點 6,100 點跌至最低不到 2,000 點，跌幅更超過 2/3。臺灣的股市大盤則由高點的 9,100 點跌至最低不到 4,000 點。

　　反映在經濟的實質面，則是歷史少見的經濟衰退，失業率快速爬升，臺灣在 2008 年第 4 季的經濟成長率為史上少見的 –8.36%，而失業率則攀高至 5.03%。德國富豪梅克勒 (Adolf Merckle) 臥軌自殺，美國房地產大亨古德 (Steven Good) 舉槍自盡，而知名的川普 (Donald Trump) 則申請破產法保護。

　　雷曼兄弟的倒閉，引發一連串連動債 (Structured Note) 倒閉的風波。而這些連動債都是由「華爾街最聰明的金頭腦」，由許多財務、數學以及物理學家所設計出來的產品。再看看財務出問題的大亨們，都是久經世面的商場老手，為何卻發生如此重大的投資虧損？下述實驗也許可以給我們一些啟示。

　　在這個實驗中，實驗者發給三個研究對象各 1 萬英鎊的資金，讓他們去投資英國倫敦金融時報指數中的股票，並在一年後比較其績效。這三個對象分別是經驗豐富的投資理財專家、占星算命家以及小女孩。投資理財專家使用其精密設計的投資工具決定其投資標的；占星算命家則用星象命理決定投資組合；小女孩則將所有股票寫成許多張紙條，用隨機抽籤的方式決定要買哪支股票。結果你猜一年後誰的績效最好？是那個用隨機方式的小女孩！占星算命家的績效與大盤近似，而投資理財專家的績效卻是三人之中最差的❶！

這個實驗告訴我們什麼事情？在只有上帝才知道答案的風險機率時，以再縝密細緻的數學模型都無法完全預測未來。所有預測未來的模型工具都是以過去資料為根據，假設未來會重複過去的模式。然而，從複雜 (Complexity) 或是混沌 (Chaos) 的概念中即可得知，起始條件的些微差異，就會造成完全不同的結果。因此即使人類是世上智力發展最高的動物，但在預測未來這件事情上，我們的知識恐怕仍屬很原始的階段。

因此，你真的應該相信銀行的理財專員嗎？對銀行理財專員的正確態度，應該是將其視為提供產品資訊的人員，但應該買什麼產品，還是要靠自己的判斷。所謂「人不理財，財不理人」，許多買連動債的客戶，並不清楚自己所買的東西究竟是什麼，只聽從理財專員建議就買了。這是很危險的事情，因為理財專員並非對每樣產品都精通，唯有在自己研究後所做的判斷，才是最可靠的選擇。

從消費者行為模型來看，感覺 (Sensation) 與知覺 (Perception) 是訊息處理的最開始階段，消費者接觸外界的資訊與刺激，首先是由感官所接收，然後經由知覺系統的詮釋，才進一步為更高層次的訊息處理系統所處理。感覺與知覺系統有許多特性，這些對外來刺激接收與處理的特性會影響其後的訊息處理歷程，因此對知覺系統特性的瞭解，是行銷人員瞭解消費者行為必須的基本知識。在行銷策略的擬定與執行上，必須善用這些知覺系統的特性，才能使行銷策略有效的發揮。

---

❶ 李查‧韋斯曼 (2009)。《怪咖心理學：史上最搞怪的心理學實驗，讓你徹底看穿人心》。洪慧芳譯。臺北：漫遊者文化。

本章首先對感覺與知覺系統的特性作一描述，然後針對與消費行為有關的知覺現象作一介紹。最後，針對知覺系統在行銷策略上的應用作一簡略介紹。

5.1 感覺系統的特性

感覺系統就是一般所說的五官 (Five Senses)，亦即接收外來刺激的五種感覺器官，包含視覺、聽覺、味覺、觸覺以及嗅覺等五種感官。這些感覺器官的共同特性，就是能夠接受外來的物理刺激，並將其傳遞給知覺系統，轉換成為心理經驗，因此可以說是知覺經驗歷程的起始點。感覺系統中最重要的大概非視覺莫屬，有 90% 以上的感覺經驗都來自視覺，且人類對視覺的依賴也最深。其他如聽覺、味覺、嗅覺與觸覺等，也傳遞有助於人與外在世界互動的重要訊息與刺激。

5.1.1 韋伯定律

感覺系統雖有不同的接收體系，但這些體系都有一些共同的特性，其中最重要的一項就是韋伯定律 (Weber's Law)。人類的感覺與知覺系統是設計用來偵測刺激間的差異 (Differences)，而非是偵測絕對的刺激強度，而韋伯定律的目的就在於解釋原本刺激間的強度與刺激差異強度間的關係。韋伯定律可以數學的方式表達如下：

$$K = (\Delta S) / S$$

其中 K 是一項常數，S 代表原本刺激的強度，而 ΔS 則代表兩個刺激間的差異。

韋伯定律是指，當原本刺激的強度愈大，後來新加入的刺激強度也須愈大，才能感受到兩者間的差異。例如在靜謐的房間中，只要很小的聲音就可以被注意到，但在吵雜的舞廳中，就需要很大的音量才能被注意到。這就是韋伯定律的具體例證。

● 圖 5-1　在圖書館，即使輕聲細語也會干擾到正在唸書的人

5.1.2 閾值的概念：絕對閾與差異閾

閾值 (Threshold) 的基本字面的意義是指「門檻」。在心理學的領域中，閾值的概念通常是運用在與感覺及知覺系統有關的特性之中。有兩種閾值的概念需要注意：

1. 絕對閾 (Absolute Threshold)

絕對閾是引起感覺與知覺經驗所需的最小量的刺激，亦即要引起感覺與知覺經驗的門檻刺激量。例如，人類能看見的可見光光線最弱的頻率，或是聽覺系統所能聽見最小的聲音的音頻，就是視覺與聽覺的絕對閾的閾值。

2. 差異閾 (Differential Threshold)

差異閾是要辨別兩個物理刺激間差異所需的最小刺激的改變。例如，若是人可以辨別 50 分貝與 54 分貝間的聲音差異，但不能分辨 50 分貝與 53 分貝間的差異，則差異閾為 4 分貝。差異閾的概念指出感覺系統的重要特性是在於分辨刺激與刺激間的不同。此外，差異閾的概念在行銷策略上的運用有其重要性，將在稍後提及。

5.1.3 閾下知覺

依照上述閾值的定義可知，人類應無法接收及處理在閾值以下的物理刺激。但有些現象與研究指出，閾下知覺 (Subliminal Perception) 是有可能發生的。

關於閾下知覺❷，早期最有名的案例是發生在美國紐澤西州福里 (Fort Lee) 的一家電影院。該電影院的老闆宣稱他在所播放的影片中插入「吃爆米花」以及「喝可樂」的字樣，由於影片是以一秒 24 格的速度播放，照理說觀眾是無法看到這些字眼的，但他卻發現戲院中的爆米花與可樂的銷量有明顯增加❸，這

❷ Beatty, S. E., & Hawkins, D. I. (1989). "Subliminal Stimulation: Some New Data and Interpretation." *Journal of Advertising*, 18, 4–8.

❸ Schiffman, L. G., & Kanuk, L. L. (2007). *Consumer Behavior*, 152. Pearson Education Inc.: Upper Saddle River, NJ.

個現象引起了許多心理學家的興趣。

雖然事後由於戲院老闆承認這只是他想增加電影票房而說的謊話，因而證明這並非事實，但卻有許多心理學家對閾下知覺進行後續的研究，使用各種不同的刺激（有圖片也有文字的刺激）來進行閾下知覺的研究（見圖 5-2）。

● 圖 5-2　閾下知覺廣告

這些研究對於人是否能接受感覺閾下的刺激並無定論，有些研究發現肯定的答案，有些則是否定的。一般而言，閾下知覺的效果即使有也很薄弱，且閾下刺激影響態度的效果大於對行為的影響，亦即閾下知覺可能會影響消費者的想法及態度，但未必會反映到所表現出的行為上。同時，閾下知覺的產生，也有賴於個體須對知覺的刺激投注極大的專注力才會產生效果。最後，閾下知覺的產生有個別差異，有些人容易接受閾下刺激，有些人則不容易。這些因素都會讓閾下知覺的產生呈現不穩定的結果。

 行銷一分鐘

閾下知覺廣告

2000 年美國總統大選時，一個為布希總統助選的電視廣告被認為有暗示選民的效果。電視廣告出現時，其中的文字從前景逐漸淡出變成為背景。當有一個字 "BUREAUCRATS"（官僚）閃出時，其中一個框架只秀出最後的 "RATS" 四個字母❹。這個廣告被認為帶有閾下知覺的暗示效果。不過，美國國家通訊委員會 (FCC) 卻並未對此廣告開罰，而這個廣告是否會對選民產生閾下知覺的暗示效果也需要進一步嚴謹的研究方能下定論。

---

❹　Subliminal Video (2009). George Bush Bureaucrats RATS Subliminal Message Video.

差異閾在行銷策略上的應用

　　韋伯定律與閾值的概念在行銷上都有其應用的價值，特別是產品的價格知覺。就韋伯定律而言，高價與低價的產品在價格改變時會有不同的消費者知覺與感受。例如一個定價 20,000 元的高價產品，價格增加 1,000 元，會比同樣增加 1,000 元的售價 2,000 元的低價產品，感覺價格增加幅度要小得多。同樣的，在差異閾的應用上，廠商常常會改善品質以推出新的產品，或是增加（降低）產品的價格。

　　從差異閾的概念來看，產品品質的改善或是價格的降低，應要能達到差異閾之上，使消費者能明顯感受品質的改善或是價格的降低，而在價格增加時，則應盡量壓在差異閾之下，消費者比較不易感受有購買成本增加的負面感受。另外，在品牌標誌的變化上也是一樣。新的標誌 (Logo) 設計，若是希望消費者耳目一新，則新舊標誌的差異應在差異閾之上。但若新舊差異希望是漸進的改變而不希望消費者感到太突兀，則新舊標誌的差異應設法控制在差異閾之下，讓消費者感受不到明顯差異。這些都是感覺系統的特性在行銷策略上常見的應用。

◆ 5.1.4 感覺系統及其在消費行為之應用

🔘 圖 5–3　蛋糕的造型賞心悅目，在視覺上刺激消費者產生購買的欲望

　　感覺系統主要是由人的五種感官所構成：眼睛（視覺）、耳朵（聽覺）、鼻子（嗅覺）、舌頭（味覺）以及皮膚（觸覺）。人接收外界刺激的第一站就是感覺器官。在五感中最重要的就是視覺，視覺接受的刺激佔了我們接收外界刺激中絕大部分的比例。

　　心理學對感覺系統有很深入的研究，但這多半牽涉到心理物理學的研究。原因是外來刺激是物理刺激，心理學家感興趣的是人如何將物理刺激轉換為心理的感覺，此時感覺系統的功能就扮演關鍵的角色。除了心理學對感官系統的基礎研究之外，消費者行為也企圖利用感覺系統的特性來進行行銷的活動。以下將各個感官的對應接收的刺激以及在消費行為上的應用以表格整理說明：

表 5–1 感覺系統在消費行為上的應用

感 官	接受刺激單位	消費行為應用	實 例
視 覺	形狀、深度（空間）、顏色、運動	產品包裝、廣告、明星代言人	日本美食節目色香味俱全的美食以及美景吸引消費者去日本旅遊
聽 覺	音頻頻率	音樂	唱片行的 CD 音樂試聽站
嗅 覺	氣味分子	香水	咖啡館店面的咖啡飄香
味 覺	味道分子	飲食	超市新上市的食品試吃活動
觸 覺	物理壓力、材質	衣服	女性內衣提供舒適的穿著材質

5.2 知覺的歷程：知覺的組織、選擇與詮釋歷程

在感覺器官接收了外來的物理刺激後，知覺系統會進一步的組織與詮釋這些刺激，使其變成有意義的資訊。在知覺系統的訊息處理過程中，大致可以分為三個階段：(1)知覺系統暴露 (Exposure) 在刺激環境中；(2)知覺系統必須注意 (Attention) 到刺激的存在；(3)知覺系統須就所接收的刺激加以詮釋 (Interpretation)。以下針對這三個階段作一介紹。

5.2.1 暴 露

知覺系統的主要特性之一就是其具有選擇性 (Selective Perception)。人的知覺系統能處理外來訊息的數量有限，無法完全處理所有的外來訊息，因此對外來訊息的選擇與接收就有其選擇性。知覺的選擇性主要表現在兩方面：選擇性暴露 (Selective Exposure) 與選擇性注意 (Selective Attention)。

在選擇性暴露方面，由於外界同時進入的刺激數量龐大，消費者勢必只能

選擇少數的刺激加以接收，而必須過濾掉大部分無關的刺激，因此消費者的動機與過去經驗就決定了何種刺激會被接收，而何種刺激會被過濾掉。例如在一個人數眾多、聲音吵雜的結婚酒宴場合，我們只會選擇性的接收與結婚或自己認識的親友有關的刺激，而不會接收其他的無關訊息。

◆ 5.2.2 注　意

選擇性注意是指人們對所暴露的刺激具有選擇性的注意。人類注意力的焦點與廣度都有限，但即使是無意識的條件下，注意力仍具有其自動過濾與選擇的能力[5]。關於注意力的選擇性，一個有名的現象叫做「雞尾酒會效應」(Cocktail Party Effect)。

在一個吵雜的雞尾酒會中，由於外來刺激太多，我們會自動過濾無關的訊息，這些訊息聽來像吵雜的噪音。但若有與我們自身相關的訊息進入，則注意力會自動對焦到這些與自己有關的刺激。例如，若是在酒會中有人呼叫自己的名字，則即使是在吵雜的環境中，我們也會聽到，這就是由於選擇性注意而產生的「雞尾酒會效應」。

一般而言，有兩類的因素會影響選擇性注意。

1.知覺刺激本身的因素

包含知覺刺激的特性，如大小尺寸、顏色、位置以及新奇性。尺寸大、顏色鮮豔、位置突出以及新奇性高的刺激，都會引起我們的注意。

2.個人的因素

包括知覺警覺性 (Perceptual Vigilance) 與知覺防衛性 (Perceptual Defense)。知覺警覺性高的消費者，容易注意到周遭環境的變化；相反的，知覺防衛性強的個人，則容易過濾掉自己不想看的東西，只看到自己想看或有興趣的環境刺激。

---

[5] Elliott, S. (2005). "TV Commercials Adjust to a Shorter Attention Span." *New York Times Online*, April 8.

5.2.3 詮　釋

　　知覺系統對所接收的刺激具有解釋的能力，且刺激須經過知覺系統的解釋才能產生意義。知覺系統對刺激的解釋有一定的組織原則。早期研究知覺特性的德國格式塔完形心理學 (Gestalt Psychology) 整理出幾個主要的知覺組織原則，包括接近性 (Proximity)、相似性 (Similarity)、封閉性 (Closure)、連續性 (Continuity) 以及對稱性 (Symmetry)。這些原則是指具備以上特性的刺激，會被歸類為同一群的物體。知覺系統在詮釋這些刺激時，會對歸類為同一群的物體中賦予相同的特性，用以解釋外界刺激的意義。

　　由以上說明可知，知覺系統會遵循這些原則去詮釋刺激，而非完全依照刺激本身來詮釋其意義。因此在這些原則的主導下，刺激產生了意義，再進一步交由更高層次的認知系統做進一步的訊息處理，知覺系統便在此階段完成其主要的任務。

　　在知覺詮釋上的一個重要現象是月暈效果 (Halo Effect)。這是指對一個目標刺激物的評估，是由簡單少數的面向如同月暈般擴散出去。如當一個女人外表是美麗的時候，則我們會覺得這個人是高尚的、氣質佳、教養好的，甚至知識淵博的，這些其實不相干的特性會被加諸在這個人身上，就如同月暈擴散一般將許多特質做類化的推論。這是消費者知覺詮釋的能力中一個重要的特性。

圖 5-4　人類知覺系統的特性，導致對這幅圖片產生錯覺

5.3　消費者的知覺特性

　　知覺系統在心理學的研究著重基礎的感覺與知覺歷程之研究，而在消費者行為以及行銷上的應用，卻有不同的層次。在消費者行為中的應用感覺與知覺的概念，著重於層次較高的知覺現象，如對 4P 行銷策略的知覺接受等等。以下就一些常見在消費者行為中所研究的知覺特性作一描述。

🔵 圖 5-5　消費者主觀的知覺

◆ 5.3.1 產品品質與形象知覺：品牌定位與知覺圖

　　品牌形象一直是品牌管理最重要的課題之一，而消費者對於品牌形象的知
覺，是決定品牌經營成敗的關鍵指標。一般在行銷管理的過程中，會長期監控
品牌在消費者心目中的品質與形象知覺及其變化，以作為品牌管理規劃的根據。
測量品牌定位知覺的數量技術，總稱為「多向度尺度法」(Multidimensional
scaling, MDS)。透過各個競爭品牌及其相關屬性的態度測量，使用多向度尺度
法的技術，可以將各個品牌的定位在座標軸上標示出來，並藉此瞭解競爭品牌
在消費者心目中的相對位置，以及其主要的定位特性。以下用一個假設的汽車
品牌知覺定位圖作為例子說明：

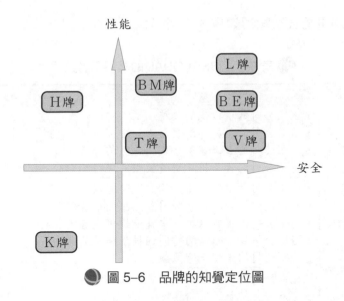

圖 5-6　品牌的知覺定位圖

　　先前在第二章討論消費者研究方法中略微提過，要取得消費者的品牌定位知覺，需使用多向度尺度法 (MDS)，由消費者就各個競爭品牌的特性或相似性進行衡量，再利用這些資料做出定位的知覺圖。這種知覺圖提供定位行銷策略規劃的重要資訊。定位圖有助於瞭解消費者目前的品牌定位知覺，進而根據目前的知覺內容作為起點，設計新的再定位策略❻。

5.3.2　服務品質知覺

　　服務業提供的是無形 (Intangible) 的產品。消費者對服務品質的知覺，是服務滿意度以及服務品牌忠誠度的主要來源。在服務品質的測量上，最常用的模型是 SERVQUAL(Service Quality) 這個模型 (Parasuraman, Zeithaml, & Berry, 1988)。在 SERVQUAL 中，消費者對服務業品質的知覺是由有形性 (Tangibility)、可靠性 (Reliability)、反應性 (Responsiveness)、保證性 (Assurance) 以及同理心 (Empathy) 等構面來衡量。一家企業整體服務的品質知覺便是由這些構面上的得分加總而成，這些構面也就是組成服務品質知覺的主要成分。

---

❻ Dodds, W., Monroe, K., & Grewal, D. (1991). "Effects of Price, Brand, and Store Information on Buyer's Product Evaluations." *Journal of Marketing Research*, 28, 307–319.

SERVQUAL 測量的具體題項如表 5–2 所示:

表 5–2　SERVQUAL 的具體測量題項

構　面	題　項
有形性	・這家公司有現代化的設施 ・這家公司的設施外觀吸引人 ・這家公司的員工穿著整齊並亮麗的外表 ・這家公司的各項措施與所提供的服務相符合
可靠性	・這家公司做出的承諾，均會及時完成 ・當遭遇問題時，這家公司會熱誠的保證解決 ・這家公司很可靠（第一次就能提供完善的服務） ・這家公司會於承諾的時間內提供適當的服務 ・這家公司的紀錄正確無誤
反應性	・這家公司的員工會精確的告知完成時間 ・這家公司的員工能給與即時的服務 ・這家公司的員工總是樂於協助顧客 ・這家公司的員工不會因太忙而不提供適當的服務
保證性	・這家公司的員工行為能讓顧客信任 ・你覺得與這家公司的員工接觸時感覺很安全 ・這家公司的員工對你很有禮貌 ・這家公司的員工能有足夠的知識，以做好他們的工作
同理心	・這家公司能給你特有的關照 ・這家公司能於經營時間內符合顧客需求 ・這家公司的員工能給你個別性的關照 ・這家公司能將你的最佳利益放在心上 ・這家公司的員工能給你個別的需要

（資料來源: Parasuraman, A., Zeithaml, V. A., & Berry , L. L. (1988), "Refinement and Reassessment of the SERVQUAL Scale." *Journal of Retailing*, 67, 420–450.）

　　另外，在改善服務品質的方法上，常見的方法是使用「落差分析」(Gap Analysis) 的技術。此種方法是將服務的流程分解為幾個組成步驟，步驟與步驟間是可能產生落差的來源。而依落差分析所進行的改善績效，便可以用上述的服務品質的模型來加以衡量❼。

---

❼ Berry, L. L., Lefkowith, E. F., & Clark, T. (1988) "In Services, What is in a Name?" *Harvard Business Review*, September-October, 28–30; Zeithaml, V. A., Berry, L. L., & Parasuraman, A. (1993). "The Nature and Determinants of Customer Expectation of Service." *Journal of the Academy of Marketing Science*, Winter, 1–12.

行銷一分鐘

不滿意也可以賺錢？ ❽

在蒐集顧客滿意度的資料，經過分析後產生改善方案的過程中，常遇到測量方面的問題。亦即在顧客填寫問卷的當下，內心未必有不滿意的意見；但在不滿意發生時，卻又未必正好在填寫問卷，因此測量滿意度時，就經常要憑藉顧客的記憶，但偏偏訊息卻是容易遺忘的，因而常發生測量不精準的問題。

日本有一家公司，專門向顧客收購不滿意的意見，再轉賣給廠商。廠商則藉由此類意見的蒐集，來改善其商品以及服務。此種做法的好處在於，該公司蒐集到的意見是顧客真正的心聲，是客戶遇到問題時，即時意見的反映。這和形式問卷的差別在於，這些意見是由顧客主動提供，而非廠商蒐集、顧客被動提供的結果，因此更能代表客戶即時性的想法。這項服務推出後，受到很多顧客以及廠商的歡迎，對於改善商品以及服務品質，產生很大的效益，也創造廠商以及客戶雙贏的局面。

5.3.3　價格知覺

關於消費者價格知覺方面的研究，比較重要的焦點是在價格知覺的決定因素。從消費者行為的角度而言，決定價格知覺最重要的因素是參考點的價格，亦即消費者心中的參考價格。產品售價較參考價格高時，消費者便會覺得昂貴；產品售價較參考價格低時，消費者便會覺得便宜。因此，產品價格的高低是相對而非絕對的概念，端視消費者心中的參考價格而定。

換言之，從行銷策略的角度而言，提供一個適當的參考價格，便成為觸發消費者購買動機的主要策略之一。之後在第九章談態度形成所提到的「同化與對比」的概念，便是使用參考價格來創造價格知覺的重要心理機制。許多降價促銷的產品，使用「原價 1,000 元，現在賣 800 元」的價格陳述方式，便是企

❽　劉黎兒 (2014)。〈把你的不滿變成錢〉。《今週刊》，921。

圖創造此種參考價格的心理效果，使消費者覺得產品價格便宜的策略❾。

　　在參考價格的設定上，研究發現，消費者不只是會將產品售價與同類的產品比較，也會與完全無關的產品類別比較。一項研究發現，若是在零售店的展示櫥窗中同時陳列一件襯衫與一個馬克杯，若馬克杯的售價昂貴時，會讓襯衫看來便宜，也會銷售得較好；但若馬克杯很便宜時，則襯衫感覺相對昂貴，銷路也會較差。襯衫與馬克杯是不相干的兩項產品，價格也不應相互影響。但消費者在心理上仍會將兩者做比較，因而彼此互為價格參考點的來源❿。

◆ 5.3.4 風險知覺

注意!!!
消費者對消費風險的知覺，會直接影響到其消費行為。

　　在面對風險時，消費者傾向於保守的決策以降低風險。一般消費者常見的風險類型有以下幾類：

1.功能風險 (Functional Risk)

　　購買產品的功能不如預期，或是買到不具備原先預期功能的產品都屬於功能性的風險，這也是最常見的產品風險。例如旅行途中風波不斷，或是購買的電腦速度、容量不如預期等都是功能風險。

2.身體風險 (Physical Risk)

　　產品對身體健康產生的潛在性危害屬於這類的風險。例如食品添加物、色素，乃至於行動電話或微波爐的電磁波對人體的可能危害，都屬於此類風險。

3.財務風險 (Financial Risk)

　　因為投資而購買財務性產品產生的財務損失，或是因產品使用問題而導致

❾ Compeau, L. D., & Grewal, D. (1998). "Comparative Price Advertising: An Integrative Review." *Journal of Public Policy & Marketing*, 17, 257–273; Grewal, D., & Compeau, L. D. (2007). "Consumer Responses to Price and Its Contextual Information Cues: a Synthesis of Past Research, a Conceptual Framework, and Avenues for Further Research." *Review of Marketing Research*, 3, 109–131.

❿ Brucks, M., & Zeithaml, V. A. (2000). "Price and Brand Name as Indicators of Quality Dimensions for Consumer Durables." *Journal of the Academy of Marketing Science*, Summer, 359–374.

金錢上的損失，都屬於財務的風險。對事先預見的可能財務損失，也會讓消費者在購買決策上趨於保守，甚至卻步不買。

4.心理風險 (Psychological Risk)

複雜產品的使用與學習，可能會對消費者產生心理上的負擔，或是因產品使用的不確定性而產生的心理負荷及擔心等問題都屬於這類心理風險。

5.時間風險 (Time Risk)

錯誤的產品購買決策，會讓消費者耗費許多不必要的時間去做修理維護的工作。或是複雜產品的學習使用過程，都會造成消費者時間的風險。

由於這些風險的存在，消費者會採取行動以求風險的降低，造成購買行為的保守。就廠商的角度而言，應該採取行銷的行動協助消費者降低可能的風險。例如寬鬆的退貨政策、品質保證與無條件退換、容易使用的產品操作介面以及保固維修的承諾等等，都是可以有效降低消費者知覺風險的方法。

5.3.5 時間風格知覺

一般而言，顧客感受的時間有經濟性的實際時間感以及心理性的時間感。經濟性的時間是消費者實際經歷的時間，不同生活型態以及不同區域國家的人，其經濟性時間的快慢也有所不同。都市的時間較鄉村快，而工業化國家的時間也較非工業化的國家要快。高度工業化的國家如日本、德國、瑞士等國家的時間步調，遠較低度工業化國家如墨西哥、印尼或巴西等國家要快。

心理性時間則是消費者對應外界刺激所引發的主觀時間感受。愛因斯坦說的話最足以代表心理性時間的概念，他說：「你和一個美女在一起，一小時就像一分鐘；而你坐在一個火爐旁時，一分鐘就像一小時，這就是相對論。」

近年研究顯示，不同的消費者有不同的時間風格 (Time Style)。利用隱喻 (Metaphor) 的方式，將消費者的時間風格分類如下[11]：

---

[11] Cotte, J., Ratneshwar, S., & Mick, D. G. (2004). "The Times of Their Lives: Phenomenological and Metaphorical Characteristics of Consumer Timestyles." *Journal of Consumer Research*. 31, 2, 333–346.

1.壓力鍋型 (Time is a pressure cooker.)

這類消費者傾向於分析式思考，做事有計畫。由於感受的時間緊迫，購物時則傾向於有計畫的非衝動性購買。

2.地圖型 (Time is a map.)

此類消費者也屬於計畫性購買者，在時間規劃上很有計畫。購物時則傾向於大量的資料搜尋以及比較性購物。

3.鏡子型 (Time is a mirror.)

這類消費者的時間規劃也屬有計畫型，但他們有著過去時間的導向。由於對時間的使用斤斤計較，他們的品牌忠誠度高，喜歡使用以前使用過的信賴品牌以及便利導向的產品。

4.河流型 (Time is a river.)

這類消費者喜歡自發性的購物，時間規劃不若前三者有計畫，他們專注於現在的事物，常有衝動性購買，以及短程而經常性的購買活動。

5.筵席型 (Time is a feast.)

這類消費者在時間規劃上也屬於分析型的消費者，但他們專注於現在的事物。由於將時間視為是一場有待消費的盛宴，他們傾向於作享樂性消費，以及從事多樣化的購買行為。

5.4 知覺理論在行銷上的應用

知覺是人類的基本能力，所有行銷的活動訊息也必須經過消費者知覺系統的接收與詮釋才能產生其效果。在行銷策略的設計上，可以善用消費者知覺系統的特性。例如，閾值的概念，讓廠商在設計品質與價格調整時可以測試消費者的感受是否超越差異閾的門檻，而廣告及行銷活動的設計，則須確認能得到消費者選擇性的注意。在較高的知覺層次，則要考慮品牌定位的知覺是否符合品牌策略的目標，消費者所知覺的產品價格是昂貴還是便宜？價格知覺的參考點從何而來？能否使用行銷策略加以改變等問題。最後，如何在行銷工作上配合，降低消費者的各種風險知覺，增強其購買動機，則是另一項我們對消費者知覺系統的知識在行銷工作上的應用。

行銷實戰應用

開幕期間價格促銷的副作用

　　許多業者（特別是零售業）在開幕期間，常常會用價格促銷的方式凝聚人氣以及打開知名度，這類促銷常以令顧客驚喜的低廉價格快速拓展市場。但是這類促銷往往帶來另一項副作用，亦即當促銷期過後，價格回復到一般價格時，許多長期的忠誠顧客就開始覺得產品價值不足而不再光顧。這樣的問題要如何解決？

　　在臺北市鬧區有一家西餐廳，週末推出吃到飽 (All-you-can-eat) 的西式半自助早午餐 (Brunch)，以新臺幣 499 元極為吸引人的價位，提供沙拉、麵包、飲料 (可自取)、四道熱菜以及各種歐式的起士等精緻菜色，另外可再點一道主菜，如牛排等；飯後並提供冰淇淋以及蛋糕一份。初期吸引了許多客人上門，回客率也高。然而 3 個月之後，同樣以牛排為主菜，價格卻漲了新臺幣 100 元，同時部分主菜也從菜單上消失。再過了幾個月之後，價格又再次上漲，幾乎是開幕促銷價的 1 倍！同時，菜色的選擇也變少，桌上可以自取的飲料也不見了。最後，這家餐廳的客人愈來愈少，終於從該地點退出。

　　這些改變有兩種可能。一種情形是因為看到開幕期間生意興隆，餐廳業者因此想要多賺一點而加價。這種作法正符合典型的零售業之輪的理論。但在看到調高價格後可能的盈餘之際，餐廳業者是否有考慮到忠誠顧客的反應為何？許多人來店消費的最重要原因是「價值」(V)，亦即產品品質 (Q) 相對於價格 (P) 的比例 $(V = Q / P)$。當餐桌上可供選擇的食物品項愈來愈少，而價格卻愈來愈貴時，價值就快速消退，使得即使是忠誠的顧客也不願再來。

> **⊙零售業之輪**
> 即新業者一開始會以價格的優勢進入市場，待成熟後會逐漸提高價格，最後因高價而失去競爭力。

　　另一種情形是開幕時的促銷純粹是為了吸引顧客上門，但其實是入不敷出的。這種情形下在促銷結束後勢必要做某些改變。如同剛才所述，$V = Q / P$ 的關係不變，若是因成本因素必須要調高價格 P，則相應的品質 Q 也應調高，例如在調高價格的同時提供更多菜色以及飲料的選擇，同樣的菜色若無其他條件加入，則最忌諱調高價格。這些原則都符合差異閾原則的應用，亦即消費者成本提高的同時，也要同步提高（而非減少或不變）產品以及服務的品質，才不會讓消費者卻步。

▷ 滲透式價格

即以低價進入市場，等建立足夠市佔率以及顧客忠誠度後，再提高價格的作法。

以滲透式價格做促銷策略的另一項問題是，在短期內價格提升太快，顧客會比較新舊價格的差異，進而感覺價值感的降低，因而不願再次光顧。此種情形可以說是自己成為自己價格競爭的最大對手。價格提升的同時，若價值沒有同步增加，顧客自然就不願意再次光臨了。

對所有業者而言，必須謹記在心的是，忠誠消費者對業績成長的貢獻最大。且消費者很容易可以判斷價格與價值間的關係。只是不斷提高價格，卻沒有同步改善產品與服務的品質，只會讓自己原先的競爭優勢消失殆盡。這點從客人數量的改變就可以瞭解。

◉本章主要概念

感　覺	選擇性注意
知　覺	格式塔完形心理學
韋伯定律	品牌知覺圖
差異閾	SERVQUAL
絕對閾	價格知覺
閾下知覺	風險知覺

 習　題

一、選擇題

( )　1.下列關於感覺系統的敘述，何者錯誤？　(A)感覺與知覺是訊息處理的初始階段　(B)感覺系統中，最重要的是視覺　(C)感覺器官能夠接受外來的物理刺激，將其傳遞並轉化為心理經驗　(D)因為感覺系統有各自的體系，所以並沒有共同的特性

( )　2.韋伯定律是有關感覺系統的一項特性，下列相關的敘述何者錯誤？　(A)可偵測刺激之間的差異　(B)可以數學式表達 $K = (\Delta S)/S$　(C)可偵測絕對的刺激強度　(D)目的在於解釋原本刺激間的強度與刺激差異強度間的關係

( )　3.下列關於「閾值」的敘述，何者正確？　(A)閾值有絕對閾與差異閾兩種　(B)差異閾是引起感覺與知覺經驗所需的最小量的刺激　(C)絕對閾則是要辨別兩個物理刺激間差異所需的最小刺激的改變　(D)差異閾的概念在行銷策略上的運用有其重要性

( )　4.早期研究知覺特性的德國格式塔完形心理學整理出幾個主要的知覺組織原則，包含：　(A)距離性、差異性、開放性、連續性以及對稱性　(B)距離性、差異性、封閉性、間斷性以及對稱性　(C)接近性、相似性、封閉性、連續性以及對稱性　(D)接近性、差異性、開放性、間斷性以及對稱性

( )　5.知覺的歷程不包括下列哪一階段？　(A)注意　(B)詮釋　(C)冷靜　(D)暴露

( )　6.當人對一個目標刺激物的評估，是由簡單少數的面向擴散出去，稱之為：　(A)雞尾酒會效應　(B)月暈效應　(C)投射效應　(D)定勢效應

( )　7.若消費者需要經歷一段複雜產品的學習使用過程，其屬於下列何種風險？　(A)財務風險　(B)時間風險　(C)功能風險　(D)身體健康風險

( )　8.在一個吵雜的環境中，我們會自動過濾無關的訊息，注意力會自動對焦到與自己有關的刺激，此稱為：　(A)韋伯定律　(B)雞尾酒會效應　(C)月暈效果　(D)框架效果

( )　9.在服務品質 (SERVQUAL) 的測量模型中，消費者對服務業品質的知覺構面包括：　(A)有形性、可靠性、反應性、同理心及保證性　(B)有形性、可靠性、滿意度、忠誠度及保證性　(C)反應性、同理心、滿意度、忠誠度及保

　　　　證性　(D)反應性、可靠性、滿意度、忠誠度及保證性

（　）10.若是在零售店的展示櫥窗中同時陳列一件襯衫與一個馬克杯，而馬克杯的
　　　　售價昂貴時，會讓襯衫看來便宜，也會銷售得較好，此為：　(A)財務風險
　　　　知覺　(B)閾值以下知覺　(C)參考價格知覺　(D)認知投入知覺

二、思考應用題

1.選擇一個你印象最深的平面廣告，利用知覺理論來解釋你為何對這個廣告印象深刻？

2.運用知覺理論設計一個能吸引消費者注意力的平面廣告，並解釋你是如何運用知
覺（視覺元素如顏色、形狀等）的元素來吸引消費者注意力的？

3.假設你經營一家旅館，如果管理單位決定要增加售價，請問你如何運用差異閾的
概念來使顧客比較容易接受價格的上漲？

4.將你所就讀的學校與其他學校做一個品牌定位圖。你認為決定消費者品牌定位知
覺的構面是什麼？這些學校間彼此的差異在哪裡？你如何用此定位圖設計學校未
來發展的競爭策略？

5.以你最近消費過的一家餐廳為例，以 SERVQUAL 的五個構面來探討這家餐廳的
服務品質。從診斷的結果，你認為這家餐廳可以如何改善其服務品質？

第六章　學習、記憶與消費行為

暴力犯罪與暴力娛樂——暴力是學習而來的嗎?

　　一般對於暴力電影或電玩在暴力行為上的影響,有兩種主要的看法。早期佛洛伊德認為,看暴力電影或玩暴力電玩可以宣洩人暴力衝動的本能,進而減少暴力行為的產生。然而,近代的學習理論則認為,暴力是一項學習而來的行為,因此觀看暴力電影或玩暴力電玩會使人學習到更多的暴力,從而產生更多的暴力行為。此種學習理論的觀念普遍為現代社會所接受。然而,近年新的研究有不一致的結論。

圖 6–1　暴力的電腦遊戲是否會影響到你在真實世界的性格呢?

　　有項研究發現許多證據支持——暴力娛樂會增加暴力行為的論點。例如,腦部掃描證據發現遊戲者玩電子暴力遊戲時的腦部活躍區正是與攻擊性相關的腦部區域。另一項涉及真實暴力違法行為的大學生的研究❶顯示:玩較多暴力電玩的學生,呈現較多的暴力行為。但這是一個相關性研究 (Correlation Study),若要能確實下暴力電玩引起暴力行為的因果結論,需要實驗法的證據。

> ▷ **相關性研究**
>
> 指的是兩件事有因果關係則必然相關聯,但有相關未必存在因果關係。例如消防車數量和火災損失會有正相關,但兩者卻非因果關係,火勢大小才是造成兩者相關的原因。

---

❶ Anderson, C. A., & Dill, K. E. (2000). "Video games and aggressive thoughts, feelings, and behavior in the laboratory and in life." *Journal of Personality and Social Psychology*, 78, 772–790

在實驗研究上，將 210 名學生分為兩組：實驗組僅玩暴力遊戲，而對照組僅玩普通遊戲。實驗結果指出，受試者玩過暴力遊戲後，確實會較玩普通遊戲的一組有更多的激烈想法。研究者的結論認為暴力遊戲讓遊戲者學習如何用激進的方式去處理衝突。因此，暴力遊戲會導致更多的暴力行為。

然而，其他的研究則有不同的看法。一項研究指出❷，美國青少年暴力犯罪率自 1990 年代初起即明顯地降低，而這時期正是電子遊戲工業開始蓬勃發展與普及。照理說以暴力遊戲銷售的成長，暴力犯罪應持續增加。但是相反地，暴力事件的發生卻一直在減少。

另有一項由經濟學家所做的研究❸顯示，統計過去 30 年間暴力電影首映當天的暴力犯罪事件，發現每當有暴力電影上映時，暴力犯罪的數量有下降而非上升的趨勢。經濟學者所下的結論認為，暴力電影未必會導致暴力行為的增加，因為許多有暴力犯罪傾向的人，可能都跑去看電影了！

因此，有關暴力娛樂與暴力犯罪間的關係，至今仍爭論不休。未來仍需要更多的研究證據來澄清二者間的因果關係。

學習是一項消費者重要的基本能力之一。透過從無到有的學習過程，消費者學會使用新產品的功能，特別是對於不連續創新的科技性產品 (Discontinuous Innovation)，消費者必須具備相當的學習能力才能學會使用一項複雜的科技產品。此外，廠商對消費者所進行的行銷溝通也必須奠基於消費者的學習能力上，否則行銷溝通便無法達到其預期的效果。

心理學對學習的理論主要分為早期的行為學派 (Behaviorism)，以及較晚近的認知學派 (Cognitivism)。前者著重刺激與行為間的關係，而後者則強調記憶歷程的重要。以下分別介紹兩者的主要理論，以及它們在消費者行為上的應用。

---

❷ Kierkegaard, P. (2008). "Video Games and Aggression." *International Journal of Liability and Scientific Enquiry*, 1 (4), 411–417.

❸ 2008 年 1 月由戈登‧達爾和斯蒂法諾‧德拉維尼於美國經濟學會 (American Economic Association) 年會中提出。

6.1 行為學派的學習理論

行為學派最早是在十九世紀末與二十世紀初時出現在心理學中。在之後的50年中,深刻的影響了美國心理學的發展。行為學派的主要特色在於強調客觀可測量行為的重要性。行為學派視心智的運作歷程為一黑盒子 (Black Box),並認為黑盒子中的內容難以得知。但此一黑盒子(即人的心智)可以接受刺激並作出行為的反應,心理學可以觀察並瞭解刺激與反應間的關係(亦即反應=f(刺激)),藉此瞭解人類心智運作的特性。此黑盒子與刺激及反應間的關係,可圖示如下:

圖 6–2　黑盒子與刺激及反應間的關係

行為學派可以區分為兩大類型:⑴古典條件化(Classical Conditioning:又稱古典制約);⑵操作性條件化(Operant Conditioning:又稱操作性制約或工具性制約)。以下將逐一介紹。

6.1.1 古典條件化:基本理論

古典條件化的現象最早是俄國的生理學家帕甫洛夫 (Ivan Pavlov) 在研究狗的消化系統時所發現❹。他發現若在給狗食物時,同時呈現另一項中性的刺激(如鈴聲),且食物與鈴聲不斷配對下,狗對食物的自然反應(如流口水)會逐漸轉移至對中性刺激的鈴聲作反應。當狗將食物與鈴聲連結後,即使鈴聲單獨出現而無食物的配對,狗也會學習到對鈴聲流口水。在此過程中,狗學會了對原來不會引起流口水反應的鈴聲作出流口水的反應,因此是一個學習的過程。

在此過程中,食物引起流口水的反應是不需學習的自然反應,因此將食物

---

❹ Pavlov, I. P. (1927). *Conditioned Reflexes* (G. V. Anrep Translation). London: Oxford University Press; Grossman, R. P., & Till, B. (1998). "The Persistence of Classically Conditioned Brand Attitudes." *Journal of Advertising*, 27, 1, 23–31.

稱為無條件刺激 (Unconditional Stimulus, US)；將由食物引起的流口水反應稱為無條件反應 (Unconditional Response, UR)；將原先中性的鈴聲需透過學習而產生流口水的反應稱為條件刺激 (Conditional Stimulus, CS)；最後將狗所學會經由鈴聲而產生的流口水反應稱為條件反應 (Conditional Response, CR)。茲以圖 6–3 表示這些刺激與反應間的關係❺：

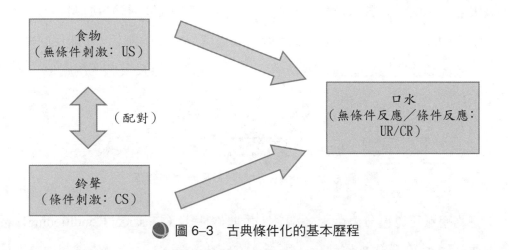

圖 6–3 中，食物（無條件刺激：US）──（配對）──鈴聲（條件刺激：CS）──口水（無條件反應／條件反應：UR/CR）

🔵 圖 6–3　古典條件化的基本歷程

注意!!!
流口水的反應同時是無條件反應及條件反應。

　　圖 6–3 中，由食物所引起的流口水反應稱為無條件反應，而由鈴聲所引起的流口水反應則稱之為條件反應。兩者表面形式相似，但其本質則有根本的差異。

　　根據過去對古典條件化學習歷程的研究發現，要引發條件刺激與條件化反應間的連結，有以下幾項要件：

1.重複配對

　　古典條件化的產生，通常需要無條件刺激與條件刺激重複的配對才能建立。在重複配對的過程中，狗學會了使用鈴聲的出現作為預測食物出現的指標，進一步導致口水此一條件反應的產生。

2.刺激出現順序

　　研究顯示，條件刺激（如鈴聲）出現在無條件刺激（如食物）之前的前向

❺ Rescorla, R. A. (1988). "Pavlovian Conditioning Is Not What You Think It Is." *American Psychologist*, 43, 151–160.

條件化 (Forward Conditioning)，會較無條件刺激比條件刺激先出現的後向條件化 (Backward Conditioning) 或兩者同時出現的同時條件化 (Concurrent Conditioning) 更容易建立古典條件化的學習。這是因為在前向條件化中，條件刺激有預測無條件刺激出現的價值，而在後向條件化或同時條件化中則無此功能，因此前向條件化較易建立條件刺激與條件化反應間的連結關係。

3.時間接近性

條件刺激與無條件刺激出現的時間上不能相距太遠，否則不容易建立條件化反應。此種時間上須有一定程度接近的特性稱為時間接近性 (Temporal Proximity)。舉例而言，家裡養的小狗如果被主人打，會出現害怕的反應，這是一個無條件刺激（挨打）導致無條件反應（害怕）的歷程。如果狗狗在家裡隨地便溺（條件刺激）而被主人揍，則狗狗會產生害怕的反應而學會不再隨地便溺，這是一個典型的古典條件化的學習歷程。然而，若是狗狗在便溺之後 3 天才被主人懲罰，則由於缺少時間的接近性，使得狗狗無法學得便溺與挨打之間的關係，也因此無法由於挨打而不再便溺❻。

◆ 6.1.2　古典條件化的學習類化、區辨與消弱作用

如前所述，在古典條件化的學習過程中，狗會對伴隨食物出現的鈴聲也產生流口水的條件反應。但並非只有完全相同頻率的鈴聲才能引起條件反應，與該鈴聲相似頻率的鈴聲也可引起條件反應。例如，以 1,000MHz 的鈴聲與食物配對產生條件反應後，狗也會對頻率接近 1,000MHz 的其他鈴聲（如 1,005MHz 或 995MHz）產生類似的反應。此種對未經配對的條件刺激產生條件化反應的現象稱之為「學習類化」(Generalization)。

而新的刺激與原來刺激愈相似，則條件反應就愈強；反之，若新的刺激與原來刺激愈不相似，則條件化反應就愈弱。因此，以 1,000MHz 作為條件刺激為例，1,005MHz 會較 1,100MHz 引起較強的條件化反應，而 900MHz 所引起的

---

❻　Allen, C. T., & Madden, T. J. (1985). "A Closer Look at Classical Conditioning." *Journal of Consumer Research*, 12, 301–315.

條件化反應就較 995MHz 為弱。此學習類化的概念可以圖 6-4 說明：

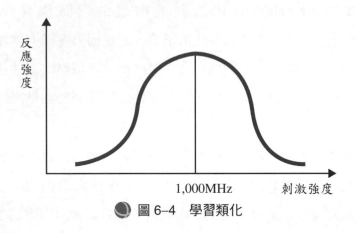

圖 6-4　學習類化

　　另一個相關的現象稱為學習區辨 (Discrimination)。以食物與鈴聲配對的例子而言，若是在學習類化建立的過程中，選擇在 950MHz 鈴聲出現的時候不給與食物，而是給與電擊的刺激。此時狗雖然學會對與 1,000MHz 相似的刺激作出流口水的反應，但此刺激類化卻不會出現在 950MHz 的附近。當 950MHz 以及與其相似的刺激出現時，取而代之的是恐懼的反應。此時我們稱這隻狗學會了區辨刺激間的不同而作出不同的反應。此時，學習類化的曲線會變成圖 6-5 的形式：

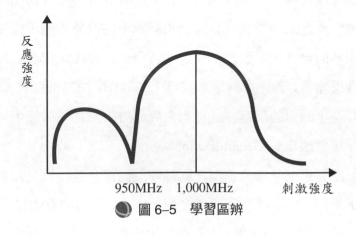

圖 6-5　學習區辨

　　若是鈴聲重複出現而無食物與之配對時，流口水的條件反應將逐漸隨之減少，最後趨近於零。由於狗所預期隨鈴聲出現的食物並未跟著出現，久而久之，鈴聲所引起的條件化反應也將隨之減少，最後完全消失。此一過程在古典條件化中稱之為學習削弱 (Extinction)。

6.1.3　古典條件化在行銷策略上的應用

　　古典條件化在消費者行為的研究中可以用來解釋許多消費者學習的現象。首先，古典條件化可以解釋消費者的品牌態度如何透過廣告中的其他元素而形成。以代言人為例，廠商耗費巨資邀請明星替產品代言，其效果可以用古典條件化的歷程來解釋。

注意！！！
此時對產品的喜好是來自於對代言人喜好的移轉，而並非是來自於對產品本身的偏好。移轉的產生則來自於代言人與產品的重複配對。因此廠商以高成本邀請代言人替產品代言的策略，可以用古典條件化的歷程來解釋。

　　廣告的目的在於建立消費者對產品的正面態度，由於新產品剛上市，一般消費者對其並無特別的印象或態度。然而當一個明星替此產品代言時，因為許多消費者對明星本就抱持正面的態度，因此明星所引起消費者的好感是一個無條件刺激（即「明星」）與無條件反應（即「好感」）的關係。而產品本身是一個條件刺激，當代言人與產品不斷配對出現時，代言人所引發的好感就逐漸轉移至產品上去。

　　許多品牌策略可以用刺激類化的觀點來解釋。品牌延伸與產品延伸是一個例子。企業在拓展其競爭力時常會採用品牌延伸的策略，在一項新的產品上使用已經建立成功的品牌名稱。原先的品牌及消費者對此品牌的偏好是無條件刺激與無條件反應，而新的延伸品牌則是條件刺激。使用原先的品牌名稱是一個將條件刺激與無條件刺激配對的策略，因此可藉由品牌延伸的方式將消費者對原先品牌的好感移轉至新的產品上。此外，仿冒品牌也是一個應用古典條件化的例子。正牌與仿冒品牌間有一定程度的相似關係，消費者對正牌的喜好態度由於刺激類化的機制，轉移至仿冒品牌。因此仿冒品牌是利用相似性所產生的偏好移轉，使得消費者對仿冒產品產生偏好。

　　刺激區辨也是消費者行為中常見的機制。行銷中的定位與差異化的概念可以說是刺激區辨原則的運用。當所有的競爭者都訴求同樣的產品利益時，若一個品牌有不同的訴求，無論是功能或是形象的訴求，將品牌連結至不同的利益點時，可以構成差異化而引起消費者的注意。許多形象上的差異化目的即在創造此種刺激的區辨。例如萬寶路 (Marlboro) 香菸長期以來所建立的牛仔形象，目的即在於在眾多的香菸品牌中，將萬寶路的品牌連結一項特別的刺激，以造成品牌刺激的區辨效果❼。

⏱ 行銷一分鐘

運用古典條件化學習理論的行銷策略

　　有些肌膚保養品品牌，希望塑造一個清新自然的品牌定位來與競爭品牌差異化，於是在其平面廣告中加入植物或是自然的元素。以下面的平面廣告為例，廣告內容是以綠色背景中的一片綠葉以及保養品為畫面焦點，畫面中充滿了綠意（見圖 6–6），藉此突顯清新自然的品牌定位訴求：

🌀 圖 6–6　保養品廣告

---

❼　Bierley, C., McSweeney, F. K., & Vannieeuwkerk, R. (2000). "Classical Conditioning of Preferences for Music." *Journal of Consumer Research*, 12, 316–323.

　　這個廣告是一個古典條件化的應用。產品本身（保養品）是無條件刺激；清新自然的綠葉畫面是條件刺激；綠葉的畫面會引發清新自然的感受，這個感受就是無條件反應。透過廣告將 CS（綠葉）與 US（保養品牌）不斷的連結，造成清新自然的感受逐漸變成條件反應，因而達成將品牌定位為清新自然的行銷策略目標。其機制簡示如下：

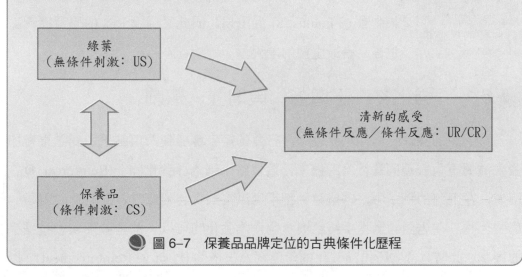

圖 6-7　保養品品牌定位的古典條件化歷程

◈ 6.1.4　操作性條件化的學習歷程

　　操作性條件化（Operant Conditioning；又稱工具性條件化：Instrumental Conditioning）是美國的心理學家史金納 (B. F. Skinner) 所提出用以解釋行為學習的另一種機制 [8]。操作性條件化的基本理論並不複雜，但其應用層面卻非常廣泛。就操作性條件化的基本理論而言，史金納將實驗用的白老鼠置於觀察用的箱子中，當老鼠作出某一項特定行為（如拉動一個把手）時，就給與酬賞（如食物）。一開始老鼠可能是隨機無意的作出拉把手的動作，但在拉把手與酬賞不斷配對出現之後，老鼠學會了拉動把手可以獲得自己想要的食物，因此學會了拉動把手的行為。此一過程即是操作性條件化的基本歷程。

　　注意古典條件化與操作性條件化的不同。在古典條件化中，狗接受刺激而

[8]　Skinner, B. F. (1953). *Science and Human Behavior*. New York, NY: Macmillan.

注意 !!!

在操作性條件化中，如同在古典條件化中一樣，刺激與反應間有一定的時間關係。行為所導致的結果必須在一定時間內出現，否則兩者相距過遠，便無法建立條件化的連結關係。此點稱為時間的接近性 (Temporal Proximity)。

作出被動的反應，但在操作性條件化中，老鼠必須主動的表現一項行為，而此行為會導致某項後果的回饋，進而影響老鼠下次表現同樣行為的機率。在古典條件化中，由於刺激 (Stimulus, S) 先於反應 (Response, R) 發生，故又稱為 S-R 的學習歷程；在操作性條件化中，由於行為反應 (Response, R) 較刺激 (Stimulus, S) 先出現，因此又稱為 R-S 的學習歷程。這是二者最主要的差異。

◆ 6.1.5 強化物、正增強、負增強、懲罰

在上述的操作性條件化歷程中，行為的產生會導致一項結果，此結果會加強或減弱下次表現同樣行為的機率，這個結果稱為「強化物」(Reinforcer)[9]。例如，在上述的例子中，老鼠拉動把手可以得到食物的酬賞，此時食物就是一項強化物。在老鼠拉動把手後給與食物作為強化物可以加強老鼠下次去拉把手的機率。此時，食物所扮演強化的角色稱為正增強 (Positive Reinforcement)。以消費者行為為例，若一個消費者在超市購物，他看到一個自己從未嘗試過的新的泡麵品牌時，基於好奇而決定購買。在回家嘗試之後發現這個新的泡麵十分好吃，因而加強了下次購買同樣泡麵的機率。這就是一個正增強的例子。

然而，強化物並非總是扮演正增強的角色。有時強化物是一個帶來不愉快經驗的標的物，而行為產生的目的在於移除此一不愉快的經驗。舉例而言，以電擊作為強化物時，若老鼠拉動把手可以停止電擊的產生，則老鼠也會學習拉把手使電擊停止。此時電擊扮演的是負增強 (Negative Reinforcement) 的角色。以消費者行為為例，消費者購買感冒藥是一個負增強的例子。由於消費者購買感冒藥的目的在於治療感冒，亦即移除感冒此一不愉快經驗，因此是一個負增強的過程。

最後，若一項行為帶來的是懲罰 (Punishment)，則下次表現同樣行為的機會

---

[9] Foxall, G. R. (1994). "Behavior Analysis and Consumer Psychology." *Journal of Economic Psychology*, 15, 5–91.

會因懲罰而降低。在前述的例子中，若消費者他所嘗試購買的新泡麵口味極端難吃，則下次他會因為此難吃口味所帶來的懲罰而不再購買此泡麵，這就是一個懲罰所帶來減少行為表現的例子。

◈ 6.1.6　增強的時程

由於工具性條件化歷程的建立需要行為與強化物重複的配對，行為與強化物出現的對應關係就成為增強的時程 (Reinforcement Schedule)。若每次行為都伴隨強化物的出現，則稱為連續增強 (Continuous Reinforcement)。若只有部分行為表現之後出現強化物，則稱為部分增強 (Partial Reinforcement)。研究顯示，雖然連續增強較易建立操作性條件化，但部分增強所產生的學習較不易被削弱 (Extinction)。

此外，在部分增強中，又可按照比例或時距的固定與否分為四類增強的時程。

1. 依比例固定與否區分

以老鼠拉動把手為例：

(1)固定比例：若每拉動把手三次可以得到強化（食物）一次，由於行為與強化物之間存在一定的比例關係，此種時程稱為固定比例時程 (Fixed Ratio Schedule)。

(2)變動比例：若有時拉把手一次可得到食物，有時三次，有時五次才能得到食物時，此時拉動把手（行為）與強化物（食物）之間雖無固定的比例關係，但若平均而言有一定的比例關係（例如平均三次），則此種時程稱為變動比例時程 (Variable Ratio Schedule)。

2. 依時距的固定與否區分

以老鼠拉動把手為例：

(1)固定時距：若不論拉把的頻率多少，而是固定在一定時間間距（例如固定每五分鐘）給與增強物，則此種時程稱為固定時距時程 (Fixed Interval Schedule)。

⑵變動時距：若是每次時距雖不固定，例如有時是三分鐘，有時五分鐘，有時十分鐘給與強化物，但平均而言有一固定的時距(例如平均五分鐘)，則此種時程稱為變動時距時程 (Variable Interval Schedule)。

　　一般而言，就建立操作性條件化的效果而言，變動時距時程較固定時距時程的效果為佳，而比例時程較時距時程的效果為佳。

6.1.7　操作性條件化在行銷策略上的應用

　　操作性條件化適於用來解釋購後滿意度的產生、重購行為以及品牌忠誠度的建立過程。消費者在購買某一項品牌的產品後，由於使用經驗良好，感受到高度的滿意，便會強化其下次購買同樣品牌的行為。若在長期的使用經驗中，產品能提供一致的高品質，使得消費者能保持高度滿意的水準，便會逐漸形成了品牌忠誠度。此種由購買行為所導致的滿意度、重購行為以及忠誠度的形成，可以用操作性條件化的機制來解釋。

🕐 行銷一分鐘

信用卡——運用操作性條件化學習歷程的行銷策略

　　信用卡的付款機制可說是操作性條件化歷程的應用實例。過去曾有以在書店購書的消費者為受試者的實驗顯示，使用信用卡的消費者較使用現金的消費者消費金額較大，且較不易記住自己確實消費了多少金額。在操作性條件化中，行為與其後果須保持一定的時間接近性，否則便不易建立條件化的連結。由於現金的付出對消費者而言是一項懲罰，因此消費者在使用現金付款時，便感受到立即的懲罰，因而在消費金額上便較為謹慎。而使用信用卡時，由於懲罰不會立即出現，而是在下個月的帳單

🔵 圖 6–8　你還記得這個月用信用卡刷了多少錢嗎？

中才會出現，因此消費者只感受到購物的快感，而不會感受到付款的懲罰，因而花費的金額也較無節制。

　　因此，從操作性條件化的角度而言，凡是消費者可以得到獎賞利益的購買行動後果（如折扣），應該讓消費者立即取得；若是消費者會因購買行動而得到懲罰的後果（如付款），就應該盡量延遲其發生的時間，以減少因果間的連結性，避免消費者購買意願因而減少的可能性。

◑ 6.2　認知學派的記憶理論

　　行為學派主導了二十世紀前半心理學的研究方向。然而在第二次世界大戰之後，學術界發現，只談刺激與反應之間的關係而不考慮黑盒子的特性不足以完整的瞭解記憶與學習的本質，因此黑盒子中的內容與其認知運作的歷程仍有瞭解的必要。

　　在第二次世界大戰之後電腦與資訊科學的興起採行了資訊處理的模型 (Information Processing Model)，由於電腦與人腦在資訊處理的特性上有相當多平行的特性，研究記憶歷程的認知心理學家也採用此一資訊處理的模型來理解人類記憶的特性。在資訊處理的模型中討論記憶主要集中記憶處理的歷程。以下就此主題作一介紹。

◆ 6.2.1　記憶處理的歷程

　　記憶處理的歷程主要包含下列四個階段：

1. 編碼 (Encoding)

　　編碼是指資訊輸入的最初階段，由人的感官接收時，再轉換為記憶時的符碼形式。最常見的編碼形式有視覺碼及聽覺碼兩種。視覺刺激通常經由視覺碼編入記憶的內容中，而聽覺刺激則以聽覺碼的形式儲存入記憶中。

2. 儲存 (Storage)

　　在記憶的儲存階段，則是將編碼後的資訊儲存進記憶的系統中。按照儲存程度的深淺，可將記憶分為感官記憶、短期記憶以及長期記憶三種。當外界的刺激被感官接收後就形成感官記憶 (Sensory Memory)。例如，視覺刺激在視網膜上所留下的訊號就是視覺的感官記憶。感官記憶的留存時間極短，且記憶者本身經常沒有察覺此類記憶的存在。感官記憶若是不加以進一步處理，則通常在很短時間內就會從記憶中消失。

若記憶者注意到感官記憶的存在並進一步處理此訊息，則感官記憶可轉換為短期記憶 (Short-term Memory)。短期記憶是意識內容的一部分，在記憶系統中能維持一段時間，但若不經過不斷的重複複誦，就會從記憶中消失。例如我們在超市購買產品時，接到家人電話告知要買某一品牌的奶粉。此時該品牌的奶粉就進入了我們的短期記憶中。而當我們買完奶粉之後一段時間（約 30 秒至 1 分鐘），若不重複記憶該品牌，則該品牌會逐漸從短期記憶中遺忘。

除了保存時間有限之外，短期記憶的容量有限也是一個重要的議題。根據一位有名的心理學家喬治・米勒的研究發現 (Miller, 1956)，短期記憶的容量約在 7 ± 2 個單位左右（亦即 5 到 9 個單位）[10]。亦即記憶內容超越 9 個單位以上就不易記得起來了。但若能將超過 9 個單位以上的記憶內容做有意義的組織及群組分類（稱為「區塊」 "Chunking"），只要這些群組的數量維持在 9 個以內，則仍可以納入短期記憶的容量之中。

如果在短期記憶的內容消失之前，能重複加以複誦 (Rehearsal)，則短期記憶的內容可以被轉錄至長期記憶區中。茲以圖 6–9 表達感官記憶、短期記憶與長期記憶之間的關係：

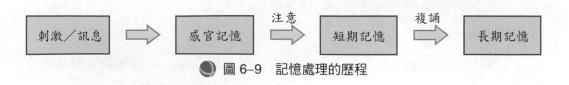

圖 6–9　記憶處理的歷程

---

[10]　Miller, G. A. (1956). "The Magical Number of Seven Plus or Minus Two: Some Limits on Our Capacity for Processing Information." *Psychological Review*, 63, 81–97.

3.提取 (Retrieval)

長期記憶中的容量是無限的，許多我們從小到大學習的技能知識都儲存在長期記憶中。但容量無限並不意味著不會遺忘，只是在長期記憶中的內容其遺忘的本質與短期記憶的遺忘並不相同。短期記憶中內容的遺忘是真正從短期記憶中消失 (Unavailability)，而長期記憶中的遺忘是指記憶的內容仍然存在，但因編碼的混亂而暫時無法找到而已，亦即在記憶的提取階段產生了錯誤 (Inaccessibility)。

4.遺忘 (Forgetting) ❶

遺忘的產生可能來自衰減 (Decay) 或是干擾 (Interference)。一項記憶的材料內容，若不常重複使用或複誦，便會逐漸的自然衰減。但在某一個時間點所學習記憶的材料，也會因為之前或之後所學習的其他材料而產生干擾。若是之前所學習的材料干擾了目前所學習材料的記憶則稱為順向干擾 (Proactive Inhibition)；若是之後的材料干擾了目前的記憶，則稱之為逆向干擾 (Retroactive Inhibition)。以時間為軸，用圖 6–10 表達順向干擾與逆向干擾的關係：

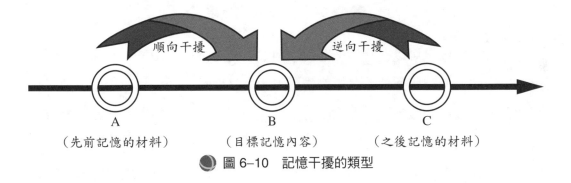

● 圖 6–10　記憶干擾的類型

◆ 6.2.2 系列位置效果

在人們記憶一系列的材料時，常出現前後位置不同的材料其記憶效果不同的情形，這個現象稱為系列位置效果 (Serial Position Effect)。系列位置效果主要有兩種：⑴主要效果 (Primacy Effect)，是指在一系列的記憶材料中，一開始出

❶ Bettman, J. (1979). "Memory Factors in Consumer Choice: A Review." *Journal of Marketing*, Spring, 37–53.

現的材料記憶特別好；(2)新近效果 (Recency Effect)，是指在系列材料接近結束段落的材料記憶也會比較好。若一個記憶材料的系列中，假設受試者需記憶 7 項物品：「桌子—汽車—房子—葡萄—衣服—電視—酒精」。則可發現，桌子與汽車的記憶最佳，其次是酒精與電視。在中間的房子、葡萄與衣服的記憶就相對較差。其記憶表現可能如圖 6-11 之曲線：

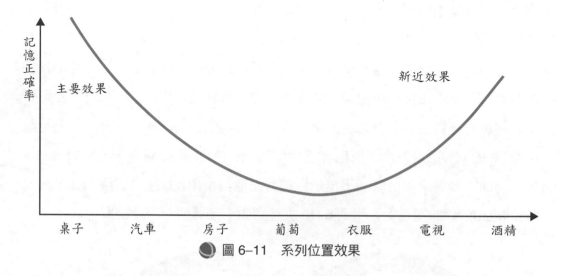

記憶正確率

主要效果

新近效果

桌子　　　汽車　　　房子　　　葡萄　　　衣服　　　電視　　　酒精

🔵 圖 6-11　系列位置效果

　　系列位置效果可以在行銷上應用，例如廣告的播放，由於電視廣告的播放都是集中在一個時段播放許多支廣告，因此廣告間彼此的相對位置就形成了系列位置。假設在兩段節目之間播出了十支廣告，則消費者對開頭和結尾的廣告會有較佳的記憶(亦即主要效果以及新近效果)，而對中間的廣告記憶較不深刻。因此，要使廣告在消費者心中留下深刻印象，廣告的位置最好能排在系列開頭或是結尾的位置，在中間位置播出的廣告對記憶較為不利。關於系列位置效果在其他方面的應用，請見本章結尾的「行銷實戰應用」。

● 圖 6-12　產品的規格訊息是消費者購買前學習的重要資訊

◆ 6.2.3 記憶儲存的形式

1.依記憶內容的特性來分

　　在長期記憶中儲存的內容可分為語意式記憶 (Semantic Memory) 與情節式記憶 (Episodic Memory)。語意式記憶是指將知識及資訊以一般概念的方式儲存，在一個類別 (Category) 之下儲存了相關的概念。例如，在「鳥」這個概念下可能就儲存了「有羽毛」、「兩腳」、「尖硬嘴」、「有翅膀」、「會飛行」等與鳥相關的概念；而情節式記憶則是對某一特定事件的內容，按照事件發生的時間先後順序來儲存其記憶內容。例如一個人對上週日和家人出外旅遊的過程的記憶就是一個情節式記憶的例子。情節式記憶與語意式記憶最大的不同在於，情節式記憶的內容有時間先後的順序及關聯，而語意式記憶則是個別概念的儲存，概念與概念間沒有時間先後的關係。

　　由於語意式記憶與情節式記憶儲存的都是可用文字形式表達的記憶內容，這兩者又稱為陳述式記憶 (Declarative Memory)。相對於陳述記憶的是程序式記憶 (Procedural Memory)。程序式記憶是我們對如何做某件事情的方法的記憶，例如騎腳踏車、開車、游泳、打字等等。我們學會做這些事情，但很少用文字的形式記憶如何做這些事情，因此稱為程序式記憶。

2.依記憶型態來分

以上所討論的記憶型態，無論是否屬於文字記憶的形式，我們都知道自己擁有這些知識，因此這些記憶型態又稱為外顯式記憶 (Explicit Memory)。有時即使我們並未刻意的去學習某些資訊，但隨著接觸這些資訊的頻率增加，處理這些資訊的速度也愈來愈快速。由此可推論，即使沒有特意的記憶過程，我們仍然對這些資訊有某一程度的記憶。這一類的學習記憶，稱為內隱式記憶 (Implicit Memory)。例如最近所讀過的某些雜誌文章，即使沒有特別去記憶其內容，但下次再讀到同樣文章時速度會更快，就是內隱式記憶的例子。

3.依概念連結方式來分

另一種看待長期記憶內容組織的方式最近受到很大的重視與廣泛的研究。此觀點將記憶的組織視為一個高度複雜的網路組織。每一個個別的概念都被視為是一個節點 (Node)，節點與節點間則以神經網路 (Neural Network) 連結。當一項新的刺激進入認知系統時，會刺激相關的概念產生激化 (Activation)，而在我們的認知經驗中就是一個聯想 (Association) 的過程。這些相關的概念可以透過學習的過程而修改其激化的型態，這個修改的過程便是一個學習與記憶的過程。而相關被激化的概念所組成的特定的激化型態，在認知心理學中稱之為基模 (Schema)。基模可說是許多消費者研究中的一項核心概念，許多關於產品知識或品牌態度的研究，都使用了基模的概念。茲以「漢堡」為刺激，以圖 6-13 說明由漢堡所引起的相關激化的概念，這些激化的節點形成一組神經網路，構成一個完整有關漢堡的基模。

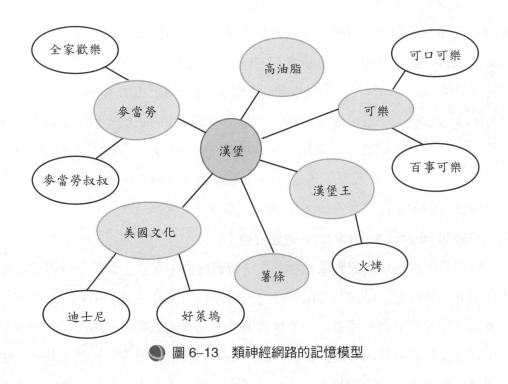

（圖示節點：全家歡樂、麥當勞、麥當勞叔叔、美國文化、迪士尼、好萊塢、漢堡、高油脂、薯條、漢堡王、火烤、可樂、可口可樂、百事可樂）

圖 6–13　類神經網路的記憶模型

6.2.4　認知學派的記憶理論在行銷策略上的應用

1.廣告與品牌記憶的測量

　　記憶的測量通常可分為自由回憶 (Free Recall) 及辨認 (Recognition) 兩種。自由回憶是在沒有任何外在輔助下的回憶，故又稱為「未輔助記憶」(Unaided Recall)；辨認則是在有輔助條件下的回憶，故又稱為「輔助記憶」(Aided Recall)。未輔助記憶由於需要消費者在無線索的條件下搜尋腦中記憶的資訊，因此是較為困難的一種記憶方式，而輔助記憶由於有一定的線索幫助回憶，因此較為簡單。

　　舉例而言，通常品牌知名度的測量，會一併使用兩種記憶測量方式。以軟性飲料為例，未輔助記憶的測量，會要求消費者寫出他們所知道的所有軟性飲料的品牌名稱。而輔助記憶則會列出一些軟性飲料的品牌名稱，消費者則被要求從其中勾選他們所知道的飲料品牌。而某一品牌的整體品牌知名度，則是將未輔助記憶與輔助記憶中消費者回憶起該品牌的百分比合併計算作為知名度的指標。此類資料除了可以幫助行銷人員瞭解品牌知名度外，也可進一步瞭解該品牌的「心佔率」(Share of Mind)。

> **市佔率 vs. 心佔率**
> 市佔率是指該品牌在市場上銷售的市場佔有率，而心佔率則是該品牌在消費者心目中的地位。

通常在未輔助記憶中，第一個想起的品牌，是消費者腦中連結最強的品牌，因此一個品牌的心佔率通常是以有多少消費者在未輔助記憶中第一個想起該品牌的百分比作為指標。例如，若是有 90% 的消費者在軟性飲料產品類的未輔助回憶中第一個想起可口可樂，則可口可樂的心佔率就是 90%。

2.品牌聯想 (Brand Association) 的建立 ❷

廠商希望透過品牌管理的過程，在消費者心目中建立正面的品牌聯想，減少負面的品牌聯想。品牌聯想的建立直接關係長期品牌權益的維繫。品牌聯想可視為一類神經網路的組織，在消費者與品牌互動的過程中不斷的建立聯想的節點，修改節點聯繫的強度。任何資訊的來源如廣告、口碑以及個人使用經驗的回饋等都可視為是改變品牌的類神經網路組織的主要影響力量。廠商應思考如何建立並維繫正面的品牌聯想，強化正面聯想與品牌的直接連結，減少及弱化負面聯想的連結強度，以維繫品牌長期的市場競爭力。關於類神經網路的概念，在第七章知識結構中會有更深入的介紹。

⏱ 行銷一分鐘

心佔率概念的應用

本章所提到的心佔率的概念，可以協助設計行銷策略的方向。心佔率代表特定品牌在消費者心目中的地位，其計算方式如下：

A 品牌的心佔率 = 未輔助回憶中提及 A 品牌的次數 ÷ 未輔助回憶中提及的所有品牌的總次數

這個指標可以與市佔率放在一起觀察，用以下的 A、B、C、D 四個品牌為

---

❷ Aaker, D. A. (1996). "Measuring Brand Equity across Products and Markets." *California Management Review*, 38, 102–120.

例說明：

表 6-1　心佔率與市佔率的交叉列聯表

		心佔率	
		高	低
市佔率	高	A	B
	低	C	D

　　A 品牌的市佔率與心佔率皆高，是屬於市場領導者；D 品牌二者皆低，是屬於落後者。比較有討論空間的是 B 品牌和 C 品牌：B 品牌心佔率低但市佔率高，代表 B 品牌是一個許多消費者使用，但忠誠度不高的品牌。這個品牌有「虛胖」的嫌疑，競爭對手的強力競爭很容易會將 B 品牌的市佔率擠壓；相反的，C 品牌的心佔率高但市佔率低，代表 C 品牌仍有擴充潛在客層的潛力，雖然目前購買的客層有限，但對其品牌有購買興趣的潛在客層仍有待開發，其市場潛力不可小覷。

　　對於 B 品牌而言，其行銷策略的目標，應著重於建立顧客的情感依附以及忠誠度，將心佔率提升到與市佔率相當，改變以價格競爭為主的策略。以 C 品牌而言，則應致力開發潛力客層，瞭解為何潛在客源未轉化成為實際的客戶。這是比對心佔率與市佔率後產生的策略結論，也是心佔率的實際應用。

行銷實戰應用

旅行社如何安排行程？

　　本章提到記憶的系列位置效果，除了在廣告方面應用之外，在其他方面也有許多可以應用的場合，像許多旅行社安排行程時就會應用此一原則。由於旅遊業價格競爭激烈，業者往往必須以低價吸引客源。但羊毛出在羊身上，削價競爭不可能低於成本，因此必須在旅遊內容上節省成本，但現在的消費者標準高又挑剔，如何在低成本的前提下讓消費者留下美好印象，願意下次再來光顧呢？有時善用記憶的原則可以魚與熊掌兼得。

　　例如一個五天四夜日本北海道套裝行程，主要賣點是品嚐北海道的三大螃蟹（帝王蟹、毛蟹、松葉蟹），以及住溫泉旅館享受溫泉泡湯的行程。然而這些都是比較昂貴的部分，因此有時業者就會精心安排，將行程的第一和第二天安排旅客大啖螃蟹以及住溫泉旅館泡湯，而在最後一天也安排最好的食宿與觀光行程，但第三和第四天的行程內容相對就較為普通，這就是系列位置效果的應用。

　　由於主要效果 (Primacy Effect) 的緣故，消費者對第一天及第二天的印象會特別深刻，因此要安排較佳的食宿與行程。同樣由於新近效果 (Recency Effect) 的關係，消費者對最後一天的記憶也會特別深刻，因此最後一天的食宿與行程也不能差。於是，基於成本考量，較差旅遊內容就被安排在第三與第四天。這樣，等到消費者回家之後，留下印象深刻的就多是美好的回憶，故願意在下次旅遊時選擇同樣的旅行社來服務。然而消費者所不知的是，由於記憶特性的緣故，在旅遊行程中比較普通的回憶，在記憶的系列位置效果下，不知不覺被遺忘，在記憶中消失了，剩下的就是開始與結束時的精采行程與美好的記憶。

　　除了上述來自系列位置的記憶效果外，記憶內容間的順向干擾 (Proactive Interference) 與逆向干擾 (Retroactive Interference)，也是造成此效果的原因之一。在第三天與第四天的記憶內容，由於有來自第一天與第二天的順向干擾，以及最後一天的逆向干擾，因此最容易從記憶中遺忘。然而開始（第一天）的記憶由於沒有之前內容的順向干擾，而結束（第五天）的記憶也沒有之後內容的逆向干擾，因此比較容易被保留在記憶之中。

　　同樣的原則也可以應用在其他有系列位置特性的產品上，例如系列產品的介紹、貨架位置的擺設、餐廳自助餐的擺盤順序以及雜誌廣告的擺放位置等，都是這些記憶原則可以派上用場的地方。善用這些原則，能夠創造消費者對產品或服務的美好回憶，進而成為具有忠誠度的長期客戶，對企業而言可說是最重要的資產！

本章主要概念

行為學派	遺　忘
認知學派	系列位置效果
古典條件化	主要效果
學習類化	新近效果
學習區辨	情節式記憶
學習消弱	語意式記憶
操作性條件化	陳述式記憶
增　強	程序式記憶
懲　罰	外顯式記憶
感官記憶	內隱式記憶
短期記憶	神經網路
長期記憶	心佔率

 習　題

一、選擇題

（　）1.下列敘述何者正確？　(A)認知學派視心智的運作歷程為一黑盒子，並認為黑盒子中的內容難以得知　(B)認知學派可以區分為古典條件化和操作條件化兩大類型　(C)認知學派認為操作性條件化又稱古典制約　(D)心理學對學習的理論主要分為早期的行為學派，以及較晚近的認知學派

（　）2.下列何者不是古典條件化學習歷程之主張？　(A)古典條件化的產生，通常需要無條件刺激與條件刺激重複的配對才能建立　(B)刺激出現順序，通常會影響古典條件化的學習的建立　(C)條件刺激與無條件刺激在出現的時間差上必須相距遙遠，否則不容易建立條件化反應　(D)條件刺激之後若無條件刺激接續出現，久而久之，會產生學習削弱

（　）3.下列何者不是操作性條件化學習歷程之主張？　(A)行為的產生會導致一項結果，此結果會加強或減弱下次表現同樣行為的機率，這個結果稱為強化

物 (B)若一項行為帶來的是懲罰，則下次表現同樣行為的機會會因懲罰而
降低 (C)適於用來解釋消費者學習，品牌延伸與產品延伸 (D)由於行為反
應 (R) 較刺激 (S) 先出現，因此又稱為 R-S 的學習歷程

( ) 4.記憶處理的歷程主要包含： (A)儲存、注意、解碼以及詮釋 (B)編碼、儲
存、提取以及遺忘 (C)儲存、詮釋、暴露以及遺忘 (D)編碼、儲存、暴露
以及詮釋

( ) 5.下列關於記憶系統的敘述，何者錯誤？ (A)按照儲存程度的深淺，可將記
憶分為感官記憶、短期記憶以及長期記憶三種 (B)感官記憶若是不加以進
一步處理，則通常在很短時間內就會從記憶中消失 (C)短期記憶在記憶系
統中能維持一段時間存在，但若不經過不斷的重複複誦，就會從記憶中消
失 (D)長期記憶中內容的遺忘是真正從短期記憶中消失 (Unavailability)

( ) 6.人在之前所學習的材料干擾了目前所學習材料的記憶稱之為： (A)自然衰
減 (B)區塊衰減 (C)逆向干擾 (D)順向干擾

( ) 7.下列關於系列位置效果的敘述，何者錯誤？ (A)可以集中在一個時段播放
許多支廣告，因此廣告間彼此的相對位置就形成了系列位置 (B)是指在一
系列的記憶材料中，一開始出現的材料記憶特別好 (C)是指在系列材料接
近結束段落的材料記憶也會比較好 (D)女性的記憶系列位置效果較男性強

( ) 8.即使沒有特意的記憶過程，我們仍然對某些資訊有某一程度的記憶，此稱
為： (A)陳述式記憶 (B)程序式記憶 (C)內隱式記憶 (D)外顯式記憶

( ) 9.下列關於長期記憶儲存的內容的敘述，何者正確？ (A)就記憶內容的特性
來區分，記憶可分為語意式記憶與情節式記憶 (B)由於語意式記憶與情節
式記憶儲存的都是可用文字形式表達的記憶內容，這兩者又稱為程序式記
憶 (C)語意式記憶是對某一特定事件的內容，按照事件發生的時間先後順
序來儲存其記憶內容 (D)情節式記憶是將知識及資訊以一般概念的方式儲
存，在一個類別之下儲存了相關的概念

( ) 10.記憶理論在消費者行為的應用上主要在於廣告與品牌記憶的測量上。自由
回憶通常是指： (A)辨認 (B)未輔助記憶 (C)輔助記憶 (D)線索回憶

二、思考應用題

1. 回想你記憶最深的電視廣告，並依認知記憶理論分析你為何對這個廣告印象深刻？

2. 邀請你的同學選擇一個晚上時段（約晚上 8 點至 10 點）看一段廣告時段（事先不要讓他知道你的目的，以免產生干擾的效果），然後問他記得剛才看過哪些廣告？請他詳細描述所看到的內容。哪一支廣告給他的記憶最深刻？為什麼？哪些廣告完全沒有印象？為什麼？有沒有廣告的實際內容和他所記憶的內容有出入？為什麼會產生這種記憶上的誤差？

3. 如果你是蘋果公司 iPhone 的行銷人員，你要如何利用古典條件化的概念設計 iPhone 的廣告表達 iPhone 的定位訴求？

4. 如果你是一家連鎖西餐廳的行銷人員（例如王品台塑牛排），你要如何利用操作性條件化的理論模型設計促銷活動？

5. 如果你是 Samsung 手機部門的行銷人員，你要如何知道顧客對該手機的品牌聯想為何？如果你要針對此手機品牌進行再定位，加強「品質」，你要如何修改顧客的品牌聯想？

第七章 分類、知識結構與品牌管理

品牌的魔法

以代工 (Original Equipment Manufacturer, OEM) 出口起家的臺灣產業，向來是以歐美市場為其主要出口地區。從早期的雨傘與腳踏車的製造，到 1990 年代之後的高科技產業，都是以代工製造為主要商業模式。然而，隨著經濟的開展以及國民所得的增加，代工製造成本日益高昂，加上新興市場如中國大陸、印度以及東歐的快速崛起，以低廉的工資以及製造成本逐漸取代了臺灣代工製造的地位。於是臺灣政府在經濟政策上開始尋求轉型的機會。

> ⊙代 工
>
> 代工廠商是指替品牌廠商代為製造產品的廠商；代工產品雖為代工廠商製造，卻掛品牌廠商的品牌。例如富士康 (Foxcom) 替蘋果公司 (Apple) 代工製造蘋果的 iPad。

近年來有愈來愈多的企業，開始強調品牌的重要性，希望能將以代工為主的商業模式逐漸轉型為品牌廠商 (Original Brand Manufacturer, OBM)。近年來確有許多公司在品牌經營上逐漸闖出一片天，例如具備優越瓷器製造與設計技術的法藍瓷 (Franz)、長年耕耘自有品牌的捷安特 (Giant) 自行車以及高科

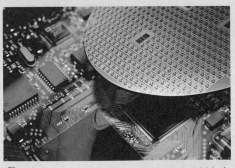

圖 7-1　晶圓代工是臺灣高科技產業的主力，但由於利潤低、需求變動大，許多企業紛紛開始轉型

技產業中的宏碁 (Acer) 等，都是經營品牌有成的例子。然而，卻也有更多企圖跨足品牌經營但失敗的例子。

2005 年 10 月，臺灣明碁 (BenQ) 風光宣布併購德國西門子旗下的手機部

門，卻在一年後由於高額虧損達新臺幣 250 億元，因而宣布交出經營權不再投資。明碁當初投資西門子的重要原因之一，就是看上了西門子的品牌資產，卻由於諸多因素，如組織文化的差異、工會的影響等原因，在一年後忍痛停損。這個例子告訴我們經營品牌的困難與陷阱，在決定走這條路前必須作謹慎的評估，以免陷入無法自拔的黑洞漩渦。

品牌的魅力究竟在何處，使得企業主前仆後繼的希望建立強勢的品牌？早期一些有關品牌的實驗可以幫助我們瞭解品牌的魅力。在百事可樂使用雙盲實驗設計口味測試中（Double-blind Experiment：意即實驗者以及受試者皆不知測試的品牌為何的實驗以求減低實驗結果的誤差）來比較百事可樂與可口可樂的口味差異時，當兩個品牌名稱都被隱藏起來，純粹以口味作為選擇標準時，多數受試者會選擇百事可樂的產品。但當品牌被標示出來時，就有較多受試者會選擇可口可樂的產品，並且認為該品牌的口味與品質都比較好。由此可知，消費者是以品牌作為選擇的捷思 (Heuristic)，由於品牌提供了品質保證的線索，選擇有品牌的產品也是最安心以及避免風險的最佳方法❶。

近代的生產技術快速進展，由於資訊的快速流傳，不同製造商間的產品品質往往差異化不大，此時品牌的重要性就更勝以往。常常同一個 OEM 製造商生產的產品，在貼上不同品牌後售價大不相同，例如筆記型電腦，因為掛了 SONY 的品牌，價格就比其他品牌高出許多。在品牌經營上有許多先天以及後天的條件須加注意，例如 OBM 的文化背景，以及 OEM 廠商轉成 OBM 時的心態調適問題等。本章對品牌經營的心理學基礎有所介紹，希望能提供讀者對從消費者角度來看品牌經營的基本法則一些基本的認識。

知識結構是認知心理學的核心議題之一，在認知心理學中討論知識結構的問題，主要關心的重點集中於知識在大腦中的組成結構與方式。此種知識組成的方式與結構，總稱為知識的表徵 (Knowledge Representation)。人類透過學習

---

❶ 艾力克斯・博斯 (2010)。《一夜七次貓：史上最真實的 77 個瘋狂實驗》。歐冠宇譯。臺北：寶瓶文化。

的過程，將許多資訊儲存於大腦之中，這些知識必須有一定的組織與相互關聯的方式，才能在之後容易被提取使用。

　　個別的知識可以稱為「概念」(Concept)，概念的儲存內容是什麼？概念與概念之間如何加以區別？這些問題都牽涉到人類分類 (Categorization) 的能力，而分類的認知歷程正是研究知識結構的認知心理學家最關心的議題之一。因此本章將就知識結構與分類的基本理論作一簡介。

　　然而，這些抽象的心理學理論對消費者行為與行銷究竟有何意義？一項直接的關係是品牌的管理。從消費者導向的角度而言，品牌其實就是一個儲存於腦中的概念或類別，而與這些概念有關的屬性 (Attribute)，就成為品牌聯想的內容。由此觀點而言，品牌管理其實就是管理品牌聯想的內容，因此對基本知識結構的瞭解，就成為瞭解與品牌管理相關消費者心理的重要基礎。

　　本章也將與品牌管理相關的概念作一介紹，把知識表徵的基礎理論在品牌管理中加以應用，目的在於闡述知識結構與分類歷程和品牌管理的關聯，以及由兩者的結合，對消費者行為的基本理論概念在行銷實務上的運用作一展示。7.1 節首先由知識表徵與分類歷程的基本理論開始介紹。

◉ 7.1 知識表徵的心理學理論：基模理論

　　有結構組織的知識統稱為基模 (Schema)。簡單來說，基模是一個有一定組織結構的知識表徵，儲存於大腦之中，這些資訊可以再被用來解釋或理解後來的學習內容。常見的基模有很多不同的類型，在我們的大腦中，有一套對靜態的事物與概念記錄表徵的基模形式。

　　例如當外在訊息提到一個概念，如「狗」時，我們腦中關於狗的基模內容便會被激發而提取出來。這些內容可能包括「有毛的」、「友善的」、「人類的好朋友」、「四條腿的」以及「搖尾巴的」等等，這些便是我們對狗這個概念的

● 圖 7-2　貓與狗的基模都包含「有毛的」、「四條腿的」、「寵物」等內容，兩者間的關鍵差異是什麼呢？

基模內容。在第九章有關態度改變的議題中，所提到的同化與對比，也是透過引發 (Priming) 的方式，將相關的基模內容提取出來，影響消費者的判斷以及造成態度的改變 ❷。

基模的型態並非只限定於在靜態的概念上。對動態的事物我們也有一套對應的基模。例如在對日常生活的行為如「吃飯」這件事情上，我們會有一套序列進行的基模內容來記錄吃飯這個活動。如「進餐廳」、「點菜」、「上菜」、「吃飯」以及「結帳」等過程會依序列進行，這些有時間先後順序的基模特別稱為「劇本」(Script)(Abelson, 1976)，是一種特別的基模形式。我們會運用這些劇本式的基模來形成對行為的預期，違反此種預期便會引起驚奇與注意力的集中，下面將試圖解釋為何有此種違反基模行為的產生。

有一個實驗 ❸，將一幅圖片用快速方式顯現給受試者看，顯現時間不到一秒鐘，因此受試者看不清楚實際圖像。圖片內容是在紐約地鐵的車廂中，一個白人持刀搶劫一個黑人乘客。但多數受試者在被問到他們看到什麼圖像時，會說他們看到一個黑人在搶劫白人。由於對模糊的刺激無法清楚看見，我們會用基模來輔助解釋看到的刺激。而在我們的基模中，黑人搶劫白人是比較常見的情形，因此會將圖片錯誤的詮釋成是黑人搶劫白人，而不是正確的白人搶劫黑人。這正是基模在形成預期以及協助解釋上的角色。

7.1.1 概念的階層結構

一個概念例如「鳥」儲存在腦中，其概念儲存的內容為何? 這些內容的組織方式又有何規則可循? 這是認知心理學中的分類模型所關心的問題。一個概念可以視為是一個類別 (Category)。傳統的知識結構模型，視概念為一階層式的結構 (Hierarchical Structure)，一個概念是由許多其他的屬性或次概念在不同層次的階層所組成的。屬於同一類別中的屬性及次概念，彼此間有一定的相似性存在。

❷ Keller, K. L., Sternthal, B., & Tybout, A. (2002). "Three Questions You Need to Ask About Your Brand." *Harvard Business Review*, 80, 9, 80–89.

❸ Allport, G. W., & Postman, L. J. (1947). *The Psychology of Rumor*. New York, Holt.

舉例而言，「飲料」這個概念可以視為由不同類型的飲料所組成，如汽水、果汁、礦泉水及運動飲料等所組成，而每一項飲料又是由個別的品牌所組成，例如汽水之下可以有可口可樂、百事可樂、蘋果西打及黑松汽水等等，而可口可樂又可以再由許多屬性所組成，例如「黑色」、「含二氧化碳」、「甜味」及「國際知名公司」等等屬性組成。這些概念彼此間存在著階層的關係，如圖 7–3 所示：

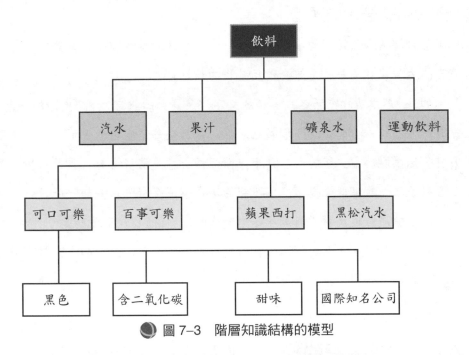

🌐 圖 7–3　階層知識結構的模型

在階層的知識結構模型中，有三種可分辨的階層特別的重要。在最上層的稱為「上層類別」(Superordinate Category)，在其下層的稱為「基本類別」(Basic Category)，然後再下一層的稱為「下層類別」(Subordinate Category)。以上面的飲料概念為例，飲料本身是上層類別；不同的飲料（汽水、果汁等）是基本類別；汽水中的不同品牌則是下層類別。

🌐 圖 7–4　老虎與貓都屬於貓科動物，但在你的認知中，是否會將它們歸在同一個類別？

在此三個類別中，基本類別是最重要的階層層次，我們使用概念時，多使用的是基本類別中的概念。基本類別中的概念，在鑑別性與包含度上是最佳的折衷。上層類別的包含度夠，但鑑別度不足；下層類別的鑑別度佳，但包含度不足；基本類別則是兩者間的最佳折衷，因此也是一個概念中最重要的類別階層❹。

🕐 **行銷一分鐘**

基模理論在廣告上的運用

　　廣告會讓人印象深刻的主要原因之一是廣告的內容中有令人驚奇的成分，而驚奇的主要來源之一就是訊息違反基模的預期。

　　例如，一般廣告會充滿各式各樣的文字以及圖片的訊息，介紹產品的特色，但曾有一個報紙廣告，使用整個報紙版面，但卻全部是空白的畫面，只有畫面中央有一個黑點。而文案的內容則十分簡短，大意是消費者每天被許多廣告轟炸，疲累不堪，這個廣告提供一個清靜的場合讓消費者可以安靜一下。

　　由於這個廣告違反我們對廣告基本架構的基模，所以反而會特別引起注意。除了對廣告本身印象深刻之外，也會對廣告主感到好奇，想要知道是誰刊登這個廣告，這時廣告引起注意以及記憶深刻的目的就達到了。

◆ 7.1.2 分類歷程的模型：原型模型與範例模型

　　概念的學習可以視為是一個類別被分類的過程。分類 (Categorization) 是人類的基本認知能力之一，概念的形成、問題解決與決策的能力，無不以分類為其最基本的歷程。在分類歷程的模型中，以下列二者為最主要的理論模型。

㈠原型模型 (Prototype Model)

　　原型模型主張一個概念的類別在認知系統中的儲存有一個原型 (Prototype) 存在，原型是一個平均的概念，是所有在同類別中的個例的綜合體。例如「鳥」這個概念可能包含各種不同的鳥，像是麻雀、烏鴉及文鳥等，而原型的鳥，則

---

❹　Rosch, E., & Lloyd, B. B. (1978). *Cognition and Categorization*. Hillsdale, NJ: LEA.

是這些鳥類共同部分的組合，它不屬於任何一種個別的鳥，而可看成是這些鳥的「平均數」（見圖 7–5 以「鳥」的概念為例的說明）。

一個概念的組織方式可以看成如同一個常態分配，平均數就是概念的原型，其他的個例視其與原型相似性的多少決定這個個例在常態分配中的位置。愈常見的鳥類，愈具備鳥的代表性，也愈接近鳥的原型，此時我們稱此類的鳥是具備典型性的鳥 (Prototypicality)。被歸類在同一類別中的鳥類，都具備或多或少的「家族相似性」(Family Resemblance)。

與原型愈相似的個例，其家族相似性愈高，反之則愈低。例如文鳥可說是典型的鳥類，因為文鳥的外型很接近鳥的原型，在鳥的概念的常態分配上的位置就很接近平均數，亦即原型。相對而言，雞與鴕鳥就是不典型的鳥類，在常態分配中距離原型的鳥很遠，與原型的相似性也低。因此，當使用原型模型來分類時，一種新的鳥類是否會被歸類在鳥這個概念之下，就端視這隻鳥的特徵與原型的鳥間的相似性的高低來決定。相似性愈高，則被歸類在同一概念類別下的機率就愈高。反之，相似性愈低，則被歸類在同一類別中的機率就愈低。

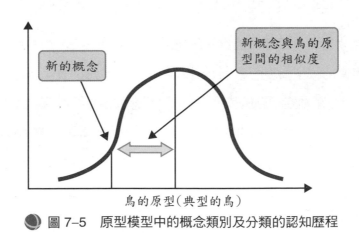

鳥的原型（典型的鳥）

● 圖 7–5　原型模型中的概念類別及分類的認知歷程

㈡範例模型 (Exemplar Model)

範例模型是另一個用來解釋分類歷程的主要模型 (Medin & Schaffer, 1978)。在範例模型中，一個新的個例是否會被歸類在一個類別之下，並非是看此個例

注意!!!

範例模型與原型模型不同。在原型模型中，新的個例的歸類標準是看這個新的個例與原型間的相似程度，而在範例模型中，則是看新的個例與提取出的原先在概念中的範例間的相似性而決定。

與典型的原型間相似性的高低而決定，而是在歸類的歷程中，人會提取一個概念中個別的範例，然後計算新的個例與這些概念中的個別範例間的差異性，再將這些差異總和起來，總和差異愈小，則新的個例被歸類在這個概念下的機會就愈高。

　　舉例而言，當一種新的會飛的動物出現時，範例模型認為，我們將這個動物歸類為鳥的方式，是先提取出一些鳥的範例，如文鳥、麻雀、烏鴉等等，然後計算這個新的動物與這些鳥間的差異，再將這些差異總和。差異愈小，則這個動物被歸類為鳥的機會就愈高。因此，在範例模型中，並沒有一個原型的存在，而是各個提取出的範例決定了新的個例是否會被歸為同一類別。

　　在過去的研究中，原型模型和範例模型都各有實證證據的支持，因此無法認定只有一種模型是正確的，也許人類的分類歷程本身就是具備多樣性的，會隨著作業與背景因素的不同而採取不同的歷程。

◆ 7.1.3 知識表徵的模型：類神經網路模型

　　如同在第六章中介紹類神經網路的認知記憶模型一般，類神經網路也被視為是一種知識表徵的模型。在上述的分類模型中，一個概念的表徵是由一群相關的屬性集合而成。而在類神經網路的模型中，一個概念被視為是神經網路中的一個節點 (Node)，這個節點與一些相關的概念彼此有連結強度不等的連結 (Association)。

　　當一個概念被激化 (Activation) 時，相關的連結也會被激起 (Spreading Activation)，概念與概念間連結激化的機會愈多時，此二概念的連結強度就愈強，這被視為是一個概念學習與形成的過程。而從概念的結構以及分類的能力而言，在原型模型以及範例模型中，一個概念離其原型愈接近，或是與概念中其他個例愈相似，就愈有可能被歸為同一類。而在類神經網路的模型中，則是概念間彼此的連結愈強，或是介於二者中間的節點愈少，就愈可能被歸屬在同一類的概念中❺。

---

❺　Cornwell, T. B., Humphreys, M. S., Maguire, A. M., Weeks, C. S., & Tellegen, C. L.

　　無論是類神經網路或是傳統的概念與分類模型，其關注的焦點都是概念的結構與組成，以及分類的認知歷程。傳統的分類模型將概念的結構視為是一群相關屬性所構成的類別 (Category)，比較像是一個階層式的類別結構。而類神經網路則將概念的結構視為是一群彼此有複雜連結關係的神經網路。但兩者在分類的歷程上，都使用相似性 (Similarity) 的概念，計算新的概念與原先的概念類別間的相似性，只是相似性產生的基礎不同而已。在原型模型以及範例模型中，相似性是來自於新的概念和原先概念的原型間的相似程度，或是新的概念與原先概念中其他個例的相似程度來決定，而在類神經網路模型中，相似性則由新的概念與原先概念節點間連結的強度來決定的。

　　有別於其他分類與概念形成模型，類神經網路除了概念的結構不同之外，特別強調新的概念可以透過連結強度的改變來形成。若能不斷強化兩個概念彼此間的連結，就可以產生新的連結，造成新概念的學習與形成。這是類神經網路模型強調的主要特色之一。

🌐 圖 7-6　描寫瞭解消費者知識的漫畫

(2006). "Sponsorship-linked Marketing: The Role of Articulation in Memory." *Journal of Consumer Research*, 33, 3, 312–321.

⏱ 行銷一分鐘

定位與分類

　　定位的目的在創造差異化，因此有時定位的方式，可以用嘗試跳脫原有類別的方式進行，往往能創造令人深刻的差異化。早期的古典例子是新加坡的定位。新加坡被稱為「花園城市」，就是把國家放在花園的另一個類別中，這將新加坡與其他國家成功的差異化出來，創造不同的印象。另一個例子是「綠茶啤酒」，是將綠茶與啤酒混合的產物。這個產品跨越了綠茶與啤酒兩個產品分類的類別，創造出令人印象深刻的新產品，也是另一個以跨越分類類別創造定位的方式。

🔘 7.2 品牌權益

　　以上內容談了認知心理學中知識結構許多抽象的理論概念，但這些理論體系與消費者行為究竟有何關聯？本章在一開始時曾經提過，品牌可以視為是消費者大腦中的一個概念，消費者的品牌知識可看成是具備知識結構的概念組成。因此，良好的品牌管理勢必要從消費者的品牌知識與品牌聯想著手，而品牌管理的過程則可視為是品牌知識與品牌聯想的管理過程。以下就一些品牌管理相關的概念作一說明，然後討論這些概念與認知心理學中知識結構的理論模型間的關係。

🔶 7.2.1 品牌權益的定義

　　品牌權益 (Brand Equity) 是指一個品牌整體的價值能夠讓消費者在購買時可以確定自己買到的是高品質的產品，也是物有所值的產品，因此，高的品牌權益會讓消費者願意多付出一些成本來取得該產品。品牌權益是整個品牌管理的核心議題，而品牌管理最重要的終極目標，就在於創造高的品牌權益。

　　品牌權益的正式定義，可以從財務和消費者兩個觀點來衡量。

1.財務的觀點

此種方式試圖將無形的品牌價值轉換為金額，以金錢來衡量品牌的整體價值。例如 Interbrand 這家公司每年都會在《商業周刊》(*Business Week*) 上公布他們所調查到全球最有價值的品牌，便是按照將品牌的價值轉換為金錢的方式來比較品牌的價值。而麥當勞 (McDonald's)、奇異 (GE)、微軟 (Microsoft) 及可口可樂 (Coca Cola) 等都是位居排行榜前十名的品牌（可參考第十四章表 14–2）❻。

2.消費者的觀點

此種衡量方式使用的是行為的測量，7.3 節將對此種衡量方式作詳細的說明。

雖然品牌權益不易打造，但只要創造高的品牌權益，就可以使得品牌享有長期的競爭優勢。關於品牌權益的議題，可以分為兩個角度來討論：(1)品牌權益的測量；(2)品牌權益的建立與管理。以下就此二議題進行討論。

7.2.2 品牌權益的測量

若是進一步追問品牌金錢價值的根源為何，很明顯的答案是在於消費者的感受。品牌之所以有價值，是因為消費者認定其價值，才會造成品牌在市場上的競爭優勢。因此另一種衡量品牌權益的方式，便是從消費者的角度來衡量。

有許多大同小異的方式可以從消費者的立場來衡量品牌權益，而其中最常用的一種方式，是艾克 (David Aaker) 所提供的方式。艾克將品牌權益分解為五種向度的組合，分別是(1)品牌知名度；(2)忠誠度／滿意度；(3)品牌聯想；(4)品牌知覺品質；(5)其他品牌專屬資產。每個向度又由一至三個子向度所構成。茲列表如表 7–1 ❼：

---

❻ Interbrand (2013). "Best Global Brands 2012." *Business Week.*

❼ Aaker, D. (1996). *Building Strong Brands*. New York, NY: The Free Press.

表 7-1　艾克的品牌權益衡量模型

向　度	子向度
品牌知名度	品牌知名度
品牌忠誠度	滿意度／忠誠度
	溢價
品牌知覺品質	知覺品質
	品牌領導
品牌聯想	知覺品質
	品牌性格
	組織聯想
其他品牌專屬資產	市佔率
	價格與通路指標

（資料來源：Aaker, D. (1996). *Building Strong Brands.* New York, NY: The Free Press.）

　　另一個類似的模型則是凱樂 (Kevin Lane Keller) 提出的 ❽。在這個稱為 CBBE (Customer-based Brand Equity) 模型中，品牌權益被定義為兩個主要向度，分別是品牌知名度 (Brand Awareness) 以及品牌形象 (Brand Image)。此二者又可再細分為數個子面向如圖 7-7：

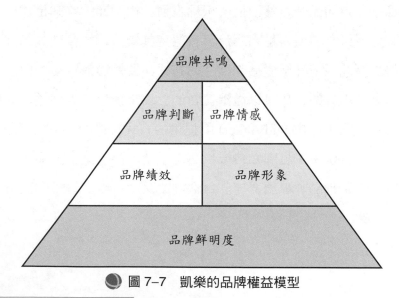

🔵 圖 7-7　凱樂的品牌權益模型

---

❽ Keller, K. (2006). *Strategic Brand Management: Building, Measuring, and Managing Brand Equity.* New York, NY: Prentice Hall.

其中品牌鮮明度與品牌知名度有關，而其他面向則與形象面關係較大。茲將各個子面向的意義略解釋如下：

1.品牌鮮明度 (Brand Salience)

品牌鮮明度是指該品牌能夠被消費者辨認出來的難易程度。當看到相關的產品類別或是其他線索如品牌標誌 (Logo) 時，能夠輕易的想起該品牌的名稱和相關特性的品牌，以及在有提示或無提示的情況下，能回憶起品牌名稱者，稱為高顯著性 (High Salience) 的品牌，亦即品牌享有高知名度。

2.品牌績效 (Brand Performance)

品牌績效是用以滿足消費者功能性需求的產品其本身的特性。例如汽車品牌的品牌績效是其引擎馬力、扭力的表現、車身安全設計的好壞以及內裝舒適程度等等。其他產品品牌績效的構面可以包括產品風格與造型、價格、產品可靠性、耐用性和可維修性以及服務的效率、服務人員的態度等方面。

3.品牌形象 (Brand Image)

品牌形象是消費者心目中歸納產品抽象的整體概念，例如李維斯 (Levi's) 牛仔褲是粗獷的，而 Google 是很有能力而可靠的搜尋引擎等。此種品牌形象又包含一些主要特徵，如使用者形象、購買與使用情境、人格與價值觀以及品牌的歷史、傳承以及經驗等都是品牌形象構成的主要元素。

4.品牌判斷 (Brand Judgment)

品牌判斷是消費者對於品牌的認知判斷。主要包括品牌的品質、品牌可信度、購買考慮及品牌優越性等方面。例如消費者對新力 (SONY) 的品牌判斷可能是質量高、品牌優越性強、也是極為可靠的品牌等等。

5.品牌情感 (Brand Feeling)

品牌判斷是品牌理性的層面，而品牌情感則是品牌感性的層面。舉凡情感性的概念與特性，都可能是品牌情感的表現。例如溫暖、歡樂、興奮、安全、社會認可以及自我尊重等，都是品牌情感的表現。例如賓士 (Benz) 汽車是社會認可的品牌，而迪士尼 (Disney) 則是一個歡樂的品牌。

6.品牌共鳴 (Brand Resonance)

品牌共鳴是品牌與消費者關係的最高層次，包括情感面以及具體行動購買的表現，其構面包括：

(1)行為忠誠度：指的是重複購買的頻率與數量。例如許多凌志汽車 (Lexus) 的消費者都是該品牌重複購買的愛用者。

(2)心理依附感：指消費者認為該品牌非常特殊、具有唯一性，熱衷於該品牌而不會轉換成其他同類品牌的產品。例如裕隆董事長嚴凱泰特別喜愛阿瑪尼 (Georgio Armani) 的西裝，認為該品牌的西服是特殊而具有唯一性的品牌。

(3)社群感：指消費者之間通過該品牌產生聯繫、形成一定的次文化群體。例如哈雷機車 (Harley Davidson) 的車主有組織龐大的社群。

(4)主動參與：指的是消費者除了購買該品牌以外，還積極主動地關心與該品牌相關的訊息，瀏覽該品牌網站，並積極參與相關活動。例如明星的粉絲 (Fans) 俱樂部，就是常常主動參與活動的典型。

為了要衡量品牌權益，可以利用上述的子向度，針對競爭品牌設計問項，再將答案做加權平均後，找出不同品牌的品牌權益。在五個向度之中，除了市場行為之外，其他四項都可以藉由對消費者蒐集的問卷資料來蒐集品牌權益的訊息。市場行為本身是品牌在市場上的客觀表現的資料，例如通路涵蓋率以及市場佔有率等，這些指標也是整體品牌權益的重要指標，市場涵蓋率以及通路涵蓋率愈大，整體的品牌權益就愈高。

🔷 7.2.3 顧客導向的品牌權益管理：品牌聯想的管理

如本章一開始的時候，曾經介紹概念形成與分類的模型，並將品牌視為是一個腦中的「概念」，這個概念有許多相關的屬性或其他概念與之連結，稱之為品牌聯想。在艾克的品牌權益衡量模型中，有一項「品牌聯想」與概念結構的心理學模型特別有關聯。從這個觀點而言，品牌權益可以視為是這些與品牌連結的其他屬性或概念的總和的價值。

與品牌相關的其他概念本身有正面或負面的評價，這些評價的總和可以視為品牌權益的指標。例如，"SONY" 這個品牌的聯想可能包含「高品質」、「日本品牌」、「昂貴」以及「耐用」等等。這些聯想有些是正面的，有些則可能是負面的，例如「日本品牌」在許多市場的意義是正面的，但在中國大陸以及韓國就可能是代表負面的意義❾。

在與品牌概念相連結的聯想中，除了正、負面意義不同外，每個聯想與概念的連結強度也有所不同，有些聯想的連結強度很強，而有些則連結強度很弱，連結強的聯想對品牌權益的影響大於連結弱的聯想。圖 7-8 可以用來表示 SONY 品牌聯想的特性，亦即正負面與強度：

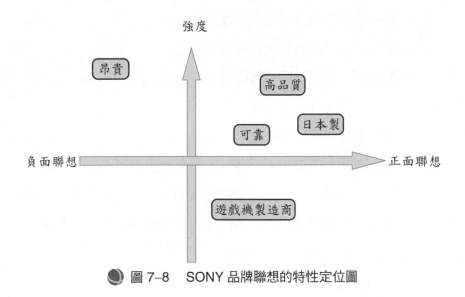

● 圖 7-8　SONY 品牌聯想的特性定位圖

由此心理學的觀點而言，品牌管理的工作可以視為是品牌聯想的管理工作。品牌資產的累積，在於創造強而有力的正面聯想，並且設法削減負面的品牌聯想。當正面的品牌聯想愈多，與品牌的連結愈強，而負面的聯想少而且弱時，品牌權益就會提升。

品牌聯想的內容及其連結強度，與消費者的品牌資訊與經驗有密切關聯。消費者透過自身的品牌使用經驗、口碑的傳播及廣告等形成對品牌概念的聯想。

---

❾　Hopewell, N. (2005). "Generating Brand Passion." *Marketing News*, 15, 10.

對於此種聯想的管理，可以使用管理的一般程序來加以處理。以下將此程序圖示如圖 7-9：

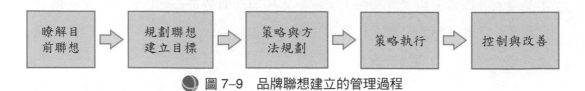

圖 7-9　品牌聯想建立的管理過程

要管理與建立品牌聯想，首先應該瞭解目前的品牌聯想為何（包括正、負面與強度），以及競爭品牌的品牌聯想內容。在瞭解目前品牌的聯想具體內容後，可以目前的品牌聯想為基礎，設定新的品牌聯想。這可能包含：(1)希望建立但目前沒有的聯想；(2)希望加以強化其強度的正面聯想內容；(3)希望減弱的負面聯想內容；(4)檢查以上目標能否達到與競爭者差異化的目標。之後應針對各個需要管理的品牌聯想，設定達成目標的方法，包括廣告、口碑、產品本身的管理、價格以及通路的設計或修改等等。

不同的品牌聯想其達成目標的方式也都不相同，例如高品質的聯想要靠產品品質的改良以及消費者的口碑，而特殊的形象或品牌性格就可以藉著廣告或其他整合行銷的活動來達成。最後，在這些策略執行之後，可以再回頭來檢查策略的執行是否有效的達成當初設立的目標，若是沒有，則應檢討為何沒有達成目標以及改善的方式。這些方法與步驟可以有效建立理想的品牌聯想內容，進而促進整體品牌權益的提升。

7.3　品牌策略及其消費者心理學的機制

品牌的經營有許多策略的使用，例如品牌的類型等。這些策略的使用背後有其消費者心理學的基礎，特別是與分類及知識結構有關的心理學模型。以下將這些策略以及其後的心理學基礎作一介紹。

7.3.1　個別品牌與家族品牌

一家公司推出的產品，如果都使用同一個母品牌名稱，則稱為家族品牌或品牌傘。若不同產品所使用的品牌名稱皆不相同，則稱為個別品牌。例如 SONY 的產品，無論是什麼類別，都冠有 SONY 的名稱，如 SONY 的電視、SONY 的 DVD 等，這是家族品牌的使用。而寶僑家品 (P&G) 其下的品牌都使用不同的品牌名稱，例如飛柔洗髮精、幫寶適紙尿布等，這些就是個別品牌的例子。

　　從分類的心理模型而言，一個個別品牌代表一個獨立的概念，概念內的屬性就只屬於這個品牌概念所有。而使用家族品牌時，由於共通的母品牌名稱，使得母品牌的屬性可以為所有產品所共同擁有。換言之，家族品牌的使用，將所有產品納入同一個概念類別之下，因此在同一類別中的產品皆具備同樣的母品牌屬性。因此，這些產品類別或許不同，但其在抽象層次的共通概念上則有強烈的連結性。

　　例如，SONY 的電視與筆記型電腦在具體功能上各有不同，電視的屬性有畫質、螢幕尺寸等，而電腦則在於記憶體大小以及 CPU 速度等等。但在抽象的層次上，二者都具備 SONY 母品牌的特性，如高品質、高價等等。這是使用母品牌作為概念歸類的特性，亦即同一類別中的產品都具備母品牌的特性。而個別品牌則無此特性，每個個別品牌都有其獨立的屬性，需要各自去建立其定位，這是兩者最大的差異❿。

7.3.2 品牌延伸

　　另一項主要的品牌策略是品牌延伸。消費者對品牌延伸的評價是品牌延伸是否能夠成功的主要關鍵。研究消費者對品牌延伸評價的研究，主要是集中在決定品牌延伸評價的因素。

1.產品類別的相似性

　　從分類的模型來看，母品牌的品牌類別與延伸的產品類別在知識結構中的距離愈接近，亦即相似度愈高時，品牌延伸的評價就愈高。例如 SONY 電視延伸至液晶螢幕的評價就會比延伸至電鍋要好，這是因為電視與液晶螢幕的相似

---

❿　Gardner, B. B., & Levy, S. (1995). "The Product and the Brand." *Harvard Business Review*, March-April, 35.

度（亦即概念在知識結構中的距離）要比電視與電鍋的距離接近。

2. 品牌概念的一致性

即使是同樣類別的產品，其延伸的產品類別仍可能因品牌概念的不同而有所差異。例如勞力士 (Rolex) 與天美時 (Timex) 都是手錶的品牌，但兩者適合延伸的類別則不相同。勞力士適合延伸至豪華尊貴型的產品，如珠寶首飾等；而天美時則適合延伸至功能性的產品，如皮夾、眼鏡等等。

然而在實際的商業活動中，許多廠商會將其品牌延伸至完全不類似的類別或是品牌概念完全不一致的產品類別中。例如，製造消費性電子產品的韓國品牌樂金 (LG) 同時也是韓國大型化妝品品牌的製造商。這似乎無法用產品類別的相似性或是品牌概念的一致性來解釋。

對品牌延伸進一步的研究發現，產品概念的相似性或是品牌概念的一致性是在消費者與品牌延伸僅有單一的接觸時所產生的效果，但如果消費者持續接觸到新品牌延伸的訊息，則其延伸適合性的評價就會逐漸改變。因此，當廠商決定做產品類別不相似或是品牌概念不一致的品牌延伸時，需要持續的與市場溝通，才能使消費者逐漸接受新的延伸。

◆ 7.3.3 品牌聯盟

當兩個品牌合併為一新品牌時，稱為共有品牌或是品牌聯盟。如臺灣明基 (BenQ) 與德國西門子 (Siemens) 的手機部門合併為 BenQ-Siemens（已破產）；韓國樂金 (LG) 與荷蘭飛利浦 (Philips) 的液晶顯示器部門合併為 LPL 公司；或是《時代雜誌》(*Time*)、華納兄弟 (Warner Brothers) 與美國線上 (America Online, AOL) 合併成的 AOL-Time-Warner，都是品牌聯盟的例子。

從消費者對新的品牌聯盟的接受度而言，由於品牌聯盟牽涉到兩個獨立品牌，消費者勢必會將兩個品牌做一比較。此時若是兩個品牌的品牌權益有明顯差異，則強勢品牌可以提升弱勢品牌的品牌價值，但弱勢品牌則可能將強勢品牌原本的品牌價值削弱。這是選擇品牌聯盟對象時必須注意的可能效果。

◎ 7.4　知識結構模型在行銷上的應用：整合行銷溝通與品牌管理

品牌的經營與管理是一項長期的工作，需要資源長期的投入才可能有成效[11]。在打造品牌的過程中，需要有效運用整合行銷溝通的法則 (Integrated Marketing Communication)，才能使品牌經營的工作產生綜效 (Synergy)。

整合行銷的意義在於運用各種不同的行銷工具傳遞一致的訊息。整合行銷溝通的執行，首先在於擬定一個核心的品牌價值，這個價值是對目標消費群能夠產生最大的差異化與價值的品牌命題 (Brand Proposition)，由概念形成的模型來看，就是在於擬定一個所欲達成的特定品牌與屬性的連結。然後利用各項行銷溝通的工具，傳遞一致的訊息以達成在消費者心中品牌價值的建立，亦即特定屬性的連結[12]。

舉例而言，若廠商想要建立高級尊貴形象的品牌，就必須將高級與尊貴的屬性與品牌相連結。廠商可透過行銷溝通的工具，如廣告、公關、置入性行銷以及促銷活動等方式，逐步建立這些高級與尊貴的屬性與品牌的連結。例如戴比爾斯 (De Beers) 的鑽石，透過華麗優美的廣告調性、名人公關代言以及店面陳設等方式，落實「鑽石恆久遠，一顆永流傳」的品牌概念[13]。

● 圖 7-10　鑽石常讓人聯想到高貴、優雅、永恆等屬性，而這也是企業想要建立的品牌價值

---

[11] Reynolds, T. J., & Phillips, C. B. (2005). "In Search of True Brand Equity Metrics: All Market Share Ain't Created Equal." *Journal of Advertising Research*, June, 171–186.

[12] Biehal, G. J., & Shenin, D. A. (1998). "Managing the Brand in a Corporate Advertising Environment." *Journal of Advertising*, 28, 2, 99–110.

[13] Dugree, J., & Stuart, R. (1987). "Advertising Symbols and Brand Names That Best Represent Key Product Meanings." *Journal of Consumer Research*, 4, 3, 15–24.

從知識結構的模型來看，品牌建立的終極目標之一，在於將品牌提升至基本類別 (Basic Level Category) 的層次。如前所述，基本類別是最重要的類別，也是一般日常語言溝通時最常使用的類別層次，例如「飲料」就是一個基本類別的概念。而品牌管理的終極目標之一，即在於將品牌建立成為基本類別概念的地位。舉例而言，「可口可樂」在飲料類別中的地位，幾乎可以成為飲料的代名詞，只要一提到飲料時，就會想到可口可樂，這是一個成功品牌建立的成果，品牌在其類別中的地位，也可由此作為領導地位衡量的標準。

 行銷實戰應用

品牌權益如何應用？

本章提到品牌權益的概念，以及衡量品牌權益的方法。然而在實務上究竟應該如何使用品牌權益的模型呢？品牌權益的衡量又如何能與品牌經營的策略相輔相成呢？這些問題是品牌行銷人員必須瞭解的關鍵，否則品牌權益的衡量對品牌經營的幫助就很有限了。

以下為應用品牌權益在行銷策略上的例子。假設一項品牌權益的研究，使用凱樂的品牌權益模型，針對 A、B、C 三個手機的品牌權益進行調查，發現以下的情形：

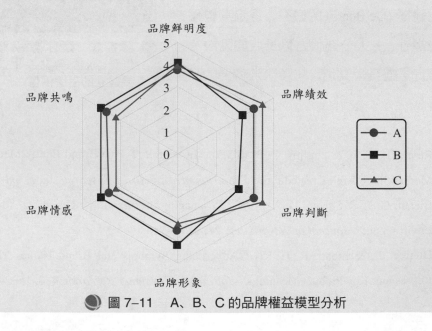

圖 7-11　A、B、C 的品牌權益模型分析

從總分來看，A、B、C 三個品牌都約在 3.7 分左右（5 點量表），三者的總品牌權益都在伯仲之間。但進一步觀察各構面的分數，則可以看到結構性的差異。三個牌子的品牌鮮明度幾乎相同，亦即三者的品牌知名度相似。但相對比較之下，在品牌績效與品牌判斷上，C 品牌較佳；而在品牌形象、品牌情感以及品牌共鳴這幾個向度上，則 B 品牌較佳。

品牌績效與品牌判斷是屬於產品功能層面的評價，比較與產品的具體效益層面 (Utilitarian/Function Aspect) 有關。而品牌形象、情感以及共鳴則是屬於感性的、情感面的評價，與產品的情感層面 (Affective/Emotional Aspect) 比較有關。由此來看，C 品牌在功能層面的評價高；B 品牌在情感層面較具優勢；A 品牌則是介於二者之間。因此雖然品牌權益的總分相似，但其結構卻大不相同。

這個觀察對行銷策略的意涵是什麼呢？首先，A 品牌的各個層面都介於 B 品牌與 C 品牌之間，因此是一個各方面表現平均的品牌，而這可能有兩種結果。一是 A 品牌可以吸引部分 B 品牌與 C 品牌的顧客，形成對 B 品牌與 C 品牌的競爭威脅。但另一方面，A 品牌可能也會被 B 品牌與 C 品牌拉走客源，亦即重視情感面的客層會選擇 B 品牌，而重視具體產品利益的客層會選擇 C 品牌，這樣對 A 品牌反而造成不利的後果。

其次，就 A 品牌的立場而言，A 品牌在與 B 品牌以及 C 品牌競爭的過程中，品牌權益的提升策略也有所差異。如果 A 品牌是以 B 品牌作為主要的競爭對手，那麼 A 品牌提升品牌權益的目標應該是以提升消費者對 A 品牌的情感與形象層面的利益為主要目的，可以透過形象性的廣告以及代言人的方式設法提升品牌權益；如果 A 品牌以 C 品牌作為主要競爭對手，則 A 品牌應設法在消費者所能感知的產品具體利益層面做提升。此時，較強的產品品質以及更貼近使用者需求的產品功能以及使用介面，會對於達成此目標有較大的助益。

由上述分析可知，品牌權益可以幫助釐清品牌行銷的目標，以及具體的行銷方法。瞭解自己以及競爭對手的品牌權益的結構，可以協助產生有效的行銷策略，提升品牌權益的整體內涵，進一步改善行銷的績效。

┌─────────────── 本章主要概念 ───────────────┐

知識結構	品牌權益
分類模型	品牌策略
基　模	家族品牌
階層知識結構模型	品牌延伸
原型模型	品牌聯盟
範例模型	整合行銷溝通
類神經網路模型	

└──┘

習　題

一、選擇題

（　） 1. 在飲料的階層知識結構模型中，「果汁」、「汽水」、「牛奶」等類別名稱屬於下列何種類別層級？　(A)上層類別　(B)基本類別　(C)下層類別　(D)底層類別

（　） 2. 新個例的歸類標準是看此新個例與原型間相似程度的高低，此稱為：　(A)原型模型　(B)範例模型　(C)網路模型　(D)基模模型

（　） 3. 下列關於類神經網路模型的敘述，何者錯誤？　(A)被視為是神經網路中的一個節點　(B)這個節點與一些相關的概念彼此有連結強度不等的連結　(C)概念與概念間的連結激化的機會愈多時，此二概念的連結強度就愈強　(D)神經網路的連結型態是固定不變的

（　） 4. 下列關於品牌權益的敘述，何者錯誤？　(A)品牌權益是品牌整體的價值　(B)品牌權益可以從財務和消費者的觀點來衡量　(C)品牌權益非常容易打造，可以使得品牌享有長期的競爭優勢　(D)品牌權益是整個品牌管理的核心議題，品牌管理最重要的終極目標

（　） 5. 凱樂提出的 CBBE (Customer-based Brand Equity) 模型中，品牌權益被定義為哪兩個主要向度？　(A)品牌知名度以及品牌形象　(B)品牌知名度以及品牌忠誠度　(C)品牌知名度以及知覺品質　(D)品牌知名度以及品牌績效

（ ） 6.消費者對於品牌的行為忠誠度、心理依附感、社群感和主動參與可稱為：(A)品牌情感 (B)品牌共鳴 (C)品牌績效 (D)品牌判斷

（ ） 7.消費者對於品牌的理性認知為： (A)品牌情感 (B)品牌共鳴 (C)品牌績效 (D)品牌判斷

（ ） 8.品牌聯想為： (A)當負面的聯想少而且弱時，品牌權益就會下降 (B)當正面的品牌聯想愈多，與品牌的連結愈強 (C)是指該品牌能夠被消費者辨認出來的難易程度 (D)是品牌與消費者關係的最高層次，包含情感面以及具體行動購買的表現

（ ） 9.下列敘述何者錯誤？ (A)一家公司推出的產品，如果都使用同一個母品牌名稱，則稱為家族品牌或品牌傘 (B)家族品牌的使用，是指將所有產品納入同一個概念類別之下，因此在同一類別中的產品皆具備同樣的母品牌屬性 (C)品牌的品牌類別與延伸的產品類別相似度愈低時，品牌延伸的評價就愈高 (D)在打造品牌的過程中，需要有效運用整合行銷溝通的法則，才能使品牌經營的工作產生綜效

（ ） 10.下列關於品牌聯盟的敘述，何者錯誤？ (A)當兩個品牌合併為一新品牌時，稱為共有品牌或是品牌聯盟 (B)由於品牌聯盟牽涉到兩個獨立品牌，消費者勢必會將兩個品牌做一比較 (C)品牌聯盟時，弱勢品牌則可能將強勢品牌原本的品牌價值削弱 (D)組成品牌聯盟的兩個品牌，應以屬於同一產品類別為限

二、思考應用題

1.舉兩個品牌延伸的實例，一個是成功的例子，另一個是失敗的例子，分析其品牌延伸成功或失敗的主要因素為何？

2.去賣場或是超市，記錄可口可樂以及其競爭者的售價，再使用艾克的品牌權益模型或是凱樂的 CBBE 模型，選擇一個樣本蒐集這些飲料（包含可口可樂）的品牌權益指數。將這些品牌的品牌權益指數與其售價相比較，這些品牌的品牌權益是否正確的反映在其售價中？如果以「售價／品牌權益」作為指標，可口可樂的指標值是多少？和其他競爭者比較，可口可樂的指標值是偏高還是偏低？你覺得這對可口可樂的品牌經營有何意義？

3. 鼎王麻辣鍋標榜使用天然食材的麻辣鍋湯頭,在 2014 年被檢驗出其是由人工味精、大骨粉及雞湯塊等調製而成,且內含有重金屬成分,你覺得這對鼎王的品牌經營有什麼影響?鼎王應該如何處理此一危機?

4. 網路是經營品牌的重要媒介,但網路也可能是兩面刃的工具。例如臺灣的戴爾電腦在 2009 年夏季被發現網路筆記型電腦售價標錯,引發軒然大波。你覺得企業應如何運用網路的優勢經營品牌?同時要如何未雨綢繆,以避免網路對品牌可能的負面傳播效果?

5. 以你所就讀的學校為例,用凱樂的 CBBE 模型或是艾克的品牌權益模型測量你的學校品牌的品牌權益。根據這個結果,分析學校品牌的優劣勢,並據此擬定提升品牌權益的行銷計畫。

第八章 性格、自我概念與市場區隔

金融海嘯後的消費行為

　　2008 年是近代金融史上很重要的一年。由聯準會主席葛林斯潘 (Alan Greenspan) 在 2004 年開始所進行的一連串降低聯邦基準利率的措施,造成資產市場快速的擴張,房地產市場由於低利率而買氣熱絡,全球房地產價格在短短數年間暴漲,許多金融機構為了加速擴張版圖,以高槓桿倍數的方式進行信用貸款以便投資。例如德意志銀行以信用為基礎的融資槓桿曾高達 50 倍(意思是德意志銀行投資的金額中,每 50 元只有 1 元是自己的資產,其他是用信用貸款方式借來的!)。一旦投資標的價格下跌,或整個金融循環體系中任一環節出現主要問題(例如次級房貸戶無力還款),就造成金融體系迅速的連鎖崩盤,產生了 2008 年下半年的金融海嘯。

　　在此波金融海嘯中,除了在景氣循環中出現的景氣蕭條之外,許多百年老字號的企業都在此波海嘯中不支倒地。如英國老字號的瓷器品牌瑋緻活 (Wedgewood),甚至連成立多年的《讀者文摘》(Reader's Digest),都因為景氣的急凍而不支倒地;臺灣則出現前所未見的嚴重失業潮以及大量的工廠倒閉關廠

圖 8-1　金融海嘯使得部分民眾無家可歸

歇業的情景,科技業則由於訂單瞬間消失而出現了奇特的「無薪假」以取代裁員減薪。這些情形都可說是自 1979 年石油危機以來最嚴苛的經濟考驗。

　　一般消費者的消費行為在此情況下自然也有很大的改變。就一般消費行為而言，由於消費者擔心失業等預期心理，使得消費開始緊縮，經濟行為中充滿許多此類自我實現的預言：因為擔心失業而緊縮消費，而緊縮消費的結果是公司業績下降，產品乏人問津，最後真的失業了！對科技產品此類非生活急需或必需的產品尤其如此，造成科技產品銷售業績大幅下滑。

　　一般而言，金融風暴對消費行為的影響約略可歸納為三個面向：

1. 在一般消費行為上：消費緊縮的現象出現，對非必需品如科技類產品的購買會延後，而必需品如民生消費品的使用量則會略有縮減，或是尋求更物超所值的產品與品牌。

2. 在投資理財行為上：回歸基本面，華爾街過去所推出的各種衍生性金融商品（如連動債）逐漸式微，瘋狂的股市泡沫再一次破滅。由於各國政府大量印鈔救市，幣值貶值，通膨壓力再度顯現。在通膨中能保值的產品如黃金以及房地產將有較佳的市場行情。

3. M型社會重新洗牌：基本上M型的結構不變，但許多M型上端的人，在這波金融海嘯中被洗牌到較低的位置，而能抓住機會的人，則可能從M型的下端崛起，財富再一次的重新洗牌。

　　消費者的性格是另一個對消費行為有重要影響的個體變數。性格對消費行為以及行銷策略的影響可由幾個方面來瞭解：

1. 市場區隔

　　市場區隔有許多的基礎，最常見的是如性別及年齡等的人口統計變項。在行銷策略的設計上，市場區隔是核心的工作之一。

2. 內隱的心理統計變項或外顯的行為變項

　　內隱的心理統計變項或外顯的行為變項包含：(1)性格及生活型態等區隔的方式；(2)忠誠度及購買頻率等的變數。因此，消費者性格是一項主要的市場區隔基礎。

3. 消費行為的差異

不同性格的消費者其消費行為的表現、對產品的偏好、對品牌形象契合的接受程度以及對促銷的反應各有不同。這些差異對目標市場的行銷策略設計都有一定的影響。行銷人員在面對不同性格的消費者時，其行銷策略也必須隨時調整，以適合特定性格消費者的需求。

4.品牌性格

性格不是只存在於消費者中，個別的品牌也可以塑造品牌性格，作為在形象上尋求差異化的方式之一。

本章的重點在於介紹消費者性格中主要的心理學理論，以及這些理論在消費行為分析上的應用。本章結構如下：首先針對性格的定義作一介紹，然後介紹心理學中主要的性格理論，如佛洛伊德以及新佛洛伊德學派的理論、特質論等。其次針對與消費行為有關的一些性格特質作一介紹，包括生活型態的市場區隔在行銷上的應用的議題❶。最後針對品牌性格的塑造，以及性格與自我概念間的關聯，及在行銷上的應用等問題作一簡要的討論。

🔘 8.1　性格的定義

性格是一組個人內隱的心理特性，這些心理特性會影響或決定個人如何對其環境中的刺激做出反應。一般日常對性格特質的描述，如外向、自信、活潑等等，都是性格特質的描述。這些心理特性是個人行為反應特色的歸納描述，因此反映的是人與人間的個別差異。此外，性格具備一定的穩定性，通常不會在短暫的時間內有劇烈的改變；性格也具備一定的一致性，一個人的性格表現，在不同的場合中會具備相當的一致性。最後，雖然性格有一定的穩定性，但長期而言，性格可以有漸進式的改變。由於年齡的成長與生活環境及經驗的改變，性格也會隨之變化，只不過此種改變不是一朝一夕就會發生的，通常要經過長期的時間才會逐漸發生。

性格是一個內隱的構念 (Construct)，無法直接看見，而是要透過對外顯行為的觀察歸納而得。性格之所以重要，是

> ▷ 構　念
> 指具學術理論基礎的概念 (Concept)。

---

❶　Rice, B. (1988). "The Selling of Lifestyles." *Psychology Today*, March, 46.

因為人在不同場合中的行為表現有一致性，我們將此一致性歸納為性格的表現。由於性格對人的行為有重要的影響，同時性格也具備一定解釋以及預測行為的能力，因此瞭解人的性格結構對消費行為的瞭解有重要的啟示。以下介紹心理學中主要的性格理論，以及這些理論在消費者行為研究中的應用。

8.2 性格理論

8.2.1 佛洛伊德學派的性格理論

早期的性格理論主要是由佛洛伊德所提出。佛洛伊德是一個猶太裔的奧地利籍精神科醫師，他主張人的意識可以分為兩個層次：(1)顯意識 (Consciousness)，指人在清醒時所感受到的意識面；(2)潛意識 (Unconsciousness)，指深層的意識，如同海洋下的冰山，看不見卻極為龐大而影響深刻。佛洛伊德認為，在這個潛意識的主軸下，一個人的性格結構可以分為三個主要部分。

1.本　我

本我 (Id) 是人原始本能的展現，是人性中接近動物本能的部分。本我的行為遵循快樂的原則 (Pleasure Principle)，追求最大的快樂與儘可能逃避痛苦。

2.自　我

自我 (Ego) 是人現實感的來源，也是個人對自我認識的主要部分。自我遵循現實的原則 (Reality Principle)，對於利害關係的計算與計較，是本我活動的結果。

3.超　我

超我 (Superego) 是人道德良心的層面，遵循道德原則 (Moral Principle) 而行動。超我的形成，大多來自於人所接受教育的規範內化而成。本我與超我之間，常會有所衝突，此時就要依靠自我來加以協調與平衡。

佛洛伊德的性格理論在早期廣為心理治療人員所應用，認為人的心理問題，主要是來自於潛意識的內容，或是不同人格面向間相互的衝突。由於心理分析理論缺乏實證的證據，現今純粹使用佛洛伊德理論的心理治療已經不多了，但由於佛洛伊德在心理學上的重要地位,他的性格理論已經內化到治療的程序中,乃至於成為西方文化中一個很重要的構成元素。

在行銷的活動中，對佛洛伊德理論的應用可參考迪區特 (Ernest Dichter) 的動機研究 (Motivational Research, Dichter, 1960)。迪區特應用心理分析的理論，將產品使用背後深層的潛意識動機加以分析，找出產品消費的深層心理動機，這是心理分析理論在行銷上應用的展現。關於動機研究的細節，詳見本書第四章 4.4 節的敘述。

🔷 8.2.2　新佛洛伊德學派的性格理論

在佛洛伊德之後，他的許多學生將他的理論做了修正。這些人對佛洛伊德的理論體系中過於強調人的黑暗面的想法不完全同意，他們認為理論應更重視人的正面性格或動機，而非一味強調人性黑暗的部分。同時，人是社會的動物，任何解釋人心理的理論應該要同時考慮與社會互動的影響。這些人的理論被統稱為新佛洛伊德學派理論 (Neo-Freudian Theories)。例如凱倫·荷妮 (Karen Horney) 認為人與人間的關係可以分為三大類:

1. 抱怨類型 (Complaint)

此性格的人，渴望自己能被他人所接受與欣賞，以及被愛與被需要。

2. 攻擊類型 (Aggressive)

此性格的人，喜歡與他人競爭，享受超越他人的成就感，有著受到他人崇拜的心理需求。

3. 疏離類型 (Detached)

此性格的人，傾向於追求獨立自由，不受他人拘束的人生。

其他許多新佛洛伊德學派的學者也有不同於佛洛伊德的見解。如佛洛姆 (Eric Fromm) 認為人性除了追求自由之外，也會逃避自由 (Escape from Freedom)，例如逃避選擇的自由就是一個例子。阿德勒 (Adler) 研究人的自卑情結 (Inferiority Complex)，主張每個人都會受限於兒童時期因為與他人比較所導致的自卑情結，許多人在克服自卑情結的過程中，發展出了過人的能力與成就。

榮格 (Carl Jung) 則主張佛洛伊德的潛意識是屬於個人的層次，而我們除了個人
的潛意識之外，也有存在於記憶深處的集體潛意識 (Collective
Unconsciousness)。集體潛意識是祖先歷史的記憶軌跡，這是社會中每個分子都
有的相同記憶，存在於每個個體之中。集體潛意識可能表現在夢境，乃至於文
學作品之中。

圖 8–2　焦慮性格對人的影響

8.2.3 特質論及其衡量方式

特質論 (Trait Theory) 是由心理學家卡特爾 (Raymond B. Cattell) 所提倡的
性格理論。他主張性格是由一組特質 (Traits) 所構成，不同的人在特質上的表現
各不相同，因此性格反映的是人與人之間的個別差異。例如外向、天真、幹練
等等都是性格特質的描述。卡特爾利用因素分析法 (Factor Analysis) 將眾多描述
性格特質的概念歸納為十六個特質，稱為「卡特爾的 16PF」（即十六項性格特
質：16 Personality Factors），這十六項性格特質可以用來描述人的性格組成，人

的性格特質可以由這些少數的特性所涵蓋及解釋。

　　特質論的後續研究指出，性格特質可以進一步的簡單歸納為五種主要的特質，稱為「五大性格特質」(Big-five Personality Traits)，包含：外向性 (Extroversion)、諧同性 (Agreeableness)、謹慎性 (Conscientiousness)、情緒穩定性 (Neuroticism) 以及對經驗的開放性 (Openness to Experience)。五大性格特質較卡特爾的 16PF 更為簡要，可以用來描述人的性格剖面 (Profile)，至今是研究人類性格特質的學者使用最多的理論架構❷。

　　如前所述，研究性格特質的主要方法是因素分析法。因素分析法是一種數量方法，可以將許多彼此相互間有複雜的相關關係的變數，歸納為少數幾個因素 (Factors) 的組合。這些較少的因素，可以相當程度解釋原來變數所產生的變異，視為是原來變數彼此間關係的潛在變數 (Latent Variable) 的組合。將因素分析使用在性格特質的分析時，基本的假設是外顯的行為是受到內在性格特質的影響。原有的變數是一組彼此間有複雜相關關係的可觀察的行為，這些行為是由隱藏其後的性格所主導。使用因素分析則可以將行為背後共通的因素（亦即性格特質）找出來，因此可以用少數的性格特質（即因素）來描述眾多不同的外顯行為。無論是卡特爾的 16PF 或是五大性格特質理論，都是使用因素分析的方式來蒐集與分析資料。而在行銷的活動中，則常使用因素分析來分析消費者的生活型態，以作為市場區隔的基礎。

　　在行銷活動中使用特質理論時，應注意性格特質並非預測消費者行為的唯一因素。除了內在的性格外，外在的情境因素對消費行為人有極大的影響。相關研究指出，性格特質與實際行為間的相關係數只有 0.3，亦即人的行為只有約 9% 可以由性格特質來預測，其他則與情境等因素有較大的關聯。因此在預測消費行為時，除了性格的因素外，必須要將其他的主要因素如情境等也一併納入考量，才不至於偏頗

注意 !!!
行為能由性格解釋的部分為相關係數的平方，亦即 $(0.3)^2 = 0.09$。

❷ McCrae, R. R., & Costa, P. T. (1987). "Validation of the Five-factor Model of Personality across Instruments and Observers." *Journal of Personality and Social Psychology*, 52, 81–90.

而造成預測效度的降低。

㈠與消費者行為有關的性格特質

在消費者行為中，有許多性格特質會影響消費的行為，例如：認知需求，對多樣性與新奇性的尋求，衝動購買與物質主義等等。以下就這些主要的性格特質作一介紹，並且將這些特質與消費行為間的關係作一簡短的討論。要注意的是，本章所討論的消費者性格特質，是較常見的性格特質例子，並不代表只有這些特質與消費行為有關。還有許多其他的特質也會與消費行為有關，本章只是列舉一些具有代表性的特質加以討論。

1.認知需求

根據正式的定義，認知需求是一個人享受思考的程度。認知需求高的人，思考能力強，會將困難工作需要思考的問題解決過程視為一種挑戰，並享受其間思考過程的樂趣；認知需求低的人，視思考為畏途，在思考過程中感到較大的困難，也較不享受思考的樂趣。在研究中，認知需求被發現和許多消費者行為的變數間有互動的關係。例如在推敲可能性模型（Elaboration Likelihood Model, ELM：見第九章 9.2 節的說明）中，高認知需求的消費者易走中央路徑，其態度的改變多來自於產品本身的條件，而低認知需求的消費者則易走周邊路徑，與產品無關的訊息也能發揮說服的效果。此外，高認知需求的消費者，喜歡蒐集產品資訊，同時對於需要學習的產品，以及高技術性的產品興趣也較低認知需求的消費者要大❸。

對行銷人員而言，針對認知需求高的目標客層，必須提供清晰的產品說明，以功能層面說服或改變消費者的態度。而對認知需求低的客層，則應避免複雜的行銷溝通內容，以簡單易懂的方式呈現產品資訊，才能獲得低認知需求消費者的注意。

---

❸ Crowley, A. E., & Hoyer, W. (1989). "The Relationship between Need for Cognition and Other Individual Difference Variables: A Two-Dimensional Framework." *Advances in Consumer Research*, 16, 37–43.

2. 對多樣性與新奇性的尋求

　　對多樣性與新奇性的尋求,是另一項與行銷有直接關聯的消費者性格特質。喜歡尋求多樣性的消費者, 在選購產品時會嘗試選購不同種類樣式的產品。 為了滿足這些消費者的需求, 廠商應盡量推出不同款式功能的產品, 以滿足這些消費者的需求。同時, 這些消費者的品牌忠誠度相對而言也較低, 他們會為了尋求不同的消費經驗而去嘗試購買不同的品牌, 因此, 為了要鞏固這些消費者的忠誠度, 不斷推出多樣化的產品線是必要的作法❹。

　　同樣的, 對新奇性的尋求也是一種類似的消費者性格特質。喜歡新奇性的消費者, 對新產品及流行事物有高度的興趣, 在產品生命週期中是屬於上市期的產品要瞄準的目標消費群,在新產品的啟用過程中是屬於創新者的市場區隔。這些消費者願意嘗試新的產品, 對新的觀念接受度也較高, 而在媒體的使用上也是傾向於注意流行的資訊與新產品的介紹。因此,廠商在面對這些消費者時,需要不斷推出能吸引這些消費者興趣的新產品, 以維繫消費者的品牌忠誠度。

3. 創新性

　　創新性 (Innovativeness) 被認為是消費者願意接受新產品的傾向。新產品上市時, 許多消費者或是不知這項產品的存在,或是對其功能或產品概念不夠瞭解,因此未必會很快接受這項新產品。但對創新性高的消費者而言, 他們對新產品充滿了好奇,希望能很快使用到這些新產品,因此在產品資訊的主動蒐集以及產品知識的瞭解與學習上, 會較一般人更為主

圖 8–3　顧客對新奇性的尋求促使廠商需要不斷推出新的產品

動, 對新產品的試用態度, 也較一般人更為積極。由於帶有創新性格特性的消費者比較不畏懼新產品學習使用過程中的困難, 因此就新產品的市場採用過程

---

❹　Trivedi, M., & Mrogan, M. S. (2003). "Promotional Evaluation and Response among Variety Seeking Segments." *The Journal of Product and Brand Management*, 12, 6/7, 408–425.

而言，這些人是廠商行銷新產品最早期應該瞄準的目標客層。同樣的，就產品生命週期而言，在上市期階段主要的目標客層也是這些具備創新性格的消費者。

具備創新性格的消費者，通常是參考團體中的意見領袖。在社經階層上以及同儕團體中具備一定的地位，對流行的事物具備一定的敏感度，經濟環境也相對較為優渥，因而可以對新產品使用的失敗經驗具有較高的容受度。他們使用新產品的經驗，也會成為其參考團體中的其他人在啟用同樣產品的決策中重要的參考資訊來源。這些都是創新性格的消費者對新產品行銷的重要功能。因此廠商在行銷新產品時，自然要瞄準並重視這些創新性格的消費者的產品使用經驗，才能為產品長期的市場競爭優勢奠定基礎。

4.自我監控

自我監控 (Self-monitoring) 是指一個人所給與他人的形象監控的程度。自我監控程度高的人，注意力集中的焦點是自己的外在所表現的形象，他們重視自己給他人的觀感。而自我監控程度低的人，重視自己內在的感受而不是別人的看法。此種差異對產品行銷有重要的啟示：

(1)在目標客層的選擇上，與外表有關的產品如化妝品、時裝等等，應以高自我監控的消費者為主要的目標客層。在同類產品中，若是差異化的層面是以外觀為主的品牌，也應考慮以高自我監控的消費者為主要的目標客層。而以內在感受為主的產品，如書籍以及與心靈修養有關的產品，則自我監控低的消費者可能會有更大的興趣。

(2)若是目標客層鎖定在高自我監控者，則行銷的重點應在於強調產品可以如何改善消費者給人的外在觀感，而針對低自我監控的消費者，則需要強調產品可以如何帶來更好的個人感受與情感上的舒展。換言之，針對高自我監控的消費者應訴求產品的形象面，而對低自我監控的消費者則應考慮訴求產品的品質會更為有效。

5.衝動購買

具備高衝動購買特質的消費者，往往會受到情境因素的影響，在沒有深思熟慮的狀況下就購買了一項產品。例如包裝精美的產品，或是甜食等的誘惑，都會讓消費者興起購買的衝動。高購買衝動的消費者其購買行為往往受到其情緒的左右，容易失去理性的判斷，而在購買激情過了之後才開始感到後悔。針對這些具有高購買衝動的消費者，如何從產品包裝以及行銷溝通的內容引起其購買情緒的衝動，以及如何在其購買後降低可能的認知失調，是處理這些目標客層最重要的行銷議題。

6.物質主義

　　物質主義是指消費者的消費行為著重在購買及擁有許多昂貴而可供炫耀的產品。物質主義的消費者，其消費價值建立在擁有這些昂貴卻未必實用的炫耀財上。他們的價值體系相信，擁有愈多這類的產品，自己的人生就會更加快樂。但事實卻是，擁有許多這類產品，並不會讓他們的人生更加愉悅，反而常常會隨著這些擁有物的增加，使得人生變得更不快樂❺。

　　此外，高度物質主義的消費者常有一些其他的特性，例如自我中心以及自私自利的特性，在這些消費者身上表現得特別明顯。高物質主義的消費者，往往習慣於以自己的利益作為最高的行動準則，忽略別人的需求與感受。最後雖然擁有許多可以炫耀的財物，卻無法在人生其他的重要需求上，例如友情與人際關係，獲得基本的滿足，因此也造成了人生的不圓滿與不快樂。這些都是物質主義者常見的一些特性。

7.我族中心主義

　　在國際行銷上的一個重要課題，是如何在消費者有強烈我族中心主義的市場中順利行銷。我族中心主義是指消費者認為應該愛用國貨，進而對外來的產品抱持排拒的態度。在選擇國外進口的產品時，會覺得自己做的是不正確的產品選擇。國際市場中如南韓、日本等，都具備相當程度的我族中心色彩，因此要成功打入這些市場，就具備一定的困難與挑戰。例如對日本的產品而言，由於歷史的因素，中國大陸的消費者對日本產品便有著此種特殊的情結。中國大陸的消費者雖然可以認知日本產品品質可靠的優點，但因歷史的情結，並不願

---

❺　Belk, R. W. (1985). "Three Scales to Measure Constructs Related to Materialism." *Journal of Consumer Research*, 12, 265–280.

意使用日本的產品。這是日本產品在國際市場中行銷所面臨的一個特殊問題❻。

　　我族中心主義可說是將民族主義使用於消費的行為中。在面對我族中心主義高漲的市場，廠商應盡量以消費者的立場出發，進行尊重在地國的行銷方式，讓消費者瞭解合則兩利的事實。例如，日本的汽車在美國行銷時，便採用在美國當地生產的方式，讓消費者感覺他們並不是在購買外國的產品，而是可以藉由購買日本品牌汽車的方式，增加自己國家國內的就業機會，因此可以大幅消弭我族中心主義所可能帶來對日本品牌的抗拒心理。總之，在面對有我族中心主義的市場時，強調對該國國族主義的尊重，是必要的行銷方式。

🕐 行銷一分鐘

星座、性格、與行銷

　　性格是歸納個別差異的方式，而人們對自身命運與性格間的關係，常有許多的好奇，這造成了星象命理的流行。其實，星座或命理也正是歸納性格以及標籤化的過程。例如許多人認為獅子座自尊心強、金牛座愛財如命，這些都是以星座標籤連結性格特質的常見例子。許多產品系列的行銷方法，也會借用星座的方式，以性格特質來強調產品系列的特色。例如不同香味的香水，或是不同風格的飾品，以星座標示其特色，除了突顯其產品的性格特質外，也讓使用者覺得因為和自己的星座相同，這個產品是最適合自己的選擇。

㈡生活型態及其在市場區隔上的應用

　　生活型態是一個社會中群體之間相似的生活方式所組成的特定型態。生活型態包括三個部分：活動 (Activity)、興趣 (Interest) 和意見 (Opinion)，這三者統稱為 AIO。換言之，一個消費者的活動、意見和興趣定義了他的生活型態，而

---

❻ Sharma, S., Shimp, T. A., & Shin, J. (1995). "Consumer Ethnocentrism: A Test of Antecedents and Moderators." *Journal of the Academy of Marketing Science*, 23, 27.

要測量消費者的生活型態，也是由測量 AIO 三個面向來決定❼。

　　生活型態在行銷上的重要性，主要在於其在市場區隔上的應用。在市場區隔的三種主要的變數中，生活型態是心理統計變數上最常見的區隔方式。許多產品的目標客層，未必適合用常見的人口統計變項進行市場區隔，而較適合用生活型態的方式找尋其目標客層。

　　在具體的測量方式上，通常會列出一系列可觀察測量的消費者活動、興趣和意見 (AIO) 的陳述，藉由消費者評估對每項陳述同意的程度，使用因素分析法 (Factor Analysis)，將消費者的 AIO 歸納成幾個共通的因素，再利用集群分析 (Cluster Analysis) 的方式，將消費者分成數種不同生活型態的集合，由此找出生活型態的市場區隔。一組典型的生活型態測量問項列舉如下：

🍇 表 8–1　典型的生活型態 AIO 的問項

　　請您用 1–5 分來表示您對下面這些敘述的看法。1 分代表非常不同意；2 分代表不同意；3 分代表普通；4 分代表同意；5 分代表非常同意。

題　號	問　題	非常不同意	不同意	普　通	同　意	非常同意
Q1	我喜歡從事戶外的運動	1	2	3	4	5
Q2	假日時我會與家人開車出去旅遊	1	2	3	4	5
Q3	我喜歡閱讀與財經、金融有關的新聞	1	2	3	4	5
Q4	我喜歡聽古典音樂	1	2	3	4	5
Q5	我認為買東西一定要貨比三家不吃虧	1	2	3	4	5
Q6	有廣告的廠牌比較可靠	1	2	3	4	5

　　不同問項的 AIO 量表可以找出不同的生活型態。在過去研究生活型態的結論中，大概是以 VALS 2 (Values and Lifestyle 2) 最為大眾所周知。VALS 2 按照三種不同的價值導向，將生活型態分為八種不同的類型。以下是 VALS 2 所劃分的生活型態類型：

---

❼ Bosman, J. (2006). "Selling Literature to Go with Your Lifestyle." *New York Times on the Web*, November 2.

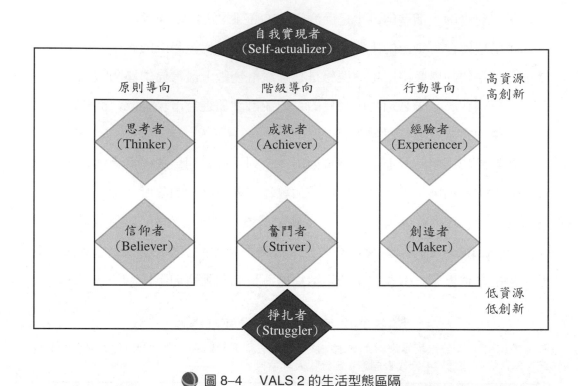

● 圖 8–4　VALS 2 的生活型態區隔

　　VALS 2 按照三種不同的導向（原則導向、階級導向以及行動導向），將消費者的生活型態分為八種類型。如前所述，這些生活型態可以用來作為市場區隔以及目標市場選擇的基礎，根據不同的生活型態設計適當的行銷策略。例如，對奮鬥者的行銷，由於這群消費者的經濟資源有限，他們需要基本型的產品、相對便宜的價格、大眾型的通路以及大眾媒體的促銷管道。而對成就者而言，多樣化選擇的產品、中高以上的價位、選擇性的通路以及較特定而小眾傳播的媒體會是適當的行銷方式。

◆ 8.2.4 品牌性格

　　本章主要的內容在於討論消費者的性格，但許多研究發現，不只是人有性格，品牌也可以有性格。品牌性格 (Brand Personality) 是一組與一個特定品牌相連結的擬人化的品牌聯想。換言之，品牌性格即是將這些人的性格特徵，投射在一個特定的品牌之上。早期研究品牌性格多直接套用人的性格分類（如五大性格特質)。近年學者透過大規模的品牌蒐集與研究發現❽，品牌性格有自己特定的向度。

　　就美國社會而言，品牌性格可以分成五個主要的向度：親和 (Sincerity)、刺激 (Excitement)、幹練 (Competence)、世故 (Sophistication) 以及粗獷 (Ruggedness)。舉例而言，迪士尼 (Disney) 的主要品牌性格是親和的；保時捷汽車 (Porsche) 則是以刺激為主；花旗銀行 (Citibank) 是幹練的品牌；香奈兒 (Chanel) 是世故的；萬寶路香菸 (Marlboro)；或是李維斯 (Levi's) 牛仔褲則可歸在粗獷之下。這些品牌性格面向的定義簡單列於下表 8-2：

表 8-2　品牌性格的面向及其定義

因　素	構　面	特　徵
親和 (Sincerity)	樸實的	在地的
	令人感到愉快的	親切的、愉悅的
刺激 (Excitement)	大膽的	酷
	有精神的	活潑的、朝氣蓬勃的、年輕的
	有想像力的	有想像力的、有創造力的、獨特的
	流行的	流行的、自主的、敢於表現的、時尚的、時髦的、潮流的
幹練 (Competence)	成功的	有自信的、效率高的
世故 (Sophistication)	迷人的	幻想的、好看的
粗獷 (Ruggedness)	戶外的	傳奇的

（資料來源：Aaker, J. (1997). "Dimensions of Brand Personality." *Journal of Marketing Research*, 34, 3, 342–352.）

　　品牌性格的塑造是透過各種不同的管道形成的，例如產品的種類、行銷溝通的訊息、品牌在市場上的領導地位，乃至於公司領導人的性格特質等等，都可能塑造品牌的性格。例如，跑車類的品牌相較於房車，會較易塑造刺激的品牌性格，而市場的領導者也較易塑造出幹練的性格面向。同樣的，具備霸氣的企業領導者，也容易給公司品牌一個幹練的品牌性格。對於有意塑造某種特定

---

❽　Aaker, J. (1997). "Dimensions of Brand Personality." *Journal of Marketing Research*, 35, 351–362.

品牌性格的公司而言，如何整合這些訊息來源，創造一致的品牌性格訊息，是塑造品牌性格最需要注意的工作。

由於品牌是特定社會文化中的產物，不同的社會可能有不同的品牌性格產生。東方社會的品牌性格，多數與西方社會相似，但有少許不同。例如在對日本社會的研究中發現，品牌性格的前四項（親和、刺激、幹練、世故）在日本商業環境中與西方社會類似，但在日本社會中缺乏粗獷的品牌性格。取而代之的則是平和 (Peacefulness) 這一項特性。

從行銷的角度而言，品牌性格的營造對形象差異化有很大的幫助。尤其對於產品功能差異不大的產品類別而言，塑造鮮明的品牌性格可以在消費者心目中創造深刻的印象，從而使該品牌與競爭者間產生不同的差異點。另外一項品牌性格可以發揮功能的時機，與消費者的自我概念 (Self-concept) 有關。以下就自我概念以及其與品牌性格間的關聯作一簡述。

◆ 8.2.5 自我概念

消費者的自我概念 (Self-concept) 指的是消費者如何看待自己是什麼樣的人。認為自己是自信、聰明與幹練的人，與認為自己是害羞、內向與謹慎的人，在消費行為上就會有不同的表現。茲將自我概念研究中的重要理論陳述如下。

1.相似與互補

正常情況下，消費者會選擇與自己自我概念相似的產品及其品牌性格來彰顯自己的特質，此種基於相似 (Similarity) 的基礎而做的產品選擇，通常是消費者對自己的自我概念有正向的評價時所產生的。若是一個消費者不喜歡自己，那他可能就會選擇與自己互補 (Complement) 而非相似的品牌性格來彌補自我概念中的缺陷。若是一個品牌能瞭解自己目標消費群的自我概念的特質，以及在心理層次上的需求是相似或互補的關係，便能營造適當的品牌性格以符合目標客層的需要。

2.自我落差 (Self-discrepancy)

自我落差理論認為人至少有三個不同層面的自我概念：⑴真實我 (Actual

Self)，這是人所感受到的真實自我；⑵理想我 (Ideal Self)，這是一個人認為理想中自己應該要達到的樣子；⑶應然我 (Ought Self)，這是一個人認為自己應該要扮演的角色，包含責任、義務等等。這些自我概念之間彼此可能會產生落差，造成情緒上的壓力。例如，真實我與理想我間的落差，會造成憂鬱與沮喪的情緒，而真實我與應然我間的落差，則會造成焦慮的情緒。而從行銷的角度而言，這些落差都可能使得品牌性格有發揮的空間。例如，真實我是內向而優柔寡斷的人，他的理想我可能是希望自己更幹練果決，此時購買使用一個具備幹練的品牌性格的產品，便可能彌補真實我與理想我間的心理落差，讓兩個自我概念更加接近，縮小落差的程度❾。

3.延伸自我 (Extended Self)

與前述自我概念是存在於消費者的意識之中不同，延伸自我是指某些外在的物品，對消費者定義其社會以及個人角色具有重要的意義，因而被當成是個人概念的延伸。這些外在消費者的擁有物 (Possession)，例如消費者小時候使用的毛毯或是玩具熊，由於消費者和這些產品間具有重要的心理連結 (Bonding)，消費者會希望別人對待這些物品如同對待他們自己一樣的尊重❿。

🕐 行銷一分鐘

突顯自我概念的產品行銷

許多具有象徵意義的個人用品，如汽車、服飾等等，常會在行銷溝通過程中使用突顯消費者個人特色的訴求方式，如「與眾不同的品味」，或是「低調奢華的風格」等等，這些訴求有些是突顯消費者的真實我，有些則是偏重於突顯理想我的層面。這種訴求方式可以打動符合此種自我概念或是希望可以達成此

---

❾　Mehta, A. (1999). "Using Self-Concept to Assess Advertising Effectiveness." *Journal of Advertising Research*, February, 81–89.

❿　Belk, R. W. (1988). "Possessions and the Extended Self." *Journal of Consumer Research*, 15, 139–168.

種自我的目標客層。要注意的是，未必所有的產品都適合使用這種突顯自我概念的訴求。一般而言，提供公共消費 (Public Consumption) 的產品，亦即產品消費是在公共場合中行使的，如汽車、手錶、包包等，會比私人消費 (Private Consumption) 的產品，如牙刷、毛巾等，更適合訴求消費者的自我概念。因為公共消費的產品才能發揮在群眾中突顯個人特色的溝通意義。

◆ 8.2.6 性格理論在行銷上的應用

如前所述，性格理論在行銷上的應用，主要是與市場區隔有關。性格與生活型態是區隔變項中最重要的心理統計變項。行銷人員可以針對特定的產品，利用性格與生活型態作有效的市場區隔。許多產品的特性，未必適宜使用人口統計的變項作市場區隔，此時心理統計的變項可能更為合適用來作為市場區隔的基礎。

若是一個目標市場中的消費者具備某些共通的性格特徵，則行銷人員可以進一步針對此種性格特質設計行銷策略。例如在相似或互補的基礎上營造特殊的品牌性格來滿足此種特定性格所產生的心理需求，就是進一步利用消費者性格所設計的行銷策略。至於在品牌性格的塑造上，許多元素，例如顏色、線條、音樂以及包裝等，都可以用來營造以及傳遞一個特定的品牌性格的訊息。

🔖 行銷實戰應用

東方線上與生活型態研究

如本章所述，生活型態是心理統計用以區隔市場的重要變數，但臺灣的行銷人員在使用生活型態作市場區隔時，往往缺乏一個可靠的劃分方式。東方廣告公司自 1988 年開始，每年定期在臺灣進行生活型態的調查，並將結果出版以供行銷人員參考。針對最近所蒐集的資料，利用在第二章所談的因素分析以及集群分析，將臺灣地區人民的生活型態做了不同族群的劃分，並且針對理財、科技生活以及流行的生活型態也做了同樣的分析。

　　臺灣地區成年人的生活型態約可分為以下幾群區隔❶：

1. 花蝴蝶：這群消費者像花蝴蝶一般翩翩飛舞，人口以年輕的北部居民為主，他們講究流行，是重度的網路使用者，對科技產品涉入程度高。此外，注重理財、善於經營自我也是這群消費者的特色之一。

2. 雲豹：雲豹是屬於隨性自我的一族。他們隨性的態度，使得他們在金錢消費上常常揮霍無度，以至於造成財務上的困難。同樣的，隨性的態度使得他們在飲食上缺乏節制，健康容易亮起紅燈。隨性自我的結果，也使得他們對社會採取較為冷漠不關心的態度。

3. 水獺：水獺是勤懇經營生涯的一群社會中堅。對個人的生活有規劃、有目標，也努力實踐。對個人前途有自信，也有能力掌握。在生活上則注重品味與生活情趣，購物態度自主，對理財的規劃則傾向於長期的目標。

4. 長鬃山羊：平淡中庸是其主要特色。他們對生活中的事物以及環境的威脅並不太在意，採取一種活在當下，拋棄憂慮的自然態度。一般而言，長鬃山羊對潮流、流行、養生、科技等方面也採取中庸的態度。雖然不是最前衛的一族，但也都採取開放接受的態度。

5. 黑熊：黑熊在生活上充滿消極否定的態度，對於科技與網路毫無興趣，生活中也甚少玩樂的情趣，理財也屬被動。對生活要求低，容易滿足是這類族群的共同特色。

　　對於行銷人員而言，這樣的生活型態區隔要如何運用在行銷實務中呢？首先，要先確認以心理統計進行的目標市場行銷比其他指標如人口統計（如年齡以及性別）更有效。之後要視產品的屬性來鎖定目標客層。以上述的生活型態而言，科技性產品適合鎖定花蝴蝶以及水獺；健康照顧相關的產品則以水獺最適合，雲豹則是不適合的族群；理財類的產品也以花蝴蝶以及水獺較適合；傳統民生消費品則多數族群皆適合。最後，根據這些目標族群的媒體習慣，找出適當接觸目標客群的溝通方式。如此才能發揮生活型態的目標市場區隔之最大效益。

---

❶ 東方線上 2009 年版 E-ICP 東方消費者行銷資料庫。

● 本章主要概念

心理分析論	生活型態
佛洛伊德	自我概念
本　我	創新性
自　我	多樣性／新奇性的需求
超　我	認知需求
新心理分析學派	自我監測
特質論	衝動購買
因素分析	物質主義
品牌性格	我族中心主義

一、選擇題

（　）1. 消費者的性格特質為：　(A)性格是一組個人外顯的心理特性，這些心理特性會影響或決定個人如何對其環境中的刺激做出反應　(B)性格是一個人行為反應特色的歸納描述，因此反映的是不同人與人間的個別差異　(C)性格是一個外顯的構念，可以直接看見　(D)性格具備一定的波動性，通常在短暫的時間內有劇烈的改變

（　）2. 在佛洛伊德的主張中，下列敘述何者錯誤？　(A)人格結構可以分為本我、自我和超我　(B)人的意識可以分為顯意識和潛意識　(C)自我是指人道德良心的層面，遵循道德原則而行動　(D)潛意識的內容即使個人自己也無法得知，要靠夢的解析等方式才能一窺究竟

（　）3. 特質論的後續研究指出，性格特質可以進一步的簡單歸納為五種主要的特質，但不包括下列何者？　(A)外向性　(B)謹慎性　(C)情緒穩定性　(D)天真性

（　）4. 喜歡尋求多樣性的消費者，在選購產品時會嘗試選購不同種類樣式的產品，而不喜歡一成不變的選擇，這種消費者具有何種特質？　(A)新奇性尋求　(B)

自我監控　(C)物質主義　(D)我族中心主義

(　) 5.廠商無法透過何種作法來滿足不同特質的消費者需求？　(A)日本的汽車在美國行銷時，便採用在美國當地生產的方式，可減少消費者衝動性的購買　(B)行銷人員針對我族中心主義高的目標客層，必須提供清晰的產品說明　(C)行銷人員針對具創新性格的消費者，必須提供新產品使用經驗的口碑　(D)用大量生產壓低成本的方式，促使所有消費者接受同一款產品

(　) 6.研究者可利用下列何種方法，將性格特質歸納為少數幾個組合，來解釋原來變數所產生的變異？　(A)聯合分析　(B)變異數分析　(C)因素分析　(D)迴歸分析

(　) 7.生活型態是一個社會中群體之間相似的生活方式所組成的特定型態，通常包括：　(A)活動 (Activity)、投資 (Investment)、機會 (Opportunity)　(B)活動 (Activity)、興趣 (Interest)、意見 (Opinion)　(C)行動 (Action)、投資 (Investment)、機會 (Opportunity)　(D)行動 (Action)、興趣 (Interest)、意見 (Opinion)

(　) 8.品牌性格可以分成五個主要的向度，但不包括下列何者？　(A)親和 (Sincerity)　(B)刺激 (Excitement)　(C)合群 (Collective)　(D)世故 (Sophistication)

(　) 9.下列關於品牌性格的敘述，何者正確？　(A)是一組與一個特定品牌相連結的擬人化的品牌聯想　(B)是透過單一的管道形成的　(C)對於營造形象差異化有沒有太大的幫助　(D)可以塑造產品功能的差異化

(　) 10.消費者的自我概念研究中，下列關於自我落差理論的敘述，何者正確？　(A)消費者小時候使用的玩具熊，和消費者具有重要的心理連結，此為真實自我之概念　(B)一個人認為理想中自己應該要達到的樣子，此為應然我之概念　(C)一個人認為自己應該要扮演的角色，此為理想我之概念　(D)一個人所感受到的真實自我，此為真實我之概念

二、思考應用題

1.以你兩個好友為例，分析兩人在性格上有何差異？這些差異如何反映在他們的消

費購買決策行為之中?

2. 在你的親朋好友中選擇兩人在 VALS 2 的生活型態模型中屬於不同生活型態的族群（例如奮鬥者以及信仰者），比較這兩人在食衣住行各方面購物行為上的差異。例如品牌的選擇、價格的角色以及受廣告影響的多寡等。

3. 你的自我概念是什麼? 你的真實我、理想我以及應然我之間有落差嗎? 這個落差對於你購買(1)必需品以及(2)奢侈品有何影響?

4. 你有認識任何人具備強烈的物質主義傾向嗎? 你覺得這些人的自我概念與其他較不物質主義者有何差別? 他們的自我概念如何影響購物時的選擇?

5. 你是衝動購買者嗎? 或是你認識有朋友是屬於衝動購買者嗎? 什麼因素會促使衝動購買者瘋狂購物? 他們在購買後會產生罪惡感嗎? 他們又是如何處理此種罪惡感的?

6. 找一齣戲劇，選擇劇中 2～3 個主要人物，分析他們的主要性格特質。這些特質是如何影響他們的行動以及決策? 他們的性格特質對購物行為的影響又是什麼?

第九章 態度形成與改變和行銷策略規劃的關係

你怎麼用消費券的?

　　2008 下半年的金融風暴引發全球經濟的大地震,也造成各國政府急救市場以及經濟的行動。臺灣政府在 2008 年底迅速決定了採行消費券的政策,發給每個國民新臺幣 3,600 元的消費券,可以用來購買各項產品。此政策的目的是在以政府舉債的方式促進消費市場的活絡,避免資金流動陷入停滯的狀態。消費券之目的在於刺激經濟的循環活絡,因此不能發給現金或以減稅取代,否則消費者會將錢存起來而不去消費。此政策從規劃到執行只有約兩個月的時間,但作為全球唯一實施消費券政策的政府,整體實施績效基本上得到多數民眾的肯定。

　　然而從消費行為的角度來看,民眾領了消費券後究竟做了什麼? 根據 2009 年初的一項調查指出❶,民眾在領取了消費券後,多數用來購買民生必需品。其中約 38% 將消費券用在食品類的消費上;與住相關的產品約佔 25%;與衣物有關的產品佔 22%;與娛樂有關的佔 10%;與教育有關的佔 4%;與行有關的產品佔 2%。至於在購買產品的性質方面,65% 的消費者使用消費券購買本來就要購買的必需品;有 30% 的消費者則去購買本來不會購買或是捨不得購買的商品,此類則多屬於奢侈品之列。許多非必需品的廠商在這段時間內紛紛打出消費券的折扣優惠,例如旅館住宿優惠等等,折扣幅度也很慷慨。但由此調查結果看來,多數民眾似乎仍傾向於將消費券用於必需品的購買之上,在經濟衰退

---

❶ 鐘玉芬 (2009)。〈消費者如何花消費券〉。104 市調中心。網址:http://www.104survey.com/104Survey/portal/research/researchDetailShow.jsf?researchId=153&sortType=1

的時期，消費者的購買行為趨向保守，即使奢侈品有較多的折扣優惠，購買意願仍然較低。日常生活中所必須購買的民生用品仍然吸引較多民眾花掉手中的消費券。

消費券是一個非常時期的非常政策，它的目的是藉由政府舉債來促進消費以活絡經濟，並非是一個以社會救濟為目的的政策，因此每個國民都可以領受到消費券的利益，而非只限於低收入戶才能享受。許多人在領到消費券後已經將之用於消費用途了。你的消費券用在哪裡了呢？

態度是消費者行為最重要且核心的主題之一。消費者對產品的態度，會對其購買意願以及實際的購買行動產生決定性的影響。態度即是偏好或喜好的基礎。關心消費行為的主題，自然不能不關心消費者的態度及偏好。同時，態度理論也是社會心理學關心的主要議題，在認知心理學的決策理論中研究偏好(Preference) 時，也以不同的角度來討論態度形成與改變的問題。由此可知，態度是許多社會科學所共同關注的議題。因此，本章針對過去在消費者行為中對於態度的研究作一有系統的介紹❷。

依照正式的定義，態度是「個體在針對某一特定對象時，所表現出經由學習而獲得的具有一致性的偏好傾向」❸。在此定義下的態度概念，具有幾個主要的特徵。

1.態度有一定的對象

此對象的範圍甚廣，包括有形的產品、無形的品牌與服務、人（例如明星、政治人物、周遭的親朋好友等）、事件，乃至於抽象的議題，都可以是態度的對象。因此，消費者固然可以對 T 牌的汽車有一個態度（例如「T 牌汽車是品質可靠的汽車廠牌」），他也可以對 T 牌的服務有一個態度（例如「T 牌的維修服

---

❷ Ajzen, I., & Fishbein, M. (1980). *Understanding Attitudes and Predicting Behavior.* Englewood Cliffs, NJ: Prentice Hall.

❸ Tesser, A., & Shaffer, D. (1990). "Attitudes and Attitude Change." *Annual Review of Psychology*, 41, 479–523.

務迅速確實」），對替 T 牌廣告代言的明星有一個態度（例如「代言 T 牌廣告的是個很酷的明星」），或是對 T 牌贊助的公益活動有一個態度（例如「我認為 T 牌應該贊助禁菸活動」）。

2.態度是一經由學習而來的偏好傾向

絕大多數既存的態度並非由天生而來，而是由後天的學習所得到的。例如產品的購買與使用經驗的累積，都會影響到態度的形成。

3.態度具有一定的穩定度與持續性

態度雖非一成不變，但也不是完全不穩定的隨機變化。一個態度形成後，具有一定的持續性與穩定性。態度的改變通常是漸進式的逐漸變化。

在消費者行為及社會心理學對態度的研究中，重視兩項主要的議題：態度的形成與態度的改變。以下就此兩項議題的相關理論模型作一介紹。首先介紹態度形成的理論模型，再介紹態度改變的理論模型。

◎ 9.1 態度形成的理論模型

◆ 9.1.1 態度形成的三元素理論

在討論態度形成的理論系統中，最常被提及的理論之一就是態度的三元素理論，又稱為態度的 ABC 理論，因為本理論認為態度的構成元素包含三個部分，分別為 A：情感 (Affect)、B：行為 (Behavior) 以及 C：認知 (Cognition)。

1.情　感

情感是消費者對產品整體的態度評價，例如態度的對象是針對一個品牌，則可看成是品牌情感 (Brand Affect)。消費者對 S 牌這個品牌整體的偏好，就是對於 S 牌的品牌情感。

> **注意!!!**
> 此處態度的三元素都是可以測量的。

就品牌情感而言，研究上常用一些正面或是負面的情感形容詞（例如：「愉悅的」、「有趣的」、「令人喜歡的」）來描述品牌，利用李克特量表 (Likert Scale：通常為 5 點或 7 點量表。例如 1 代表「非常不愉悅」，而 5 代表「非常愉悅」，共分 5 點區分程度上的變化) 來測量消費者對品牌的整體情感。

2.行　為

行為則通常是指購買行為的表現，或是表現購買行為的行動傾向的強度。一個消費者基於對 S 牌的品牌情感與產品認知而做出購買 S 牌品牌的決策，就是態度的行為表現層面。

行為層面的測量，通常包括購買意願或是未來購買產品的可能性的測量（例如「我希望購買這項產品」、「我會在下次購買同類產品時購買本產品」、「我會希望擁有本產品」等等）。

3.認　知

認知的面向代表消費者的理性層面。我們對產品個別屬性 (Attribute) 的信念 (Belief)、知識與評價，是態度的認知層面。例如一個消費者相信 S 牌是「高品質的」、「可靠的」以及「昂貴的」等屬性與信念，這是對 S 牌品牌態度的認知層次。

在認知元素部分，則通常使用產品的主要屬性作為測量的標的。例如針對一部 S 牌的 DVD 攝影機，消費者的認知可能包括「這項產品是使用便利的」、「這項產品錄影的畫質清晰」以及「這項產品可以支援不同的影片播放格式」等等。這些認知信念也可用李克特式的量表加以測量。

注　意!!!!
此模型對認知面及情感面兩種元素加以分離。

不同的產品其產品態度的基礎可能有所不同。有些產品的態度形成中，理性認知的因素占了較重要的分量，例如購買一臺數位相機，對產品特性及功能等的認知往往是態度形成及購買決策的主要來源，此時認知是態度形成的主要基礎。而對電影、戲劇或是其他情感性產品的消費，則情感元素會是態度形成的主要基礎。這個區分可以與 9.1.2 節以理性為基本假設的多屬性理論模型作一對比。

🔶 9.1.2 態度形成的多屬性模型理論

費雪賓 (Fishbein) 從分析的角度提出一個態度的多屬性模型理論 (Multi-attribute Model of Attitude)。這個理論認為消費者對產品的整體態度是由個別屬性的加權平均 (Weighted Averaging) 所組成。構成對產品 X 的各個屬性

(a_i) 對消費者有不同的重要性 (W_i)，每個屬性的價值（或稱效益：Utility: $V(a_i)$）
也各自不同。對產品的整體態度 $(A(X))$，就是由屬性相對重要性與屬性的價值
加權平均而得：

$$A(X) = \sum W_i \times V(a_i)$$

例如，在選購一部汽車時，消費者考慮品牌、排氣量、馬力以及安全性設計等
屬性。以下為此消費者對一部 T 牌汽車的屬性相對重要性及其屬性表現（1～10
分，分數愈高則表現愈好）的評價：

🍀 表 9-1　消費者對 T 牌汽車的屬性相對重要性及屬性表現的主觀評價

屬　　性	重要性	T 牌汽車的屬性表現
品　　牌	0.4	8
排氣量	0.1	7
馬　　力	0.2	6
安全性設計	0.3	7

則一個消費者對 T 牌汽車的態度可以用以下方式來表達：

　　態度（T 牌汽車）

　　= 品牌的重要性 × T 牌汽車的品牌價
　　　值 + 排氣量的重要性 × T 牌汽車
　　　的排氣量效益 + 馬力的重要性 × T
　　　牌汽車的馬力價值 + 安全性的重
　　　要性 × T 牌汽車的安全設計效益
　　= 0.4 × 8 + 0.1 × 7 + 0.2 × 6 + 0.3 × 7
　　= 7.2

　　須特別注意，此模型採用將個別屬性作加
權平均的方式計算整體的產品態度，其優點是
量化的模型容易比較對不同產品的態度差異，

🔵 圖 9-1　消費者在選擇餐點時，會評估口味、擺盤、價格、餐廳氣氛等產品屬性的重要性及價值

且只要知道相關資料，就很容易推算產品態度。然而，多屬性模型可說是一個完全理性的模型，但並非所有的態度形成都必然建立在理性的基礎上。以情感或是經驗為基礎的態度形成，就比較難以用多屬性的態度模型來解釋其態度的形成過程。再者，此模型也屬於一靜態的模型，較難用來解釋消費者態度在時間軸上的變化。這些都是此模型的潛在缺點。但即使如此，多屬性模型仍然是許多研究態度形成理論體系的主要理論基礎之一。

9.1.3 合理行動理論

合理行動理論 (Theory of Reasoned Action, TORA) 可視為是多屬性模型的進一步延伸。多屬性模型僅考慮產品或選項的實質效益與價值，而合理行動理論則進一步將態度形成的社會因素也納入考量。簡言之，實際的行為表現主要是由行為意圖所決定，而行為意圖則是由對表現出行為所持的態度 (Attitude) 強弱以及主觀常模 (Subjective Norm) 二者所決定。可以用圖 9–2 表示一個簡單的合理行動理論的模型：

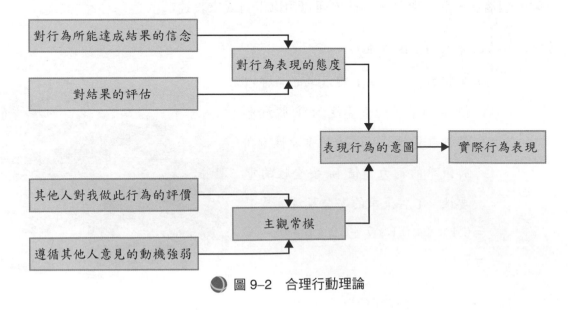

圖 9–2　合理行動理論

由圖 9–2 可知，相信某種行為可以達成某些特定結果的信念強弱，以及該結果是否是自己想要的，會決定對行為表現的態度。舉例而言，一個追求心儀對象的男生，正在考慮是否要買一束花送給對方。根據合理行動理論的模型，買花的行動取決於幾項考慮。首先，這個男生要評估買花對他達成追求這個女生的目標幫助有多大。若是對方根本不喜歡花，那買花對達成目標的意義就不大。若他評估買花可使對方十分感動，那就會加強他買花的意願。

其次，這個男生要評估成功追求對方對自己有多重要。若是達成行動目標對自己是很重要的事，則也會加強他買花的意願。另外，他也要考慮主觀常模的影響。例如父母對自己買花的看法，是覺得很適當，或是覺得浪費而無必要。以及自己是否在乎父母的看法，是否願意順從父母的意見等等，這些構成了主觀常模的影響。以上因素綜合起來影響買花行為的意圖，以及最後是否確實去買花的行為。

在合理行動的理論中，態度與主觀常模影響的是行為意圖，而不是直接影響行為本身，兩者對行為本身的影響是間接的。這是因為行為意圖未必會導致行為的產生。有時可能會因為其他因素而使得行為本身無法表現出來。例如，即使在上述例子中，態度傾向與主觀常模都支持買花的行動，但最後這個男生還是可能因為花價太高或自己經濟能力不足而放棄買花的行動。最後，實證的研究❹證據顯示，合理行動理論可以有一定的效力去預測消費者的行為，其預測力較單純的多屬性理論模型要佳。

◆ 9.1.4　計畫行為理論

計畫行為理論 (Theory of Planned Behavior, TPB) 是心理學家艾錚 (Ajzen) 在 1985 年提出的理論模型。計畫行為理論 (TPB) 的前身是上節所提的合理行動理論 (TORA)，合理行動理論的基本假設為個人在從事該行為之前會經過思考，使其個人行為是基於個人意志的控制的前提下，瞭解該行為動作的意義才行動。艾錚認為合理行動理論雖然對行為有良好的解釋與預測能力，但卻忽略了個人在行為上，需考量配合條件與自我能力。而計畫行為理論則延續了合理行動理

---

❹　Azjen, I. (1991). "The Theory of Planned Behavior." *Organizational Behavior and Human Decission Processes*, 50, 179–211.

論的理論架構，加入認知行為控制 (Perceived Behavioral Control) 及其外部變數「控制信念與知覺助益」以解釋合理行動理論無法完全衡量個人在不完全自願控制下的限制。圖 9-3 為計畫行為理論的理論架構：

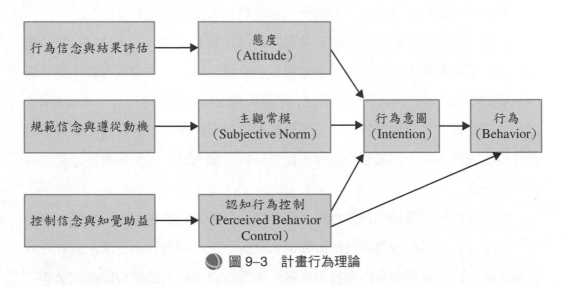

● 圖 9-3　計畫行為理論

　　在計畫行為理論中，計畫行為理論的組成構面包含消費者的行為意圖、態度、主觀常模及認知行為控制。行為意圖的定義為個人想從事某特定行為的信念，其中，(1)態度是指對於行為會導致特定結果的評估及其信念；(2)主觀常模被定義為是個人執行某特定行為時，其認為其他重要關係人或其認為有價值之意見來源者是否同意其行為，換言之即指個人從事某特定行為時所預期的社會壓力；(3)認知行為控制指個人對進行特定行為的預期容易或困難程度，亦即其認知自我可控制進行特定行為與否的程度。而其外生變數「控制信念與知覺助益」則是多個信念的集合，亦即特定控制信念（如時間、金錢的配合程度）以知覺助益（時間、金錢的配合是否重要）衡量其重要性。計畫行為理論即是以這些變數來預測行為意圖以及實際的行為。

◆ 9.1.5 科技接受模型

　　近年來在科技管理的領域，最常使用的模型就是科技接受模型 (Technology Adoption Model, TAM)。科技接受模型可說是演變自 TORA 以及 TPB，而專門是以科技產品的消費者接受過程為主要焦點。科技接受模型認為影響消費者對科技產品接受的主要變數有二：(1)知覺有用性 (Perceived Usefulness)；(2)知覺易用性 (Perceived Ease of Use)。此二變數與科技產品的接受態度關係如圖 9–4 所示：

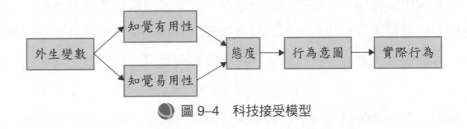

●　圖 9–4　科技接受模型

由圖 9–4 可知，對科技產品的主觀認知的有用性以及容易使用性會決定消費者對科技產品的態度，而態度會進一步決定行為意圖，行為意圖再進一步影響實際的行為。而不同的科技產品有不同的外生變數分別影響知覺有用性以及易用性。例如個人對科技知識的掌握，以及科技恐懼症等都可作為此類的外生變數。許多科技產品的使用，如手機、GPS 衛星導航系統，以至於網際網路等，都可以使用科技接受模型來解釋消費者對此類產品的採用過程以及態度的形成。

●　圖 9–5　消費者的購買行為，有時候是因為受到工作產生的情緒影響

◆ 9.1.6 態度形成理論在行銷策略上的應用

　　態度在消費者行為上的應用多屬測量方面，舉凡廣告態度、品牌態度等的測量皆會使用態度形成理論模型。不同產品的態度基礎可能都有差異，有些產品的態度形成是以理性的認知層面作為基礎，有些則是以情感為主要的基礎。行銷人員應該深入瞭解自己行銷產品的態度基礎為何，以便設計有效的行銷策略。

　　例如，廣告中的感性訴求，對以情感為態度基礎的產品會較以認知為態度基礎的產品更為有效。反之，理性的訴求則對以理性認知為態度基礎的產品較為有效。此外，以多屬性組合為態度形成的基本假設的行銷策略，應深入瞭解消費者重視及納入購買決策考量的屬性有哪些，以便在行銷溝通時能訴諸重要的屬性，達成溝通的目標。

　　不同的態度形成模型其隱含的測量原則也有不同。使用 ABC 三元理論時，需要測量包含認知、情感以及行為三個態度的面向；使用多屬性組合模型時，則須知道消費者用以形成態度的主要屬性為何，並使用適當的量尺加以測量；使用合理行動理論時，要考慮針對特定的產品，影響主觀常模的社會環境中的重要因子為何，哪些人的看法會影響消費者的決策與態度形成等等，以及主觀態度與主觀常模相對的重要性為何等問題，才能正確的測量消費者的態度。

🕐 行銷一分鐘

BASES 的需求預測模型與消費者態度測量

　　對行銷人員而言，在開發新產品時，最有價值的訊息，莫過於能準確預測市場對新產品的需求，然而預測未來卻正是最難準確的科學。許多數理模型，如時間序列、類神經網路以及決策樹等，目的都在於預測未來趨勢。

　　多年來，許多公司如康師傅、P&G 以及雀巢等都仰賴一個叫做 BASES 的預測模型來對未來需求進行預測。BASES 是將在消費者產品概念測試中對產品的態度（主要是量尺上選擇前兩格 (Top Two Boxes)「一定會買」以及「可能會買」這兩項的百分比），乘上在經驗值中填寫前兩格人數實際購買產品的百分比，再使用其他資訊（如產品銷售季節性以及廣告媒體的 GRP 數量等）作為調整所做出的預測。

BASES 的預測是一個區間，但有時預測的區間太大以致預測結果不易使用。但無論如何，BASES 是一個直接使用消費者的態度測量作為主要參數的預測模型，至今也廣為許多公司使用作為設定行銷策略重要的參考資訊之一。

◐ 9.2 態度改變的理論模型

如前所述，研究態度的形成，是態度理論的主要內容。另一項核心主題則是與態度的改變有關。研究態度改變對理論及實務上都有重要的意義。在理論層面，瞭解會影響態度改變的因素對態度理論的全面理解有重要的學術意義；在實務層面，許多行銷活動的終極目標，就在於改變消費者的態度，促成購買行為的產生。例如廣告及促銷活動，都在於改變消費者的既有態度。因此，瞭解態度改變的心理機制，有助於設計有效的行銷活動，達成行銷目標。以下就主要的態度改變理論作一簡介。

◆ 9.2.1 推敲可能性模型

推敲可能性模型 (Elaboration Likelihood Model, ELM) 是態度改變理論中最重要的理論模型之一。此模型將態度改變的資訊分為兩類：(1)與產品本身有關的訊息稱為中央路徑 (Central Route)。例如產品的特性、功能等訊息，都是中央路徑的訊息。(2)與產品本身無關的訊息稱為周邊路徑 (Peripheral Route)。例如在廣告中的代言人、音樂或是特別設計的畫面等等，雖然是廣告內容的一部分，但卻不是與產品直接相關的元素，也不是產品本身的屬性，這些都稱為周邊路徑。

要詳細介紹推敲可能性模式的內容，就必須使用到在第四章介紹的涉入

(Involvement) 的概念。在第四章中提到，涉入的定義是指消費者對一項產品或購買決策所付出的認知心力 (Cognitive Efforts) 的多寡。這個涉入的程度，會影響消費者在推敲可能性模型中使用中央或是周邊路徑的可能性。推敲可能性模型認為，在態度改變的歷程中，中央路徑與周邊路徑都可能可以用來改變態度，但其適用的對象不同。

卡齊歐柏等人❺在一個實驗中操弄路徑的不同，看對不同涉入程度的消費者有何影響。他們按照中央與周邊路徑的強弱，設計了四種不同的廣告（中央路徑強或弱 × 周邊路徑強或弱）。中央路徑強的產品介紹包含許多重要的產品屬性，中央路徑弱的產品介紹則只有較少且不重要的產品屬性。周邊路徑強的採用明星做產品廣告的代言人，周邊路徑弱的則採用一般消費者做代言人。將四種版本的廣告分別給涉入程度高與低不同的兩群消費者瀏覽，並測量其廣告態度。

結果顯示，對涉入程度高的消費者而言，中央路徑的強弱對其態度影響最大，在中央路徑強的時候，高涉入消費者的態度也好；中央路徑弱的時候，高涉入消費者的態度也差，而周邊路徑的強弱對其態度則無明顯影響。相反的，對低涉入的消費者而言，周邊路徑的強弱對其態度的影響最大，周邊路徑強時（明星代言產品）其態度要較周邊路徑弱時（一般消費者代言）要佳，而中央路徑的強弱沒有明顯影響。因此，推敲可能性模型主張，中央與周邊路徑都可能造成態度的改變，但中央路徑對高涉入消費者影響較大，而周邊路徑對低涉入消費者的影響較大。

推敲可能性模型對許多在行銷策略使用但與產品本身無直接關聯的元素所產生的行銷效果做了極好的說明。此處元素乃指無論是正式或非正式的行銷行動，都有許多周邊線索。例如廣告中的音樂、代言人或是個人面談時的穿著打扮等，都可視為行銷溝通中的周邊線索。推敲可能性模型告訴行銷人員，這些

---

❺ Cacioppo, J. T., Petty, R. E., Kao, C. F., & Rodriguez, R. (1986). "Central and Peripheral Routes to Persuasion: An Individual Difference Perspective." *Journal of Personality and Social Psychology*, 51, 1032–1043.

周邊線索雖與產品本身無關，但當說服對象是屬於低涉入狀態時，這些周邊線索仍然可以發揮改變態度的功能。

9.2.2 認知失調

認知失調 (Cognitive Dissonance) 是佛斯亭格 (Leon Festinger)❻首先做有系統的討論的現象。所謂認知失調是指兩個不同而彼此相衝突的認知同時存在，導致產生失調而不舒適的認知狀態，此時必須要改變其中一項認知來解除失調的狀態，這個過程稱為認知失調。舉例而言，一個人明知抽菸有害健康，但卻無法戒除菸癮時，抽菸的行為與對抽菸後果的認知間就產生了失調的情形；或是一個人明知自己不喜歡目前的工作，但卻必須要繼續從事該工作，都是會產生失調的情形。

根據認知失調的理論，失調會產生緊張與不舒服的感受，因而會企圖改變其中一項認知去降低失調所產生的緊張狀態。以上面抽菸的例子而言，為了降低失調所產生的內在緊張，他可以改變其中一項認知來降低失調。認知失調理論認為，屬於已經發生的行為所產生的認知，由於是已發生的事實，會比態度或想法所產生的認知更不易改變。因此，要改變抽菸的行為較改變抽菸有害健康的想法更為困難（例如「抽菸有害健康未必是事實。你看，我們家隔壁的老太太抽了 50 年的菸，還不是活得好好的！」），較易藉由想法或態度認知的改變來降低失調。這也可以解釋為何癮君子明知抽菸有害健康，但卻很少有人能真正戒菸的原因。

認知失調對行銷有重要意涵。例如，在服務業的行銷中，當產品本身差異化不大時，加強售後服務以減少消費者購買產品後可能產生的失調狀態（例如「我為何不買另一個品牌？」），就成為售後服務的重要心理功能之一。

---

❻ Festinger, L. (1957). *A Theory of Cognitive Dissonance*. Evanston, IL: Row, Peterson.

◆ 9.2.3 自我知覺理論

另一個解釋行為會導致態度改變的主要理論是邊姆 (Bem) 的自我知覺理論 (Self-perception Theory)。這個理論認為人們有時並不十分清楚自己的態度，而是藉由觀察自己的行為來推論自己的態度為何。因此，有時消費者不是因為自己喜歡一個產品而購買它，而是由購買行動中推論自己喜歡這個產品。自我知覺理論與認知失調理論相似，能解釋許多態度改變的歷程，但自我知覺理論無須假設一個內在的失調或緊張的狀態，而是由行為中建立對自己態度的推論即可，這是兩者間的主要差異。

在消費者行為中，態度改變的理論之所以受到重視，是因為態度的改變會導致購買行為的改變。它意味著有時藉由促銷活動先讓消費者購買產品，即使原先消費者對產品並無特別好感，之後消費者為了解釋自己的購買行為（例如「我一定是喜歡這個產品，才會去購買它的。」），以避免失調的產生，自然就會對產品產生正面的態度。

◆ 9.2.4 歸因理論

在社會心理學中，另一個與自我知覺關係密切的概念是歸因理論 (Attribution Theory)。無論是對他人或自己的行為推論，我們會不斷尋求行為的成因。此種對行為成因的推論，就是歸因。例如，在遇到服務態度不佳的銷售人員時，我們會想知道他為何態度不佳。

歸因通常有兩種類型：內在歸因 (Internal Attribution) 與外在歸因 (External Attribution)。歸因於個人特質的稱為內在歸因（例如「這個銷售人員的服務態度不佳是因為他本來個性就很差」）；歸因於情境因素的稱為外在歸因（例如「這個銷售人員的服務態度不佳是因為公司的待遇與制度不佳」）。

凱利 (Kelley) 提出一個理論模型解釋何時人們會作外在歸因，何時會作內在歸因。他用三個向度作為歸因的基礎：區辨性（Distinctiveness：這個銷售人員在其他情境下是否服務態度有所不同?）、共識性（Consensus：其他服務人員是否服務態度也不佳?）以及一致性（Consistency：這個銷售人員是否服務態度一直都不佳?）。凱利認為：

(1)在高區辨性（他在其他情境中服務態度很好）、高共識性（其他人的服務態度也不好）以及高一致性（他的服務態度一向如此）的條件下，人們會傾向於作外在歸因，將行為成因歸諸於情境——他服務態度不好是因為公司待遇與制度不佳。

(2)在低區辨性（他在其他情境中服務態度也不佳）、低共識性（其他人的服務態度很好）以及高一致性（他服務態度一直都不好）的條件下，人們會傾向於作內在歸因，將行為成因歸諸於個人的特質——他服務態度不好是因為個性很差。

◆ 9.2.5 服務業管理之期望—失驗理論

在服務業中常用的解釋以及瞭解顧客滿意的理論架構就是期望—失驗的理論 (Expectancy-Disconfirmation Paradigm)。根據這個理論，服務業的消費者對服務表現的評價，是來自於實際服務表現相對於接受服務前對服務品質的預期而來。

如果實際表現優於預期，則稱為正向失驗 (Positive Disconfirmation)，消費者會對服務產生滿意；若實際表現較預期為差，則稱為負向失驗 (Negative Disconfirmation)，消費者會對服務感到不滿意（見圖 9–6）。此理論可以解釋，為何同樣的服務表現，有些消費者會滿意，而另外有消費者會感到不滿，這正是因為期望不同所產生的結果。

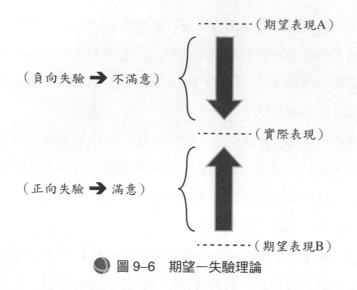

（期望表現A）

（負向失驗 ➜ 不滿意）

（實際表現）

（正向失驗 ➜ 滿意）

（期望表現B）

● 圖 9–6　期望—失驗理論

　　此理論的一項意涵是，創造顧客滿意是一項高難度的挑戰。當顧客感到實際表現優於預期時，他會感到滿意，並且產生忠誠度。但是下次顧客光顧同樣的服務時，顧客的預期也會因為上次滿意的表現而隨之提高，因此要創造相同的滿意度，就必須將實際表現再提升。在下一次的消費中會形成同樣的提高實際表現需求的循環。此循環對業者而言是一項很大的挑戰，因為要維持顧客滿意度，就意味著必須不斷提升實際的服務水準才能維繫顧客的忠誠度。

◆ 9.2.6 自我實現的預言

　　有時我們對某件事的期望，會倒因為果，使得事情往期望的方向進行，最後符合了我們的期望，這個現象稱為自我實現的預言 (Self-fulfilled Prophecy)。例如，當我們認為某個服務人員看來很令人愉悅時，就認為他的服務態度應該很好，因此也用和善的態度對待。事實上我們可能只是基於對外表的刻板印象，產生對服務態度的預期。但由於此種預期，使得我們在互動時有較好的態度，是此種較好的態度，造成對方也以較和善的態度回應，於是因果顛倒，實現了當初的預期，也就是自我實現的預言。

　　在行銷的應用上，例如口碑以及對服務人員外在的刻板印象，都可能產生預期，造成自我實現的預言。在上例中是以正面的態度與預期為例，但負面的預期也一樣可以產生自我實現預言的效果。因此對口碑（尤其是在網路的商業環境中）以及消費者預期必須謹慎管理，以妥善應用自我實現的預言在行銷活動上的可能效果。

◆ 9.2.7　列舉理由對態度的影響

通常在態度形成的過程中，消費者可能會以內省 (Introspection) 的方式，提出一些為何會喜歡或不喜歡一項產品的理由。但消費行為的研究[7]顯示，提列理由這項心理活動本身就可能造成態度的改變。在一系列的研究中，研究者發現要求受試者對某些產品的態度列舉理由時，相較於沒有列舉理由的一組，受試者在列舉理由後，對產品的態度會因而顯著變得較為負面，而態度與行為的一致性也會因此而顯著降低。列舉較多理由的一組相對於列舉較少理由的一組，其產品態度也較差。列舉理由對產品的負面影響有許多不同的解釋。例如產品的態度基礎差異就是其中一項解釋。

在上述的研究中，使用的產品類別，如果醬、繪畫、約會的對象等，其態度基礎多屬情感而非理性認知的層次。列舉理由是一個理性認知的活動，但在這些產品中，往往無法找到適當的理由支持自己的態度，因此會透過自我知覺或歸因的認知歷程，判定自己對產品態度並不如想像中的好，因而降低了產品的態度。此外，列舉理由是一個耗費認知心力 (Cognitive Efforts) 的心理活動，消費者在列舉理由的過程中，也可能會因認知心力的消耗而降低對產品的態度，這也是一個對列舉理由與產品態度關係間的另外一種解釋。

總之，行銷人員應該注意的是，並非所有鼓勵消費者思考自己為何喜歡一項產品的行銷活動都是有利於產品行銷的，有時可能適得其反，這是行銷人員必須注意的。

---

[7] Wilson, T. D., Lisle, D. J., Schooler, J. W., Hodges, S. D., Klaaren, K., & Laheur, S. J. (1993). "Introspecting about Reasons can Reduce Post-Choice Satisfaction." *Personality and Social Psychology Bulletin*, 19 (3), 331–339.

◆ 9.2.8 平衡理論

　　海德 (Heider) 提出一個平衡理論 (Balance Theory) 來解釋改變態度的動力來源，又稱 P-O-X 理論❽。平衡理論假設消費者 (X) 對產品 (P) 的態度，受到消費者與另一個對消費者有相當重要性的人 (O) 對產品的態度與消費者與此人間的關係的影響。三者間的關係需要達成一個平衡的關係，消費者才會處於一個主觀的舒適狀態。若是三者間處於不平衡的狀態，則消費者必須改變對產品 (P) 或是對另一個重要關係人 (O) 的態度，才能重回平衡的狀態。此三者的關係可以圖 9–7 表示：

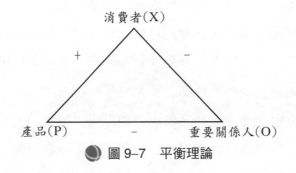

🌑 圖 9–7　平衡理論

　　圖 9–7 中的正負號代表兩者間關係的好壞。假設重要關係人 (O) 為消費者工作場合的上司，而消費者本身不喜歡他的上司，但上司本人也不喜歡產品 (P)，因此對消費者而言，他可以繼續對產品 (P) 有好感，而不會有不舒服的感受，此時消費者處於一平衡的狀態。但若消費者所沒有好感的上司也喜歡產品，則消費者對自己不喜歡的人也喜歡同一項產品，會感到不舒服而產生不平衡的認知狀態，因此需要作一改變（例如開始不喜歡產品），以回到平衡的狀態。

　　一般而言，表達三者間關係的正負號若是乘積為正，則消費者處於平衡的狀態。若是三者的乘積為負，則代表不平衡的狀態。此時需要改變三者間的關係以回到平衡狀態。以下用表 9–2 整理三者間的可能關係，以及在各種關係下

---

❽　Heider, F. (1946). "Attitude and Cognitive Organization." *Journal of Psychology*, 107–112.

是否具備平衡的條件：

表 9-2　平衡理論中平衡與不平衡的關係種類

	平　衡				不平衡			
X-P	+	+	−	−	−	+	+	−
X-O	+	−	−	+	+	−	+	−
O-P	+	−	+	−	+	+	−	−
乘　積	+	+	+	+	−	−	−	−

9.2.9 背景效果：同化與對比

　　影響態度改變的因素不只是消費者正面接收的訊息，一些在環境中的背景因素 (Context Factors) 也可能有意想不到的效果。在研究改變態度的因子時，有許多是探討背景效果 (Context Effect) 的影響。背景效果的因素指的通常是消費者在接觸判斷的標的物之前所接觸的其他背景訊息，這些訊息表面上看似與判斷的標的物無關，但卻可能對消費者對標的物的判斷產生重大的影響。

　　舉例而言，當消費者被要求評估一輛新車的價值時，若在看到這輛新車之前消費者看了另一輛已知其價值的汽車，則對新車的判斷就會受到之前所看到汽車的影響。若之前所見的汽車價值不菲，則消費者可能會覺得新車也是一部身價不凡的汽車；但若消費者覺得相較之下標的物汽車沒有一樣大的價值，因而低估了其價格。這兩種情形影響的方向不同，但都是背景效果中典型的情況❾。

　　一般而言，有兩種背景效果是經常被研究的：(1)若是背景因素對標的物的判斷的影響是與背景因素方向相同，則稱為同化效果 (Assimilation Effect)；(2)若是背景因素的出現使得對標的物的判斷遠離背景因素的方向，則稱為對比效果 (Contrast Effect)。以上述對新車的判斷為例，若是先看見的高價汽車讓消費者高估了之後所見的新車的價格，則是同化效果的結果，因為新車的價格判斷方向與原先所見車的方向相同（亦即高價）；若是先前所見的高價車讓消費者低估了後

---

❾ Herr, Paul R. (1989). "Priming Price: Prior Knowledge and Context Effects." *Journal of Consumer Research*, June 16, 67–75.

來車輛的價格,則是對比效果的結果,因為背景刺激與目標刺激判斷的方向相反。

　　過去研究顯示,同化與對比是兩種不同的認知歷程。同化歷程是將背景因子當做詮釋目標刺激的詮釋架構 (Interpretive Framework),因而對目標刺激的判斷易於與背景刺激的判斷趨於同一方向;而對比效果則是將背景刺激用來作為與目標刺激比較的標準 (Comparison Standard),因而對目標刺激易產生與背景刺激相反方向的判斷❿。

　　既然同樣的背景刺激可以產生同化效果以及對比效果,對背景效果的研究方向,很自然就集中在區別什麼因素會導致同化效果或對比效果。綜合過去的研究結論可知,有兩類的因素可以影響同化或對比的產生:⑴刺激本身的特性;⑵消費者個人的特質。

　　就刺激本身的特性而言,背景刺激與目標刺激間的相似程度或屬性重疊程度,是決定同化或對比出現的主要決定因素之一。在消費者的個人特質上,認知資源投入的多少會造成不同的同化或對比效果。研究顯示,若是背景訊息十分清晰 (Distinct) 且具相關性 (Relevant),則易提取的訊息 (Accessible Information) 會造成對比效果;若背景訊息不夠清晰且不具相關性,則會對新而模糊 (Ambiguous) 的目標刺激造成同化效果。此外,當目標刺激與背景刺激間重疊（相似）度低且消費者投注大量心力處理資訊時,會產生對比效果;若兩者缺其一時,就造成同化效果⓫。

　　同化效果與對比效果的研究,與其他態度改變的研究其主要差異在於同化效果與對比效果強調背景刺激對態度改變的重要性。許多表面上看來無關的背景刺激,對態度都會產生重大的影響。就行銷人員來說,在行銷環境中的背景刺激很多,例如播放廣告時,自己品牌的廣告在電視上出現前的其他廣告就是

---

❿　Meyers-Levy, J., & Sternthal, B. (1993). "A Two-factor Explanation of Assimilation and Contrast Effects." *Journal of Marketing Research*, August 30, 359–368.

⓫　同❿; Stapel, D. A., Koomen, W., & Velthuijsen, A. S. (1998). "Assimilation or Contrast: Comparison Relevance, Distinctness, and the Impact of Accessible Information on Consumer Judgments." *Journal of Consumer Psychology*, 7, 1, 1–24.

背景刺激,可能會對自己品牌的廣告效果產生類似同化效果或對比效果的影響。這是在產品行銷溝通時應該要注意的事項。

 行銷一分鐘

尼爾森的購物類型與行銷策略

尼爾森行銷研究公司 (Nielsen) 的一項研究❶發現,不同產品類別的消費者購物習性並不相同,這項研究的結論為行銷策略的使用帶來方向性的指導作用。針對三十項產品的消費行為所作的研究發現,不同產品的購買慣性可以分為四類,以下針對每一類的特性,適用的產品類別,以及對應的行銷策略做一簡介:

🌸 表 9–3　不同產品的購買慣性

模式類型	特　性	適用產品	行銷策略
自動購物模式	1.慣性造成的「拿了就走」的購物行為,不會花太多時間考慮或做決策 2.選擇自己熟悉的品牌	咖啡、麥片、起士、人造奶油及美乃滋	如果已經是領導品牌,要避免激進的重新定位或包裝改變,以免中斷消費者慣性的忠誠
受大眾影響的模式	比較各個品牌的差異,選擇適合自己的產品與品牌	運動及機能性飲料、巧克力、即飲茶及優酪乳	行銷人員可以透過行銷工具如廣告、產品介紹以及貨架陳列等來影響消費者對這類產品的購買行為
尋找變化模式	1.「嚐鮮」是這類產品購買的主要動機 2.積極尋求不同而有創意的商品,希望與之前的選擇有所不同	餅乾、口香糖、沙拉醬、冷凍食品以及穀物脆片	新奇的包裝以及品牌名稱
搜尋特價模式	有無促銷特價是促成購買的最重要誘因	鮪魚罐頭、番茄罐頭、罐裝水果與義大利麵醬	特價商品

尼爾森的這項研究,除了分辨四種不同的消費購物模式之外,更能給予最佳的促銷方式提供一個清楚的指引。

---

❶ 尼爾森行銷報。〈尼爾森購物研究發現決定消費者購買行為的四大模式有利於行銷人員瞭解能讓消費者心動並且採取行動的關鍵〉。

🔷 9.2.10 常用的說服技巧

態度改變在行銷活動中，可以應用在說服的技巧上。有幾個常用的說服技巧是應用了心理學的原則而產生的。以下對這些說服技巧作一個簡要的介紹：

1. Foot-in-the-door

直接作出一個大的要求有時不會為對方所接受，此時先作一個小的要求，再作一個大的要求，反而比較容易為對方所接受。例如直接向人借 1 萬元可能會被拒絕，但如果先借一筆小的金額，如 1 千元，借到後再商借較大的金額，此時對方透過自我知覺的歷程，由於之前已借出一筆金錢，為了保持自己行為的一致性，反而較會借出較大的金額。

2. Door-in-the-face

有時在想要的要求提出之前，先提出一個較大而會被拒絕的要求，反而會增加標的要求被接受的機會。在一個大的要求（例如要求借 10 萬元）被拒絕之後，再提出一個較小的要求（例如要求借 1 萬元），這時對方會覺得之前已經拒絕了一次，不好意思再拒絕一次，因此對之後較小的要求願意接受。

3. Low Ball

先讓對方接受一個小的交易內容，再改變交易內容，增加對方的成本負擔，也是可以增加達到目標機會的方法。例如業務代表常以客戶覺得很划算的交易內容先達成交易，再告訴客戶說有一些附加成本原先忘了加入，再逐步加入這些成本，此時客戶因為已經接受了交易，通常會比較願意負擔這些「額外」的成本。

4. That-is-not-all

將全部客戶可以得到的產品分次加入，讓客戶覺得這是一個愈來愈划算的交易，也可以增加交易成功的機會。例如，業務代表告訴客戶產品內容，再加入「還沒完……你還可以拿到這些……」的內容，客戶會覺得十分划算，因而增加了交易成功的機會。

5. Because...

　　有時人們的思考並不是十分精密的，此時即使對方的要求不是十分有吸引力，如果在陳述要求時加入「因為……」的內容時，即使原因與要求的內容沒有太多相關，也可以讓對方在沒有仔細思索的情形下接受你的要求。這個「因為……」有時就好像一個神奇的字眼，會增加要求被接受的機會。

◆ 9.2.11　態度改變理論在行銷策略上的應用

　　本節介紹了許多態度改變的理論，這些理論在行銷上有許多應用的時機。例如推敲可能性模式 (ELM) 及同化與對比的理論可以應用在廣告的設計上，認知失調、自我知覺與歸因理論等則可以應用在服務業的管理上，口碑行銷則與平衡理論及自我實現的預言有密切的關聯。這些都是態度改變的理論可能的應用場合。

　　除了理論應用外，態度改變的理論也可以改善行銷的績效。例如說服的技巧可以增加銷售人員的銷售成功機率，列舉理由對態度的影響則對行銷的方式有所啟示，告訴行銷人員去鼓勵消費者思考為何要購買自己品牌的行銷方式未必是有效的行銷策略，必須要看產品的特性來決定是否應該使用此種方式來說服消費者。這些也都是態度改變理論可能適用於改善行銷績效的應用時機。

 行銷實戰應用

如何應用知覺定位圖?

　　知覺定位圖 (Perceptual Map) 是行銷策略規劃上常用的數量技術，應用多向度尺度法 (Multi-dimensional Scaling, MDS)，可以瞭解消費者對目前品牌定位的知覺，進而以此資料導出定位行銷策略的規劃。以汽車的定位為例，若針對四種車款（T 牌、H 牌、N 牌以及 F 牌）定位知覺圖的資料蒐集與分析產生以下的定位圖結果：

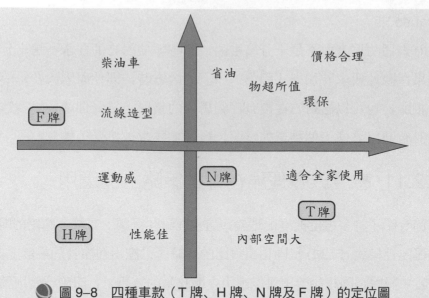

柴油車　　　　　　　　　　價格合理
省油
物超所值
環保
F牌　流線造型

運動感　　　N牌　　　適合全家使用

T牌

H牌　性能佳　　　　內部空間大

圖9-8　四種車款（T牌、H牌、N牌及F牌）的定位圖

　　從圖9-8可知，T牌與N牌是相近的競爭者，二者的定位皆是「內部空間大」以及「適合全家使用」；H牌的定位則是「運動感」以及「性能佳」；F牌的定位則接近於「流線造型」以及「柴油車」。

　　從行銷策略的角度而言，這四個品牌都有再定位的可能。從圖9-8可知，這四輛車的品牌都沒有接近消費者心目中的「理想車」。理想車的標準是物超所值、價格合理、省油以及環保。因此，特定品牌可以鎖定合理的再定位目標（如「物超所值」），依照再定位的步驟改變目前的定位：

(1)產品要符合物超所值的標準：在產品規格上，要在一定的售價上加入許多消費者所需要的特性與功能，在產品本質上要達到物超所值的標準。

(2)傳達新的定位：透過行銷傳播以及溝通，傳遞此物超所值的品牌定位概念，讓消費者瞭解並逐漸接受此一新的定位。

(3)評估再定位的成效：蒐集相同的定位知覺圖資料，看該品牌是否在圖上的位置比之前更接近理想品牌的位置。如果沒有，則需檢討從規劃到執行中何處有誤差，並加以改善。

本章主要概念

態度的 ABC 理論	平衡理論
態度的多屬性組合理論	同化與對比
合理行動理論	Foot-in-the-door
推敲可能性模型	Door-in-the-face
認知失調	Low Ball
自我知覺	That-is-not-all
歸因理論	Because...
自我實現的預言	

 習 題

一、選擇題

（　）1.下列何者不屬於態度的基本特徵？　(A)有一定的對象　(B)需經由學習而來　(C)有一定的穩定度與持續性　(D)與行為存在著正向的關係

（　）2.態度三元素不包括下列何者？　(A)信念　(B)情感　(C)認知　(D)行為

（　）3.消費者在下列何種消費決策階段容易產生認知失調？　(A)購買前資訊蒐集　(B)選項評估　(C)購買行動　(D)購買後評價

（　）4.當消費者對於筆記型電腦的態度，是由其不同屬性（如重量、記憶體、外觀、續電力等）重要性與屬性的價值加權平均而得，可以解釋此行為的理論為：　(A)計畫行為理論　(B)合理行動理論　(C)平衡理論　(D)多屬性模型理論

（　）5.下列何者屬於態度形成的理論模型？　(A)推敲可能性模型　(B)合理行動理論　(C)自我知覺理論　(D)歸因理論

（　）6.下列何者不是作為歸因的基礎的向度？　(A)區辨性　(B)共識性　(C)完整性　(D)一致性

（　）7.當消費者對實際服務表現的評價優於接受服務前對服務品質的預期，請問下列何種理論可以解釋此現象？　(A)負向失驗理論　(B)正向失驗理論　(C)自我知覺理論　(D)認知失調理論

(　　) 8.下列敘述何者正確？　(A)涉入程度低的消費者，中央路徑強者則其態度好　(B)涉入程度低的消費者，周邊路徑弱者不影響其態度　(C)涉入程度高的消費者，中央路徑強者則其態度好　(D)涉入程度高的消費者，周邊路徑強者則其態度好

(　　) 9.背景刺激所產生的同化以及對比效果，不會受到下列何種因素的影響？　(A)刺激本身的特性　(B)消費者個人的特質　(C)目標訊息的相關性　(D)目標訊息的來源

(　　) 10.百貨公司周年慶中常出現的「好禮二重送」促銷活動，內容為除了贈送來店禮外，還附帶滿千送百優惠，這類活動是屬於說服技巧中的：　(A) Low Ball　(B) Foot-in-the-door　(C) That-is-not-all　(D) Door-in-the-face

二、思考應用題

1.設計一份問卷測量臺灣人對中國大陸觀光客來臺觀光的態度。從經濟效益、社會以及政治的角度去瞭解態度的不同面向。不同的性別、年齡以及教育程度的人其態度有何差異？你認為認知失調的理論在這裡扮演何種角色？

2.近年來許多餐廳透過網路、電視節目或其他行銷傳播管道接觸消費者，以令人垂涎欲滴的美食圖片吸引客人上門消費。你是否有過這樣的經驗，即因受到美食網站或節目介紹的影響而去店裡消費，但卻發現其品質卻明顯不如預期來得好？此時你會做何種歸因？你會再度上門消費嗎？你認為對於商家而言，要如何減少或避免此種情形的產生而影響到消費者滿意以及忠誠度？

3.你有沒有消費一項令你非常滿意的服務的經驗？試分析這個服務讓你如此滿意的原因為何？期望－失驗理論是否能解釋你滿意的原因？

4.各舉出兩項態度基礎為(1)以認知為主及(2)以情感為主的產品。比較此兩類產品，你覺得何者較能有效說服消費者購買產品？其說服方式有何差異？

5.你認為選民對候選人的態度基礎是以情感還是以認知為主？此種態度基礎如何影響候選人的文宣技巧以及內容？

第 **3** 部分   團體因素

第十章　參考團體與意見領袖

群眾的智慧──維基百科的正確性？

在網路發達的時代，許多傳統的產品逐漸被新型態的經營方式所取代。許多人愛用的維基百科 (Wikipedia: http://www.wikipedia.com)，就是一個例子。維基百科是由吉米‧威爾斯 (Jimmy Wales) 以及賴瑞‧桑格 (Larry Sanger) 等人於 2001 年所共同創立的一部免費的線上百科全書，書中的內容由所有網路使用者共同創作而成，任何人皆可登錄去修改別人撰寫的內容，目前可檢索的文章超過 3,300 萬條，是目前網路上最受歡迎的參考工具。

由於維基百科是所有人共同創作的百科全書，來源品質可能參差不齊，因此其正確性難免引人質疑。知名的科學學術期刊《自然》(Nature) 曾刊載一篇文章❶，內容是比較聲譽卓著的《大英百科全書》(Encyclopedia of Britannica) 以及維基百科內容的正確性。受測者在未被告知文章是分別來自大英百科或是維基百科的情形下，針對四十二組科學類文章檢查文章內容的正確性。結果發現，文章中發現八個重要觀念說明錯誤的重大錯誤，維基百科和大英百科各有四個錯誤。至於事實錯誤、遺漏或容易誤導讀者的文句等小錯誤，維基百科有一百六十二個，大英百科則為一百二十三個。文章的結論認為，

圖 10−1　為因應時代潮流，大英百科全書現已不再出版實體書，改由線上提供查詢服務。網址：http://www.britannica.com/

---

❶ Jim Giles (2005). "Special Report Internet encyclopaedias go head to head." *Nature*, December, 438, 900–901.

以科學知識而言，二者差異可能不大。

這是一個令人驚奇的發現。大英百科是經過嚴謹編輯過程的百科全書，且具有長期的歷史傳統，理論上來說應該比採取與網友合作，折衷式編輯方式的維基百科正確性更高。然而，實證的研究結果卻發現二者差異不大。換句話說，由網友開放寫作的百科全書，能夠提供和專業百科全書類似的正確度。可說集合群眾的智慧力量是很大的。當然，本研究集中在科學類的主題上，有可能維基百科在科學類的作者多是訓練有素的科學家，因此其正確性高。如果要做兩者在所有主題差異都不大的結論，尚需要在其他主題上也做類似的研究才能得到證實。

10.1 參考團體的定義與類型

在消費者購買行為中，有許多購買決策的制定，是參考來自於消費者身邊其他人的意見。人是群體的動物，在消費者日常生活中，必須參加許多性質不同的團體事務，因此有許多與他人接觸的機會，這些對消費行為產生影響的團體及其成員，就稱為參考團體。例如家庭、學校、公司以及一起打高爾夫球或是晨泳的團體，都是常見的參考團體。由於參考團體成員多為消費者個人日常所熟悉以及信任的人員，因此這些人對產品的意見，特別容易對消費者的購買決策產生影響。

參考團體有許多不同的類型，視分類的標準而定。將參考團體的類型區分如表 10-1：

表 10-1　參考團體的類型

分類標準	參考團體類型		
成員身分	直接團體（成員團體）	主要團體	
		次要團體	
	間接團體（象徵團體）	仰慕團體	期盼仰慕團體
			象徵仰慕團體
		拒斥團體	
	虛擬團體		

參與意願	自願性團體
	強制性團體
正式程度	正式團體
	非正式團體
影響內容	規範性團體
	比較性團體

（資料來源：林建煌 (2009)。《消費者行為》，349。臺北：華泰出版。）

(一)依成員身分分類

參考團體依成員身分分類，可分為：

1. 直接團體 (Direct Group)

直接團體又稱為成員團體 (Member Group)，是指互相影響的成員間彼此有相同對等的身分。例如同事或朋友，彼此之間都是同事或朋友的身分。直接團體又可再細分為：

(1)主要團體 (Primary Group)：是指互相影響的團體成員彼此間接觸往來較為頻繁密切的團體，例如家人、同學以及同事，彼此間相互影響也較深。

(2)次要團體 (Secondary Group)：是指團體成員彼此間往來接觸較不密切頻繁的團體，例如俱樂部會員。相對彼此間的影響也就不如主要團體來得大❷。

2. 間接團體 (Indirect Group)

間接團體又稱為象徵團體 (Symbolic Group)，是指團體成員間彼此不具備對等相同的身分。間接團體又可再細分為：

(1)仰慕團體 (Aspirational Group)：是指消費者想要加入的團體，例如韋禮安或是蕭敬騰的粉絲俱樂部。在仰慕團體中，由於消費者有很深的情感涉入，因此在行為以及思想模式上便會深受團體其他成員的影響，也稱為

---

❷ Escalas, J. E., & Bettman, J. (2003). "You Are What You Eat: The Influence of Reference Groups on Consumers' Connections to Brands." *Journal of Consumer Psychology*, 13, 3, 339–348.

「追星族」，仰慕團體又可再進一步細分為：

○圖 10-2　對一位少棒選手來說，職業棒球隊可能是他的期盼仰慕團體；但對一位喜歡看棒球的成年人來說，職業棒球隊可能只是他的象徵仰慕團體

①期盼仰慕團體 (Anticipatory Aspirational Group)：是指目前不具備此團體身分，但預期未來可能可以成為此團體成員的人。例如對高中生而言，國立臺灣大學可能便是其期盼仰慕團體。在路上看到臺大學生，心中會有某些羨慕，期盼自己有朝一日也能成為臺大的一員。

②象徵仰慕團體 (Symbolic Aspirational Group)：是指目前固非仰慕團體的成員，但未來也不太可能成為其中成員。例如許多人仰慕歌星，期盼有朝一日能夠進入演藝圈，成為當紅的歌星。但大多數人終其一生只能在 KTV 完成當歌星的夢想，無法真的成為歌星，這個象徵仰慕團體的一份子。

⑵拒斥團體 (Dissociative Group)：是指一些我們不喜歡或是不希望接觸的團體，但因某些原因而不得不受其影響的團體。例如許多人不喜歡政治人物及其團體，但仍不能不受其影響。

3.虛擬團體 (Virtual Group)

虛擬團體是指在網路上的虛擬社群 (Virtual Community)，成員間透過網路溝通，或基於共同的興趣（如電玩）而聚集的團體。虛擬團體有一套社會規則，成員間的互動關係與真實世界中的團體也未盡相同。但彼此間的影響力未必小於真實世界中的團體。虛擬團體也有許多不同的類型，例如 Facebook、Mobile 01 論壇以及臺灣大學的 BBS 網站批踢踢都是。不同類型的網站性質有異，成員間的關係型態也有所不同。

㈡依參與意願分類

參考團體依參與意願分類，可分為：

1.自願性團體 (Voluntary Group)

自願性團體是成員基於個人興趣或嗜好而自願加入的團體，例如圍棋社、集郵社以及樂團等都是自願性的團體。

2.強制性團體 (Ascribed Group)

強制性團體是成員非自願性加入的團體，例如義務役的軍隊即是。

圖 10-3 我國軍隊目前是徵兵制的強制性團體，但計劃逐年轉型為募兵制的自願性團體

㈢依正式程度分類

參考團體依正式程度分類，可分為：

1.正式團體 (Formal Group)

正式團體是指團體有正式的組織以及分工，乃至正式的組織章程及運作規則等，法律上也有對組織權利義務的規範。例如學校班級或是工會組織。

2.非正式團體 (Informal Group)

非正式團體則是指團體本身較無正式的組織，對成員的規範也較鬆散。例如網路的虛擬社群就屬於這一類非正式組織。

㈣依影響內容分類

參考團體依影響內容分類，可分為：

1.規範性團體 (Normative Group)

規範性團體是指成員間的影響是在於較深刻的價值觀上。例如中小學老師對學生的影響即屬此類規範性團體的影響。

2.比較性團體 (Comparative Group)

比較性團體是指在某些特定的領域中成員相互比較的群體。例如銷售團隊互相比較業績，就屬這一類。

◎10.2 參考團體的人際影響力與影響範疇

參考團體在消費者行為中的重要性，在於團體中的成員彼此會互相影響對方的態度、意見以至於消費行為。一般而言，參考團體彼此間的影響可以分為以下幾個類型：

1.資訊性的影響 (Informational Influence)❸

團體成員間彼此交換訊息，是消費者購買產品的重要資訊來源。透過廣告或是其他促銷方式所傳遞的訊息，對許多消費者而言並不完全可信。然而透過參考團體他人的推薦，則通常認為是可信的。許多消費者在購買產品前會徵詢他人意見，便是此種資訊性影響的展現。在網路的世界中，許多知識分享的網站，如雅虎奇摩知識+，便是提供資訊影響的重要來源。

2.功利性的影響 (Utilitarian Influence)

此類影響又稱為規範性的影響 (Normative Influence)，是指團體規範造成個人遵從以及接納的影響。個人遵從團體的期望，以及團體行為規範的準則，以期能夠為團體所接納時稱之。此種藉由遵循團體常模以及規範以換取團體接納的交換關係，是基於功利實用的考量，因而稱為功利性的影響。

3.價值表現的影響 (Value-expression Influence)

此類影響又稱為認同的影響 (Identificational Influence)，是指團體中有些意見領袖或特殊成員，其行為被團體公認為可做他人學習的模範，因而許多團體成員會從心裡面認同此類團體成員，進而希望藉由模仿其行為達成認同的效果。由於此種認同歷程表現了個人的價值取向，因而稱為價值表現的影響。

某些研究者發現❹，在衡量不同類型的影響時，功利性的影響以及價值表現的影響並不容易區分。因而將此二者加以合併，總稱為規範性的影響。因此

❸ Cohen, J. B., & Golden, E. (1972). "Informational Social Influence and Product Evaluation." *Journal of Applied Psychology*, 56, 54–59.

❹ Bearden, W. O., Netemeyer, R. G., & Teel, J. (1989). "Measurement of Consumer Susceptability to Interpersonal Influence." *Journal of Consumer Research*, 15, 473–481.

有些學者將參考團體的影響分為資訊性的影響以及規範性的影響二類。

10.3 參考團體與從眾行為

10.3.1 從眾行為的意義以及影響從眾行為的因素

如前所述，參考團體對成員的影響之一是規範性影響，亦即要求成員遵守團體的常模以及行為規範❺。此種成員追隨團體意志行動的特性稱為從眾行為 (Compliance)。早期的社會心理學家艾希 (Solomon Elliot Asch) 所進行的一個實驗❻說明了團體壓力對從眾行為的影響。

艾希在一個實驗室中呈現三條不同長度的線段 (A, B, C)，要求受試者對另一條線段（D 線段）的長度與其他三條線的長度比較進行判斷。實驗室中共有 8 個人，但只有一個人是真正不知情的受試者，其他 7 個人則是艾希的同謀。而線段長度為 C > B = D > A。

實驗結果顯示，當除了受試者之外的其他同謀都認為是 A 或 C 才與 D 一樣長時，有 37% 的受試者也會做出相同的回答，亦即認為是 A 或 C 才是與 D 一樣長的。此實驗的結果告訴我們，即使是一個簡單的判斷線條長度的作業，團體的壓力也會使得受試者改變其真正的答案而跟著做出錯誤的回答。然而，值得注

🔵 圖 10–4　每個人都說牠是一匹馬，你覺得呢？

意的是，只要有 1 個同謀做出正確的回答 (B=D)，受試者從眾的比例就會大幅降低。

許多參考團體以及個人的特性會影響從眾行為的表現❼。例如團體的凝聚力 (Group Cohesiveness)。團體凝聚力愈大，則從眾的壓力也愈大。團體規模則

---

❺　同❸。

❻　Asch, S. E. (1955). Opinions and social pressure. *Scientific American, 193*, 31–35.

❼　同❹。

與從眾傾向成反比，規模愈大，從眾傾向愈小。另外，團體成員的專業性以及相似性高時，從眾傾向也愈大。而團體與個人差距大時，個人可能對團體的規範抱持懷疑態度，因而從眾傾向也愈低。

再者，過去研究也發現有許多個人特質的因素也會影響從眾行為的傾向。例如自信心低、女性、焦慮程度高以及贊同需求 (Need for Approval) 高的人，從眾傾向都較為明顯。最後，在重視個人主義以及權力距離較低的歐美個人主義國家，常以民主形式解決團體中的不一致，個人也被鼓勵有自己看法而不必一定要與大家相同的文化中，從眾傾向就明顯比重視集體主義以及權力距離高的東方集體主義文化要來得低。

◆ 10.3.2 參考團體對從眾行為的影響

參考團體對消費行為最大的影響之一，大概就是對消費者在流行以及名牌購買時的決策影響了。流行產品與名牌的購買及使用，就是一項參考團體對消費行為有明顯影響的例子。

青少年時期，被自己認同的參考團體接納是一件重要的事，因此對於團體其他成員喜好的流行事物，如影歌星韋禮安、蕭敬騰等也會跟隨接受而喜愛，除了規範性的影響之外，在團體中有共同討論的話題也是青少年追隨流行的原因。而在成人後，隨著經濟能力的改善，也會開始使用團體所認同的名牌以及團體所喜愛的活動，例如紅酒、高爾夫球、服飾、包包等等。對名牌的使用除了是由於參考團體所帶來的從眾影響之外，培養個人品味也是重要原因。許多人對名牌產品如數家珍，其動機亦可部分歸於參考團體所帶來的從眾壓力的影響。

參考團體對具經濟循環週期的產品消費的從眾行為也有影響。例如許多人會因為自己參考團體中的成員開始購買房屋，便也跟進開始購買。人數一多，便間接造成房市的循環向上。

◐ 10.4 意見領袖

◈ 10.4.1 意見領袖的意義

一個團體中往往會有少數人物，其意見能領導他人的想法，左右他人的產品態度，這些人被稱為意見領袖 (Opinion Leader)。就產品行銷而言，意見領袖能提供消費者詳細而且客觀的資訊，由於此類口碑的可信度高，往往成為左右消費者購買意向的主要力量。因此就行銷而言，能影響意見領袖的想法，就能影響一大群接受意見領袖意見的消費者，因此對意見領袖必須重視其存在以及功能。

意見領袖代表著一種權威，其他參考團體的成員會服從此領袖的權威。對於權威的服從是人在團體中的一項特性。早期的社會心理學家米爾格蘭 (Stanley Milgram) 所做的有關人們服從權威的實驗，是有關此類型為最具代表性的研究之一。

米爾格蘭將受試者安排在一個房間後，告訴他們要進行一個實驗——懲罰對學習效果影響。受試者的任務是對待在另一個房間的學習者，在學習語文的過程中犯錯時，進行電擊的懲罰，其中電擊的程度可分為「輕微」到「危險」。不過受試者不知道這些電擊是假的，而同謀的「學習者」會假裝隨著電擊程度增高而發出痛苦的聲音，使得受試者不願再增加電壓。此時，實驗者會以權威的身分命令受試者繼續電擊，並告訴他們不用對後果負責。

實驗結果顯示：許多受試者都在實驗的過程中，將電壓增至最高，且不同的因素會影響受試者增加電壓的程度，例如受試者是否單獨在一房間或與他人共處等。其中最顯著的因素為，當受試者看到有另一個同伴對學習者施予電擊時，會傾向於將電壓增至最高。此實驗除了展現人們服從權威的特性之外，也展示了參考團體對行為的影響。當有其他人也施予高電擊時，受試者也會跟著將電擊程度增加。

就意見領袖的特質而言，意見領袖通常具備豐富的產品知識，產品涉入也較高。在新產品的市場滲透啟用過程中，意見領袖往往是屬於最早開始使用新產品的創新者或是早期採用者。此外，意見領袖的影響常常是在特定的產品類別，而非所有產品都會專精。例如熟悉高科技產品的意見領袖與熟悉精品以及名牌服飾的意見領袖就分屬不同的人。最後，意見領袖個性獨立，社經地位較高，喜歡參與社區的活動。其性格以及知識上的特質，對於他人有很大的影響力❽。

10.4.2 發揮意見領袖功能的特別角色

有些市場上的特別人物，並非一定是定義中的意見領袖，但卻可以發揮意見領袖的功能，對他人的購買行為有一定的影響力。這類特別的人物通常可以分為幾種類型：

1. 市場行家 (Market Maven)

有些對市場一般產品訊息都特別敏銳精通的人，他們可能不是一般認定的意見領袖，但卻與意見領袖發揮相似的功能，這些人稱為市場行家，他們有眾多的訊息管道，可以迅速找到所需的訊息。一般的意見領袖通常只對某些特定的產品類別有深入的瞭解，但市場行家卻是無所不知的包打聽。

2. 創新者 (Innovator)

創新者與意見領袖一樣，對市場的新產品有深入的瞭解，且通常會是創新使用產品的人，也是產品上市初期希望鎖定的目標消費群。創新者和意見領袖的不同之處在於，創新者較不會顧慮產品是否新奇性太強而使多數人覺得難以接受，但意見領袖卻通常必須兼顧大眾的口味，推薦一般人可以接受的產品。

3. 替代性消費者 (Surrogate Consumer)

有些行業接觸的產品是一般消費者很少深入瞭解的產品，產品的專業性也使得他們成為消費者在選購此類產品時所倚賴的重要對象，這些人稱為「替代性消費者」。例如裝潢時的設計師、建築包工等。由於多數消費者對建材本身並

❽ Myers, J. H., & Robertson, T. S. (1972). "Dimensions of Opinion Leadership." *Journal of Marketing Research*, 9, 41–46.

不瞭解，因此要依賴這些人物的意見代為選購產品。因此從消費者的立場而言，這些人也是這些產品品質的把關者。從廠商的角度而言，這些人就是行銷的重要目標客群。他們的推薦往往就是消費者採購的關鍵。

夥伴們相信我，我和你們都處於平等的關係！

● 圖 10–5　諷刺領袖特色的漫畫

🔷 10.4.3 影響尋求意見領袖建議的因素

尋求意見領袖建議的時機，可以從產品涉入以及產品知識的高低來分類。其關係如表 10–2 所示：

🌸 表 10–2　尋求意見領袖意見的程度

		產品知識	
		高	低
涉入程度	高	適中	高
	低	低	適中

（資料來源：徐達光 (2003)。《消費者心理學：消費者行為的科學研究》，380。臺北：東華書局。）

若消費者的產品知識高且涉入程度高時，則消費者自己的產品知識就足以處理消費決策之所需，因此意見領袖的建議通常僅供作決策參考之用，而非必需的資訊，因此尋求意見領袖建議的程度適中；類似的情形也出現在產品知識低而且涉入程度亦低的情形下。由於低涉入程度使得決策重要性降低，因此即使產品知識不足也不影響決策的重要性，因此尋求意見領袖的程度也屬適中；相反的，在涉入程度高而產品知識低的情形下，由於決策本身的重要性，因此尋求意見領袖的需求亦顯迫切；最後，在涉入低而知識高的條件下，多數情形下就無尋求意見領袖的必要性，因此尋求程度也就最低。

10.4.4 意見領袖測量方法

在參考團體中意見領袖的認定，有幾種測量方法。由於意見領袖是團體中成員所共同認定的，因此常用社會計量法 (Sociometric Method) 來辨認意見領袖。此方法為詢問團體中各個成員其諮詢產品訊息的來源是誰。在一個參考團體所形成的社會網路中，若大家有共同諮詢的對象，則將此人視為意見領袖。藉由此一對社會網路的分析 (Social Network Analysis)，可以辨認誰是公認的意見領袖。

另一種常用的方法是自我認定法 (Self-designation Method)。此法是藉由量化的問卷，詢問參考團體中的成員問題，諸如「朋友常詢問我有關××產品的意見」，以及「我常影響朋友對××產品購買的決定」等問題，來決定此參考團體中的意見領袖是誰。

 行銷一分鐘

針對意見領袖的行銷活動

意見領袖可以影響其所在團體中其他成員的意向與偏好，然而一般似乎很難真的在一個團體中辨認出意見領袖並對其進行行銷活動。三星 (Samsung Co.) 是一個擅長行銷的公司，其行銷方式有我們可以借鏡之處。

三星以網路上的意見領袖為主要的行銷目標對象，來替其手機在網路上進行行銷的活動。三星利用其搜尋技術，在奇虎 (You Marketing) 的網路社區論壇中，辨認出各行各業中的意見領袖以及潛在消費族群，將這些目標對象劃分成多個性質不同的群體（如時尚人士、汽車車友、體育球迷等），然後針對群體中的意見領袖進行行銷溝通。首先以三星新機首次曝光的告知式廣告來介紹手機的特點，並以精美的圖片介紹手機的全圖詳解，來引發意見領袖以及消費者的注意。

　　根據監測效果顯示，三星的手機在為期兩個月的社區論壇口碑網路行銷中，總點選次數達到了近六萬次，回覆近八百次。廣告的轉寄量是發送量的五十三至七十六倍不等❾，這個成果，可說是以針對意見領袖所進行的行銷活動的一個成功的典範。

◎10.5 口碑的傳播

◆ 10.5.1 口碑傳播模式

　　口碑傳播 (Word-of-mouth, WOM) 是重要的行銷傳播的形式之一，也是消費者購買決策的主要依據。口碑對購買決策的影響，比廣播廣告好兩倍，比推銷員好四倍，更比雜誌報紙廣告好上七倍。口碑傳播通常具備可信度高，且可傳遞生動具象的經驗，因此對消費者的購買決策有重要的影響❿。

> **注意 !!!!**
> 口碑傳播是消費者購買決策的主要依據。

　　口碑傳播的過程，一般有兩種流程：二階段流程 (Two-step Flow Model) 以及多階段流程 (Multi-step Flow Model)。二階段流程的傳播過程示意如圖 10–6：

---

❾　網路行銷 (2008)。〈三星口碑網路行銷經驗：針對意見領袖做推廣〉。松炎網路行銷有限公司。

❿　Engel, J. E., Kegerreis, R. J., & Blackwell, R. D. (1969). "Word-of-Mouth Communication by the Innovator." *Journal of Marketing*, 33, 15–19.

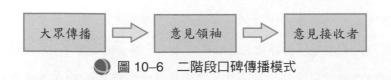

● 圖 10–6　二階段口碑傳播模式

　　二階段的口碑傳播模式是以大眾傳播媒體為起點，媒體將訊息傳遞給意見領袖，再由意見領袖傳遞給意見接收者。一般口碑傳播多依循類似的模式。例如，在一個廣告訊息中發表了一項新產品，意見領袖由於較常接觸媒體而注意到此項訊息，而將此訊息再傳給一個想要尋找類似產品的意見接收者，因而造成意見接收者去購買此項新產品，達成了意見領袖傳播口碑的任務。

　　另一項基於二階段口碑傳播模式而發展的是多階段的口碑傳播模式。可以圖 10–7 表示：

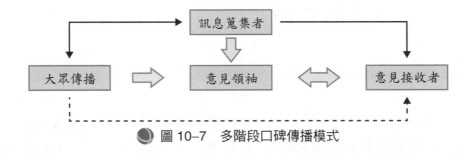

● 圖 10–7　多階段口碑傳播模式

　　在多階段口碑傳播模式中，大眾傳播將多數訊息傳遞給意見領袖以及訊息蒐集者以及意見接收者。而訊息蒐集者則將訊息傳遞給意見領袖以及意見接收者。意見領袖與意見接收者之間的溝通則呈現雙向，而大眾傳播以及訊息蒐集者之間的溝通也呈雙向的特性。因此，意見接收者的訊息來源，不僅只是來自於意見領袖，而是同時來自於意見領袖、訊息蒐集者以及意見接收者三方面。

◆ 10.5.2　負面口碑與謠言

　　「好事不出門，壞事傳千里。」許多好事的口碑未必會傳播，但壞事的口碑似乎特別容易擴散。許多消費者對問題產品的印象也特別深刻。因此對於廠商而言，必須特別注意有關產品的負面口碑的產生以及傳遞，並應儘可能防範於未然。

現在傳播媒體發達，訊息傳遞迅速，許多產品有關的負面口碑，可能來自於不實的謠言，起因包含競爭對手的不實攻擊等等。此類令人難以分辨真假的訊息，在網路上特別容易出現以及傳遞。因此對於市場謠言的監控以及澄清，是廠商必須注意的。即時的反應以及誠實的面對，是減少負面口碑以及謠言對產品造成傷害的重要處理步驟❶。

10.5.3 社會整合理論

威爾基 (Wilkie) 將受他人影響與被影響的類型，依照資訊蒐集程度以及意見領袖性的高低分為四類，稱為社會整合理論中的消費者分類 (Consumer Social Integration)。如表 10–3 所示：

❀ 表 10–3　社會整合理論中的消費者分類

		資訊蒐集程度	
		高	低
意見領袖性	高	社會整合型	社會獨立型
	低	社會依賴型	社會孤立型

（資料來源：Wilkie, William, L. (1994). *Consumer Behavior*, 3rd edition, 357. New York, John Wiley & Sons Inc.）

資訊蒐集程度代表受他人影響的程度，而意見領袖性則代表影響他人的程度。社會整合型 (Social Integrates) 的人，影響他人以及受他人影響的程度皆高；社會獨立型 (Social Independents) 的人，影響他人較多，受他人影響較少；社會依賴型 (Social Dependents) 的人，受他人影響較多，影響他人較少；社會孤立型 (Social Isolate) 的人，影響他人以及受他人影響的程度都少。這個架構適宜用來瞭解參考團體中的口碑效果。

---

❶ Richins, M. (1983). "Negative Word-of-Mouth by Dissatisfied Customers: A Pilot Study." *Journal of Marketing*, 47, 68–78.

◎ 10.6　網路虛擬社群的角色

在現代科技的輔助下，網路已成為現代人生活不可或缺的一部分。而網路上的虛擬社群則是新興型態的參考團體形成的重要來源❷。關於虛擬社群 (Virtual Community) 的定義以及類型，不同的研究有大同小異的結論。

「虛擬社群」係源自於電腦中介傳播所建構而成的虛擬空間 (Cyberspace)，是一種社會集合體 (Social Aggregation)。這個名詞的出現，大約可追溯至霍華‧瑞格德 (Howard Rheingold) 於 1993 年之著作——*The Virtual Community*。瑞格德描述在虛擬社群中的人們，透過螢幕上的文字彼此交換、討論有趣的話題，舉凡哲學討論、交易活動、知識分享、情感支持、八卦、爭吵、尋找朋友、玩遊戲等，都可以是討論的主軸。虛擬社群就如同一般實體社區，只是將實體空間換成了網路空間。

關於虛擬社群的經營，哈默和烏瑞克等人 (Hummel & Ulrike etc.) 認為虛擬社群具有以下四項社會特徵：⑴明確定義的活動者群體；⑵成員間互動的本質；⑶成員間的聯繫；⑷一個共同的活動地方，這些特徵可以支持虛擬社群的確為存在的線上社會活動。另外，昆亭 (Quentin) 認為虛擬社群的成功經營，必須具有以下條件：⑴足夠數量的穩定會員；⑵固定的虛擬空間讓成員在固定的地方聚集；⑶一定程度的人際互動；⑷社群成員要積極參與社群活動等❸。

關於虛擬社群的型態，阿姆斯壯與海格爾等人 (Armstrong & Hagel etc.) 提出虛擬社群的互動基礎是為了滿足消費者交易、興趣、幻想以及人際關係等四大需求，這些因素同時也是誘發人們參與虛擬社群的潛在原因。特別要指出的是這四種需求並非完全地不相容，有時候一個虛擬社群會同時存在不同類型的消費者需求。四類不同的社群類型簡介如下：

1. **交易型社群 (Community of Transaction)**

---

❷ Gunther, M. (1999). "The Newest Addiction." *Fortune*, August 2, 123.

❸ Catterall, M., & Maclaran, P. (2000). "Researching Consumers in Virtual Worlds: A Cyberspace Odyssey." *Journal of Consumer Behavior*, 1, 3, 228–237.

　　為了滿足「交易」的需求，社群參與者會在虛擬社群中進行買賣產品或服務，以及交換情報等行為。當社群成員們同樣對某種產品或服務感到有需求或興趣時，他們隨即開始聚集在線上交換情報和討論彼此購買經驗，此時，虛擬社群自然而然就會發展出滿足「交易」需求的能力來。

2.興趣型社群 (Community of Interest)

　　大多數人都會有自己的興趣或嗜好，例如旅遊、運動等。虛擬社群的建立因素之一，即是將散布於世界各地中針對某一主題有相同嗜好的人群集起來，交換彼此心得，此類社群會產生高度的人際溝通。

3.幻想型社群 (Community of Fantasy)

　　網際網路環境充滿無限可能和創意，個人可以在虛擬社群中創造一個新環境、人格、故事等，當然會吸引許多愛好探險及幻想的人們聚集在網路上。

4.人際關係型社群 (Community of Relationship)

　　不同的人生階段都會有一些新的生活體驗，這使我們渴望與具有相同經驗的人接觸和分享。虛擬社群為這些具有共同人生經驗的人們製造相遇、相知、相惜的機會，並建立有意義且有深度的人際關係。

　　如同在真實世界中的社群一樣，虛擬社群中人際相互會彼此影響，也會有意見領袖、負面口碑以及謠言的產生。在網路普及的現代世界，人際間的相互影響在網路的世界中顯得更加明顯而普遍。在學術研究以及行銷實務上，網路上的虛擬社群都是未來必須重視的現象❶❹。

🕐 行銷一分鐘

網路 Web 2.0 行銷——流量至上

　　在網路允許式行銷 (Permission Marketing) 的特性下，消費者可以選擇想要接受哪些資訊，行銷人員似乎更難將資訊傳遞給消費者。然而，在 Web 2.0 的風潮下，網站內容是由使用者自己所提供的，在不同興趣與背景下，出現了許

❶❹　Mitchell, D. (2007). "What's Online." *New York Times*, July 20, C5.

多引起大眾興趣的網站，如提供影片內容的網站 YouTube、部落格、Facebook、Twitter 等。這些網站能引發大量的觀眾瀏覽，而流量正是產生利潤的關鍵。即使只有千分之一的人會點選網站裡的廣告，在數千萬乃至數億次的流量下，仍然可以帶來可觀的廣告效果以及商機。因此，網站流量是決定這個網站商業潛力的主要關鍵。

● 圖 10–8　Web 2.0 強調使用者的參與及互動，讓網路使用者不再只是單方面的接受資訊，本身也能成為資訊的提供者

10.7　參考團體與行銷

如前所述，參考團體之間所發揮的人際影響力量龐大，是消費者購買產品時的重要訊息參考來源，也是行銷人員必須重視以及善用的資源。首先針對產品類別與參考團體影響間的關聯做一簡述。參考團體對消費者的品牌以及產品選擇的影響會因產品的類型而有差異，詳細請見表 10–4：

🍀表 10–4　參考團體影響與產品類別的關聯

	公開消費品	私下消費品
奢侈品	品牌與產品皆有影響	產品＞品牌
必需品	品牌＞產品	品牌與產品皆無影響

（資料來源：廖淑伶 (2007)。《消費者行為：理論與應用》，422–423。臺北：前程出版社。）

對於公開消費 (Public Consumption) 的奢侈品（例如豪華汽車）而言，消費者的品牌以及產品類別的選擇皆會受到參考團體的影響；對於私下消費 (Private Consumption) 的奢侈品（例如音響）而言，參考團體對產品選擇的影響會大於品牌的選擇。由於此類產品的消費，他人並無法得知消費的品牌為何，因此團體的影響多限制在產品類別的選擇；對於公開消費的必需品（例如衣服）而言，

參考團體對品牌的影響大於產品。由於是必需品的選擇，產品類別較不受影響，但品牌則因消費為公開可見的而受到較大影響；對於私下消費的必需品（例如牙刷）而言，參考團體在品牌以及產品兩方面皆無影響。

　　至於在行銷的實務上，則應注意如何利用參考團體進行行銷。這包括了對意見領袖的目標族群行銷、如何辨認意見領袖、透過意見領袖來影響整個參考團體以及善於管理口碑以及管控市場謠言來避免產品信譽在市場上受到傷害。這些都是行銷人員在利用參考團體進行行銷工作時所應善加考慮以及利用的資源。

 行銷實戰應用

利用社群網站快速拓展虛擬零售通路 [15]

　　Magazine 是巴西販售各式商品的零售通路商，原先只有 727 家分店。由於拓展每家分店所需要的成本為 1 百萬美元，因此，對 Magazine 的管理階層而言，在短期內展店到 1 萬家是一項不可能的任務。

　　Magazine 的公關傳播公司——奧美知道這件事情之後，就在臉書 (Facebook) 上推廣 "Magazine You" 的活動，讓使用者可以在臉書平臺上自行開設分店，並可用自己的名字作為店名招牌（如 "Magazine Shen"），並決定自己的店內要販售何種 Magazine 的商品，以及想要賣給哪些朋友。若使用者實際銷售成功的話，可以得到一定比例的分紅。結果，這個活動成功使 Magazine 在短短兩週內展店到 2 萬家。

　　這是一個活運用社群網站行銷產品的成功案例。現今社群網站在生活中所佔的分量愈來愈重，而其推廣範圍更是無遠弗屆，眾多現成資源擺在面前，端看經營者是否能掌握契機、靈活運用而已。

---

[15]　王俊人 (2013)。〈奧美社群精彩案例分享〉，社群@數位行銷部落格，《天下雜誌》。

本章主要概念

參考團體	替代性消費者
資訊性影響	口　碑
功利性影響	社會整合理論
價值表現影響	虛擬社群
從眾行為	交易型社群
意見領袖	興趣型社群
服　從	幻想型社群
市場行家	人際關係型社群
創新者	

 習題

一、選擇題

（　）1. 請問電玩 Candy Crush 的玩家們，他們的組成是屬於下列何種團體類型？
(A)比較性團體　(B)象徵仰慕團體　(C)正式團體　(D)虛擬團體

（　）2. 參考團體對個別消費者的影響途徑不包括下列何者？　(A)資訊性　(B)指標性　(C)功利性　(D)價值表現

（　）3. 參考團體對於下列何種特殊品牌的購買行為有最強的影響？　(A)洗衣精　(B)手錶　(C)冰箱　(D)早餐

（　）4. 下列關於從眾行為的敘述，何者錯誤？　(A)團體與個人差距大時，從眾傾向也愈高　(B)參考團體規模與從眾傾向成反比　(C)重視個人主義的歐美國家從眾傾向程度較低　(D)個人特質的因素會影響從眾行為的傾向

（　）5. 對消費者影響最大的，也是行銷中最重要的群體，稱之為：　(A)會員團體　(B)參考團體　(C)工會團體　(D)社團

（　）6. 從行銷的角度而言，下列關於意見領袖的敘述，何者錯誤？　(A)是左右消費者購買意向的主要力量　(B)具備豐富的產品知識　(C)意見領袖常常是對所有產品都很專精　(D)產品涉入較高

(　) 7.口碑傳播的流程中，意見接受者的訊息來源不會從下列何處獲得？　(A)意見領袖　(B)訊息蒐集者　(C)大眾傳播　(D)謠言接受者

(　) 8.假設消費者對於選購電腦產品的專業知識很薄弱時，下列何種角色可以成為消費者在選購產品時所倚賴的重要對象？　(A)市場新手　(B)意見領袖　(C)替代性消費者　(D)創新者

(　) 9.請問 Yahoo!奇摩拍賣是屬於下列何種類型的虛擬社群？　(A)交易型社群　(B)興趣型社群　(C)幻想型社群　(D)人際關係型社群

(　) 10.對於日常生活中每天使用的衛生紙，消費者的品牌以及產品類別的選擇如何受到參考團體的影響？　(A)品牌與產品皆有影響　(B)產品 > 品牌　(C)品牌 > 產品　(D)品牌與產品皆無影響

二、思考應用題

1.以你最好的一群朋友為例，說明這些朋友中是否有意見領袖？這個意見領袖（可能就是你自己）的性格是什麼？他的意見如何影響其他人對流行或其他事物以及議題的看法？他的意見對其他人的消費決策的影響又是什麼？

2.你或你認識的人有參加網路上的虛擬社群嗎？這個（些）虛擬社群是屬於哪一類性質的社群？你覺得這個（些）社群主要發揮的是哪一類的影響力（資訊性、功利性、價值表現等）？

3.從以下幾個面向來比較網路口碑（又稱「鼠碑」）以及實體環境中的口碑的異同：(1)傳播力；(2)影響力；(3)可信度。

4.選擇你的朋友中重度依賴網路滿足人際關係（例如聊天室或是交友網站）的一些人，以及另一群很少藉由網路拓展人際關係的人們。在你的觀察中，這兩群人在性格以及人際關係的技巧上有何差異？

5.選擇兩個網路社群（例如 Yahoo!奇摩知識[+]以及 Facebook），從網站中成員所發表的內容，比較兩者在社群性質、成員參與動機以及消費需求滿足上的異同。

第十一章　家庭因素的影響

數位家庭紀元

　　現代家庭已逐步邁向全面數位化。在一般的家庭中，數位電子產品逐步普及，如液晶電視、手機、筆記型電腦、無線網路以及遊戲機，由於大量生產以及快速變化的產品生命週期，使得一般家庭都能以低廉的價格購買到實用且功能強大的產品，即使是傳統的家電產品，也在數位化的風潮中掀起了一波產品創新發展的革命。例如電冰箱、冷氣機以及洗衣機等，都加入了數位控制的介面，讓產品使用起來更加方便。

　　數位家庭不只是將傳統家電加入數位的使用介面，在新的數位產品上也有明顯的趨勢發展。(1)消費者愈來愈重視使用者介面，使用介面設計良好的產品，往往能獲得消費者的青睞。反之，若一項產品功能強大，但卻沒有容易使用的人機介面，消費者也不願使用。(2)許多家電數位產品朝向跨平臺的整合。例如中華電信的 MOD 服務，就企圖整合電視、隨選視訊以及其他的數位內容，讓消費者一次吃到飽。而蘋果電腦的 iPhone 則整合一般網際網路以及 Youtube 的影片下載服務，和 Google Earth 的 GPS 導航地圖以及衛星照片，提供手機使用者隨時可以上網以及觀看影片和使用衛星導航的便利性。(3)數位產品逐步行動化，觸控式 GPS 導航系統、藍芽行動電話裝置以及 MP3 音樂播放系統不再是高級豪華車的專利，已逐步普及到一般大眾的車款。

　　就市場而言，未來家庭數位家電應注意幾個市場區隔的需求。(1)銀髮族未來使用這些數位產品的能力以及需求會愈來愈高，因此在產品設計上要考慮銀髮族的使用便利性，在許多產品設計上，如鍵盤的設計以及螢幕字體大小等，要能考量銀髮族的需要。(2)兒童族群是另一個不可忽視的目標客層。除了網站有許多針對小小使用者提供的內容之外，數位內容對兒童是否合宜，兒童使用時應否設限等問題，都應列入考量。再者，對兒童而言，產品使用的安全性以及防止兒童使用時產生誤觸的安全設計則是數位家電在設計時必須考慮周詳的重點。(3)女性使用者則是另一個重點目標客層。除了許多家電的主要使用者是女性之外，女性在家電使用上的特殊需求，例如輕量化的設計以及針對女性訴求的外型設計等，都是家電廠商應納入考量的重點。

◎11.1　家庭的定義與類型

一群居住在一起，並具有血緣、婚姻或領養關係的群體稱為家庭。家庭是人類最早也是最重要的社會組織之一。多數人一生成長的第一個環境是家庭，終其一生，在價值觀、習慣態度、自我概念、生活型態，乃至於購買行為上，受家庭的影響也最大。而家庭對家庭成員的購買行為影響至鉅，因此行銷人員必須對家庭此一社會組織有詳細的瞭解，並依其特性加以運用，以期有助於行銷工作的進行。

在行銷上，常見以家計單位 (Household) 作為行銷的單位。家計單位指的是一群居住在同一家計單位中的人，因此這包括家庭以及其他非家庭的型態。例如宿舍中的室友，屬於家計單位，但卻不包含於家庭的定義之內。

現代學術對於家庭的類型劃分，可以自幾個方向來觀察。以成員相互世系親屬關係劃分，家庭可分為核心家庭（或稱小家庭：Nuclear Family）、主幹家庭（或稱折衷家庭：Stem Family）、延伸家庭（或稱大家庭：Extended Family）。在三代同堂家庭中，依居住模式又可分為從父居 (Patrilocal Residence) 或從母居 (Matrilocal Residence)。而以家中成員經濟參與方式區分，則可分為單薪家庭以及雙薪家庭。以上這些是社會學對現代家庭所做的分類，可作為研究家庭形態以及對行銷工作意義的參考。

◐11.2 現代家庭的發展趨勢

1.單身以及不婚人數激增

　　臺灣社會近年來在政治、經濟以及社會型態上都有快速的轉變，年輕男女的交友觀念與婚姻型態也與以往不同。女性愈來愈具有獨立自主的經濟能力以及自己的工作與事業，同時養兒防老的觀念也在迅速式微中，這些因素都造成單身人數的快速增加以及不婚人數的增長。許多人在年輕時就決定保持單身一輩子，或是一直找不到適合的伴侶而持續保持單身的身分。許多女性希望有自己的小孩，卻不願意被羈絆在婚姻的關係中。這些趨勢在大城市中（如臺北市）更為明顯。這些趨勢的發展，造成消費型態的轉變。例如寵物業以及寵物相關用品的市場快速成長，部分原因即是來自於單身及不婚族希望有個伴侶的心理因素所致。套房產品的市場快速成長，也與此單身族人數增加的趨勢有關。

圖 11-1　社會型態、思想觀念的改變，使得婚姻市場逐漸式微

2.初婚時間延後

　　由於現代人必須花更多的時間求學，出社會的時間推遲，因而開始工作的時間以及經濟獨立的時間都向後延展，造成初婚的時間也隨之變晚。晚婚有好有壞，一方面固然養育子女的時間較晚，經濟基礎較好，心態也較為成熟。但另一方面則有許多人因此而成為不婚族。同時生理的老化也使得較晚生育子女的家庭在生育時，生理與心理上承受更大的負擔。

3.離婚率以及單親家庭大增

　　現代人對婚姻普遍存有「合則留，不合則去」的觀念，因為觀念不合或是生活習慣不同而離婚的比例也因此大增。除了再婚族人數增加之外，最明顯的影響就是離婚造成了許多的單親家庭。父親或是母親獨立撫養子女的情形所在多有。這對子女的成長過程有重大的影響，也對子女的教育以及價值觀的形成有輕重大小不同的影響。

曾有報載❶一個單親家庭，父親獨立撫養女兒，但因父親要開卡車維生，無法經常照顧女兒，因此用一個吊籃於每天經過家門時將食物用吊籃送給女兒，女兒也沒有與外界他人接觸的機會。這雖是一個極端的例子，但卻說明單親家庭對子女的發展與成長都有許多負面的影響。

4.家庭子女人數減少

除了不婚族以及晚婚增加之外，有子女的家庭出生的子女人數也在迅速遞減之中。根據內政部統計處資料顯示，臺灣在民國40年至70年間，每年約有40萬新生兒出生，到民國105年時，僅約20.8萬人。人數減少的原因，除了教育水準提高之外，近年總體經濟不佳以至於家庭收入減少，以及通膨造成高物價，使得許多家庭不敢多生小孩，也是家庭子女人數減少的原因。

過去證據顯示，許多國家如日本，當經濟轉好時，嬰兒出生人數就會增加；反之，出生人數就會減少。此種嬰兒人數減少的趨勢，對許多產業都有重大的影響。例如幼兒園以及學校會因此而產生客源減少的問題，是將來這些產業要面臨的主要問題，必須從現在就要思考突破的策略以及方向❷。

5.子女離家時間延後或不離家自立

近年在許多東亞國家（如日本）流行所謂的「尼特族」(NEET)，又稱為「啃老族」，意指「沒有工作，但也不再接受教育或訓練的年輕人」(Not in employment, education or training)。很多日本年輕人因為不願踏入社會面對工作，因此賦閒在家。在臺灣也有愈來愈多的年輕人在大學畢業時因為不願步入社會，因而申請延遲畢業。他們的經濟無法獨立，多半仍然依賴父母的資助過活。這些族群形成了二十一世紀的一個獨特的家庭景象（可參考第十四章行銷實戰應用）。

---

❶ 葉英豪 (2006)。〈單親爸屋外吊食　餵二樓幼女〉。《聯合報》。

❷ Bruni, F. (2002). "Persistent Drop in Fertility Reshapes Europe's Future." *New York Times on the Web*, December 26.

11.3 家庭生命週期

11.3.1 傳統家庭生命週期

傳統家庭生命週期將家庭分為八個階段，如表 11-1：

表 11-1　傳統家庭生命週期

階　段	定　義
1.單身期	年輕，單身未婚
2.新婚期	年輕已婚夫婦，尚無子女
3.滿巢第一期	年紀稍長之已婚夫婦，有六歲以下之子女
4.滿巢第二期	年紀稍長之已婚夫婦，有六歲以上之子女
5.滿巢第三期	年紀稍長之已婚夫婦，有同住之依附子女
6.空巢第一期	年長已婚夫婦，無子女同住，父母仍在就業
7.空巢第二期	年長已婚夫婦，無子女同住，父母已退休
8.鰥寡期	年長單身獨居

（資料來源：Schiffman, L. G., & Kanuk, L. L. (2007). *Consumer Behavior*, 334, 9th Edition. Pearson Education Inc., Upper Saddle River, NJ.）

1.單身期

是指一個人在未婚的時期。從求學時期以至於初入社會工作，都屬此一階段。此階段的消費者沒有家庭負擔，但本身可支配的財力亦有限，因此多半會購買生活必需品以及少量娛樂消費，例如情人節、約會時看電影，與朋友共同用餐等消費為主。

2.新婚期

是指結婚後但還沒有小孩的時期。此時因多半為雙薪家庭，且沒有養育小孩的負擔，因此財務情形較為寬裕，可以購買一些較為奢華的產品。但此時期由於剛成家立業，許多人會開始購買房屋等產品，也可能因房屋貸款而產生消費排擠效應，因而減少其他方面的支出。旅遊、娛樂、汽車等產品是此時期較常見的較為大宗的消費品項。

3.滿巢第一期

是指已婚而家中最小的小孩在六歲以下的時期。由於小孩多在學齡前，尚未有許多學校方面的開支，但在醫療、食品、玩具以及衣物方面的支出則較多，對父母其他方面的支出構成壓力，因而會減少其他方面的開支。

4.滿巢第二期

是指家中最小的小孩在六到十二歲之間的時期。此時小孩開始上學，有許多學費、書本以至於補習等等方面的支出。父母事業隨時間發展而有所成就，收入因此而提高，但小孩教育的支出也增加，因此在一些奢華品上的消費仍會受到抑制。

5.滿巢第三期

是指家中最小的小孩約在二十歲左右的時期。此時小孩學業接近完成或已完成，有了自行謀生的能力。由於子女所需支出的減少，父母會在此時添購耐久財以及奢華性的產品。

6.空巢期第一期

是指家中所有子女離開家庭自立之後的時期。此時子女因工作或結婚而離開家庭，父母有更餘裕的時間與金錢來從事娛樂方面的消費。此階段對於高價精品的消費潛力會更高，由於所得增加而支出減少，財務更為寬裕，奢侈品、旅遊以及休閒的消費最多。

7.空巢期第二期

是指退休之後的時期。此時收入減少，但在醫療以及健康方面的支出逐漸增加，財務狀況不若之前階段，奢侈品的消費逐漸在此階段減少。

8.鰥寡期

是指配偶有一人因年老或生病而死亡的時期。此時收入減少，但在醫藥以及看護方面的需求增加，可支配的收入也因此減少。醫療產品以及老人看護等產品的使用以此期為大宗。

11.3.2 延伸（現代化）家庭生命週期

現在家庭型態由於個人生活型態產生許多變化而跟著轉變，傳統的家庭生命週期已經不足以描述現代人多變的生活方式，因此產生了延伸的家庭生命週期。此種延伸的家庭生命週期如圖 11-2：

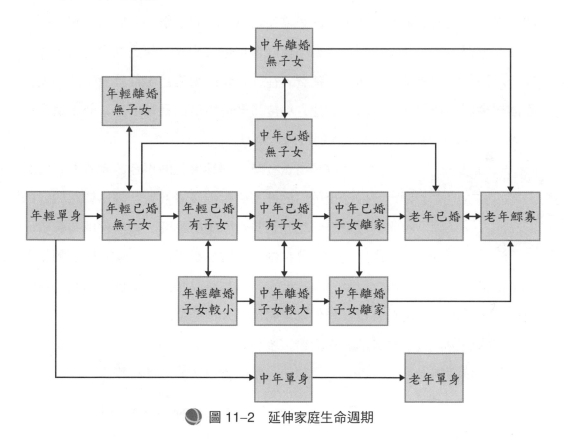

圖 11-2　延伸家庭生命週期

延伸家庭生命週期有許多異於傳統家庭生命週期之處。首先，延伸家庭生命週期將單身的人口列入模型考量之中，主要是不婚族。另外，也將在各個階段由於離婚而產生的單身狀態納入考慮。最後，也將即使在有婚姻狀態但沒有小孩的族群也納入考慮。模型中加入這些族群能反映現代社會實際的情況，也使運用家庭生命週期進行行銷工作的活動，能更精準的選擇適當的目標族群進行行銷溝通。

◎11.4 家庭社會化

社會化 (Socialization) 是一個人從與社會的互動中學會社會規範以及習俗的過程。而家庭可說是多數人最早社會化的開始地點❸。一個人從小在家庭生活中學會待人處世接物的技能，基本的價值觀以及根本的道德倫理概念。到了學校則與同學和老師彼此相互學習模仿，乃至於到了社會中與同事及他人相處，都是社會化過程的一部分。而就消費者的觀點而言，消費者在社會化的過程當中從社會中的他人與團體學會與消費有關的知識、技能、態度乃至於價值以及習俗等，都是消費者社會化 (Consumer Socialization) 的具體內容❹。

由於家庭是消費者第一個社會化的場合，家庭對人的影響也是最深遠的。因此家庭對消費者社會化的影響在內容的層次與深度上都遠超過其他團體的影響。對年輕的消費者而言，家庭與朋友發揮的影響層面是不同的。家庭影響的是最基本的價值與深層的觀念以及行為，此影響超越產品類別。而朋友以及同儕影響的則是較為外顯的行為以及對個別事物或品牌的態度。

就家庭對年輕消費者的影響而言，多表現於以下方面：

・道德／倫理觀念　　　　　　　　　・待人處世的方式與標準

❸ Rose, G. M. (1999). "Consumer Socialization, Parental Style, and Development Timetables in the United States and Japan." *Journal of Marketing*, 63, 3, 105–119; Rose, G. M., Dalakis, V., & Kropp, F. (2003). "Consumer Socialization and Parental Style across Cultures: Findings from Australia, Greece, and India." *Journal of Consumer Psychology*, 13, 4, 366–376.

❹ Hayes, C. W. (2000). "A Role Model's Cloth: Barbie Goes Professional." *New York Times on the Web*, April 1; Peracchio, L. A. (1992). "How Do Young Children Learn to Be Consumers?" *Journal of Consumer Research*, 18, 425–440.

❺ Ward, S.(1974). "Consumer Sucialization."*Journal of Consumer Reaearch*,1 , September, 2–12.

- 宗教信仰
- 核心價值
- 教養
- 教育動機
- 工作與職業目標

- 人際關係
- 衣著標準
- 飲食習慣
- 其他消費習慣與常模

這些都是深層的價值觀及其在各方面的表現。至於朋友以及同儕，則多影響較為表面以及與特定產品類別有關的態度以及行為。例如：

- 流行／風潮
- 風格
- 特定產品類別的品牌知識

- 品牌選擇的品味
- 同儕可接受的消費行為標準

由此可知，有些深層的消費價值在小時候便已決定而難以更改，而有些則是可以透過同儕的參考團體影響而改變。產品行銷的對象是否可以透過同儕的影響而改變態度，抑或是在家庭中便已養成而不輕易更改的深層態度，是行銷產品時必須考慮的重點。

 行銷一分鐘

料理食材宅配❻

現代家庭生活忙碌，外食普遍，原因之一就是過於忙碌，無暇外出採購以及做菜烹飪。過去業者的外送服務多集中在生產後的坐月子餐以及後來逐漸興起的春節年菜的宅配，現在則推出一般三餐外送的新服務，就是平時三餐的食材宅配。在透過訂購程序之後，業者每天將新鮮食材外送宅配到府，按所附菜單烹飪即可，省去外出採購的麻煩。這項新的服務，正是配合現代人生活型態所推出的一項嶄新創意產品。

---

❻ Pollster 波仕特線上市調 (2009)。〈料理三餐不麻煩，食材宅配到府服務正夯〉。2011年 6 月取自中時行銷資料庫。

◎11.5 家庭的集體決策與行銷

家庭購買決策是屬於集體決策的型態，成員間彼此扮演的角色與相互影響左右家庭的購買決策過程與結果，這是個人購買行為中所沒有的特性；尤其兒童與家庭間的關係以及對家庭購買決策的影響在家庭購買決策中有特殊的意義。因此本節就家庭的購買角色分類以及兒童在家庭購買決策的影響與角色作一討論❼。

◆ 11.5.1 家庭中的購買角色類型

在一個家庭購買的決策中，一個人可能扮演數個不同的角色，也可能不同的人扮演同一個角色。家庭購買決策中的主要角色有：

1. 發起者 (Initiator)

　　感受到需求存在而提議購買的人。

2. 守門者 (Gatekeeper)

　　控制產品訊息進入家庭的人。

3. 影響者 (Influencer)

　　在產品選購的決策上提供意見給其他人參考的人。

4. 決策者 (Decider)

　　實際決定要不要購買的人。

5. 購買者 (Buyer)

　　實際負責採購行動的人。

6. 使用者 (User)

　　使用產品的人。

7. 維護者 (Maintainer)

　　負責產品維修與保養的人。

---

❼ Palan, K. L., & Wilkes, R. E. (1997). "Adolescen-Parent Interaction in Family Decision Making." *Journal of Consumer Research*, 24, 159–169.

8. 處分者 (Disposer)

在產品使用後負責處理產品棄置等事項的人。

舉例而言，小銘家中有父母、祖父母以及姊姊共六人。有天小銘的父親覺得家中的汽車已經過於老舊，因此提議換一部汽車。此時小銘的父親就是發起者。而小銘熟悉網路資訊，因此上 Yahoo! 奇摩去找相關汽車的資訊，並且在 Yahoo! 奇摩知識[+]詢問他人有關汽車選購的資訊。小銘此時就擔任資訊流通守門者的角色。而小銘的母親與姊姊對汽車的外型以及品牌也有偏好，從廣告上看到的資訊以及在路上發現的新車種，讓她們擔任了影響者的角色。最後，小銘的父親綜合這些資訊，決定了要買的車種、品牌以及詳細的配備規格，並向車商下訂單，於是小銘的父親就是決策者以及購買者。

車子買來後，全家用車出外旅遊，因此小銘一家六口都是產品的使用者。小銘的父親對車子的保養與維護十分重視，平時都會叫小銘與姊姊一起洗車，自己會進一步做換油以及保養的工作，因此小銘、姊姊以及小銘的父親都是車子的維護者。最後，當車子使用時間久了，全家決定要再換一部新車時，小銘負責將舊車賣給中古車商，於是小銘也擔任了處分者的角色。

"I'll need a lot more money if you expect me to maintain a level of consumer confidence."

● 圖 11–3　家庭購買者與購買決策者的角色

11.5.2 兒童在家庭購買決策中的角色與地位

現代家庭隨著經濟的發展，除了少子化的趨勢之外，兒童在家庭購買決策中扮演日趨重要的角色，也是重要的轉變之一。中國大陸一胎化的政策，長期培養出許多的「小皇帝」，他們在家庭購買決策上有著舉足輕重的影響力。

兒童對家庭購買決策的影響，會隨著家庭關係以及兒童對產品有多少瞭解以及經驗而有不同。一般可以分為四種情形（見表 11-2）：

表 11-2　兒童產品經驗以及家庭關係決定兒童在家庭中購物的影響力

		家庭關係	
		和睦	不睦
兒童購物權威性	高	影響程度高	影響程度低
	低	折扣性影響	沒有影響

（資料來源：Sheth, J. N., & Mittal, B. (1997). *Consumer Behavior: A Managerial Perspective*. New York, NY: Prentice Hall.）

(1)若家庭關係和睦，且兒童對產品知識充足，亦即購物權威性高時，兒童對父母購物決策有最大的影響；(2)若家庭關係和睦，但兒童購物權威性低時，兒童只能發揮部分的折扣性影響；(3)若家庭關係不和睦，即使兒童購物權威性高，也只能發揮低度的影響力；(4)若家庭關係不睦，且兒童購物權威性低時，兒童對購物幾乎沒有任何影響[8]。

另外，家庭的威權類型與產品類別也與兒童在家中購物的影響力有關。茲將此關係列表如下（見表 11-3）：

---

[8] Gregan-Paxton, J., & John, D. R. (1995). "Are Young Children Adaptive Decision Makers? A Study of Age Differences in Information Search Behavior." *Journal of Consumer Research*, 21, 4, 567–580.

🍀 表 11–3　兒童在不同家庭形態以及產品類型中的購物的影響力

家庭類型	自用的產品		共享的產品	
	直接控制	共享影響	直接控制	共享影響
集權家庭	低	低	低	低
冷漠家庭	高	高	低	低
民主家庭	中	中	中	中
寬容家庭	高	中	中	中

（資料來源：Sheth, J. N., Mittal, B., & Newman, B. (1999). *Consumer Behavior: Consumer Behavior and Beyond*, 585. South-Western: Manson, OH.）

家庭的威權形態可以分為四類❾：

1. 集權家庭

在集權家庭中父母有絕對權力，兒童只能唯命是從。因此無論對何種產品，兒童對家庭購買決策的影響力都很低。

2. 冷漠家庭

在冷漠家庭中親子關係疏離，父母對兒童較不關心，因此對於兒童自用的產品，兒童本身有高的自主選擇權。然而對於要與其他家人共享的產品，其影響力就很低。

3. 民主家庭

在民主家庭中，由於家庭購買的決策多經過民主的程序，每個人對自己偏好的產品是否可以購買，需經過民主討論以及投票的程序。因此兒童對於家庭購買的決策，無論是自用或是共享，由於需經與他人共同決定的過程，因此有部分中等的影響力。

4. 寬容家庭

在寬容家庭中，父母對兒童的管教較為寬容，但父母比較會注意兒童本身的權利及利益，因此兒童對家庭購買決策的影響力，在自己直接控制的自用產品上有高的影響力，而在其他具共享性質的產品上則影響力居於中等。

---

❾ Armstrong, G., & Brucks, M. (1988). "Dealing with Children's Advertising: Public Policy Issues and Alternatives." *Journal of Public Policy and Marketing*, 7, 98–113.

⏱ 行銷一分鐘

更多的兒童市場商機 ❿

　　兒童在現代社會中代表一個資源豐富，影響力龐大的市場。兒童與網路世界的互動愈來愈深廣，這也為行銷人員帶來無窮商機。有些網站專門經營與兒童有關的產品與服務，例如提供與卡通或是兒童電玩。但有些特殊的網站則提供兒童創作的空間。如新力 (SONY) 發行的《童心看臺灣》電子雜誌，由臺灣偏遠地區的小學生以數位影像記錄自身周遭的生活記事與心情點滴，以影音的形式刊登在網站上供瀏覽。國外的 Kid's Space 也是一個提供兒童影音圖文創作的網站 (http://www.windows2universe.org/kids_space/kids_space.html)。這些網站能吸引兒童駐足瀏覽，為兒童網路世界提供一個讓行銷人員與兒童接觸的管道，使得行銷人員得以藉此管道將產品與服務提供給龐大的兒童客層。

◑ 11.6 家庭衝突與衝突解決

　　家庭成員朝夕相處，難免有意見不一致以及利益衝突之處。家庭衝突的產生，多來自於家庭成員對目標以及方法間不一致而產生的結果。這些不一致可以表 11–4 表示之：

🍀 表 11–4　家庭衝突的類型

		方　法	
		一致	不一致
目　標	一致	無衝突	解決性衝突
	不一致	目標性衝突	複雜性衝突

（資料來源：Sheth, J. N., Mittal, B., & Newman, B. (1999). *Customer Behavior: Consumer Behavior and Beyond*, 594. South-Western: Mason, OH.）

---

❿ 謝佩君 (2009)。〈兒少創作網　尋找線上「童化」世界〉。《電子商務時報》。

1.無衝突

當方法與目標都一致時，便無衝突產生，這是最單純的情形。

2.解決性衝突

若是目標一致而方法不一致，則稱為解決性衝突 (Solution Conflict)。例如，全家都有共識要出外旅遊，但對於要去什麼地方以及玩多少天則沒有交集。此時有幾種策略可以用來解決此類衝突 (Davis, 1976)：(1)角色策略：可以全家成員指派代表全權處理以及決定；(2)規則策略：可以訂定優先次序，依重要性處理；(3)問題解決策略：可以選出家裡對問題有研究的專家（例如旅遊達人的姊姊），與家中其他成員再經討論，決定問題解決的方案。

3.目標性衝突

當方法一致而目標不一致時，稱為目標性衝突 (Goal Conflict)。例如大家同意要去北海道旅遊，但爸爸希望以欣賞風景以及泡湯和吃海鮮為主，而媽媽卻希望多多購物血拼，此時便產生方法一致但目標不同的衝突。此時多以說服以及溝通方式來調整彼此對目標優先順序的看法。

4.複雜性衝突

當目標以及方法都不一致時，便稱為複雜性衝突 (Complex Conflict)。例如全家有一筆錢可運用，但對於要以何種方式花費皆無共識，便屬複雜性衝突。一般而言，複雜性衝突可以兩種方式處理：(1)談判策略：這是某種形式的條件交換。例如這次先裝修房屋，下次的預算比這次更多時再拿去旅遊。(2)勸服策略：可以用軟性的方式（例如動之以情）來說服，或是用硬性的方式（例如威權）來迫使他人同意。也可能以聯盟的方式，各個擊破，達成自己的目標[11]。

11.7 家庭因素在行銷上的應用

家庭因素的特色在於集體的決策，因此家庭用的產品，勢必要訴求家庭的需求。許多家庭決策型的產品，如嬰幼兒用品、教育用品以及其他家庭決策的產品如房屋以及汽車等，在尋求目標客層時可以考慮瞄準不同家庭生命週期階段的市

[11]　徐達光 (2003)。《消費心理學：消費者行為的研究科學》，426–428。臺北：東華書局。

場，以及利用家庭變遷的新趨勢，如單身以及不婚族的增加，和離婚後單親家庭的生活型態，推出適合這些族群使用的產品❷。另外，子女人數減少的趨勢，也是依賴人口數量生存的企業必須及早因應的課題。例如托兒所、幼稚園以及中小學的經營者，還有玩具業者都需要注意這些趨勢的變化。最後，人口的老年化使得銀髮商機大起，老人用的產品市場日趨龐大，也是行銷人員應注意利用的特性。

行銷實戰應用

夯很大的兒童網站❸

在網路時代，過去被忽略的一個族群是兒童的消費力。近年來有愈來愈多的網站開始重視這塊族群的需求，推出許多符合兒童使用需求的網站。例如經營兒童虛擬社群的 T-work's、Nicktropolis、Cartoon Doll Emporium 以及樂高公司建構了一個叫做 Lego Universe 的虛擬兒童社群，還有迪士尼推出的線上卡通城 (Toontown Online)，也包括 Neopets 這樣的虛擬寵物網站等等。這些都是針對兒童客群推出的網站。

在這些如雨後春筍般冒出的網站中，兒童社交網站是一個引人注意的特別類型的網站。例如「企鵝俱樂部」(Club Penguin)，就是一個適合六到十四歲兒童的社交網站。在這裡，每個孩子可以角色扮演成為一隻可愛的小企鵝，可以從事各種活動，如跳舞、釣魚、滑雪、衝浪等等，更可以與其他小企鵝交際往來。值得注意的是，企鵝俱樂部不刊登任何廣告。他們目前唯一的收入來源是會員費，這種作法是為了得到家長的信任。

除了企鵝俱樂部之外，另有一些具備獨特商業模式的兒童社交網站如網娃 (Webkinz.com)。在這裡小孩子必須先購買一個實體的絨毛玩偶，才能憑絨毛玩具上附有的一個祕密代碼登入網娃，領養和照顧一個虛擬的玩偶。此外，使用

---

❷ Achenreiner, G. B., & John, D. R. (2003). "The Meaning of Brand Names to Children: A Develpmental Investigation." *Journal of Consumer Psychology*, 13, 3, 205–219.

❸ 網路行銷 (2008)。〈案例：兒童網站正流行〉。松炎網路行銷有限公司。

者每買一個新玩具，就附送額外的遊戲金幣，可以在網站中進行消費與交易的活動。這個吸引兒童的商業模式讓網娃自從推出後大發利市，在兩年之內賣出了 200 多萬個玩偶，僅 2006 年的銷售額就超過 4,000 萬美元。

　　由這些兒童網站的成功模式不難看出，兒童市場的潛力龐大，也是未來網站經營的主軸之一。

◉本章主要概念

家庭生命週期	民主家庭
家庭社會化	寬容家庭
家庭購買角色類型	家庭衝突
兒童購物權威	解決性衝突
集權家庭	目標性衝突
冷漠家庭	複雜性衝突

 習　題

一、選擇題

（　）1.一個人的價值觀、習慣態度、自我概念、生活型態乃至於購買行為上，受下列何者的影響程度最大？　(A)同儕　(B)家庭　(C)學校教育　(D)工作

（　）2.下列敘述何者錯誤？　(A)處於家庭生命週期的不同階段，其消費模式也會有所差異　(B)處於家庭生命週期的不同階段，其消費的產品種類會有所差異　(C)購買奢侈性產品是鰥寡時期的特色　(D)現代家庭趨勢的改變，影響了消費行為的結構

（　）3.兒童與家庭購買決策不會受到下列何種因素影響？　(A)家庭關係和睦度　(B)兒童購物權威性　(C)產品類別　(D)產品定價

（　）4.請問下列何種類型的家庭，無論產品是自用或是共享，家庭購買的決策會透過家庭成員共同討論與投票的程序？　(A)集權家庭　(B)冷漠家庭　(C)民主家庭　(D)寬容家庭

( ) 5.難得的春節假期小美一家人打算出國度假。但是小美的爸爸媽媽想去北海道欣賞雪景，而小美與哥哥想去峇里島海邊。經過一番討論與遊說，小美與哥哥完整的行程規劃成功說動了爸媽改變主意決定去峇里島過年。請問上述衝突是透過下列何種策略解決？ (A)談判策略 (B)勸服策略 (C)問題解決策略 (D)規則策略

( ) 6.解決性衝突的特徵為何？ (A)方法一致，目標一致 (B)方法不一致，目標一致 (C)方法不一致，目標不一致 (D)方法一致，目標不一致

( ) 7.下列關於家庭中購買角色類型的敘述，何者正確？ (A)影響者是指在產品選購的決策上提供意見給其他人參考的人 (B)一個人不可能扮演數個不同的角色 (C)維護者是負責控制產品訊息進入家庭的人 (D)每一個角色都只能由一個人扮演

( ) 8.下列關於家庭社會化的敘述，何者錯誤？ (A)家庭是多數人最早社會化的開始地點 (B)家庭影響的是最基本的價值與深層的觀念以及行為 (C)朋友以及同儕影響的是較為外顯的行為 (D)深層的消費價值可以輕易的透過參考團體影響而改變

( ) 9.下列何者不是尼特族的定義？ (A)沒有工作 (B)沒有接受訓練 (C)沒有收入 (D)沒有接受學校教育

( ) 10.下列關於「滿巢第二期」的敘述，何者正確？ (A)年紀稍長之已婚夫婦，有六歲以下之子女 (B)年紀稍長之已婚夫婦，有六歲以上之子女 (C)年紀稍長之已婚夫婦，有同住之依附子女 (D)年長已婚夫婦，無子女同住，父母仍在就業。

二、思考應用題

1.在你家中，哪些產品的購買是屬於個人決策？哪些是屬於家庭決策？在家庭購買決策中，每個人分別扮演何種角色（如影響者、購買者、決策者、使用者等）？影響購買最重要的角色是誰？為什麼？

2.選擇兩樣產品，一項產品的目標客層是針對個人；另一項產品的目標客層是針對家庭。比較這兩種產品在銷售技巧以及行銷溝通訊息上有何差異？

3.以你的家庭為例，舉出最近一次家中因意見不同而產生的衝突。以本章家庭衝突的類型為架構，按照目標與方法的一致性與否，分析此次家庭衝突的類型與本質。對於此次家庭衝突的解決與結果，是否與書中的描述類似？若不是，分析為何有此差距？

4.你或你的朋友家中有兒童嗎？若有，兒童在家中消費採購所扮演的角色為何？兒童權威與家庭關係的影響，是否如本章所述？若是有很大不同，試著分析為何有此差異？

5.在網路上找一個兒童社交網站和一個成人社交網站，比較二者的差異。在成員的參與動機、社交行為以及需求滿足上，此二網站有何差異？

第十二章　社會階層

我們的日常生活中常常有一個經驗，就是發現某兩個和自己相識，但彼此不相關的人，竟然因為另一個人而連上關係。例如自己從小的玩伴但失聯很久的人，竟然是在另一個朋友的公司工作。我們常常歸因這類事情為「臺灣太小了」。但事實上，這是一個全世界普遍的現象。通常稱為「六度分離」(Six Degrees of Separation)，或是「小世界效應」(Small World Effect)。

六度分離的意思是這世界上任何二個人，不管關聯性多麼薄弱，只要透過六個人便可以連上關係。早期在 1960 年代心理學家米爾格蘭 (Stanley Milgram) 的研究，是指定任何一個和自己沒有關係的人 (例如女神卡卡)，寫一封信交給自己認識的人請他轉交給他所認識的人，發現無論所指定的人與自己多不相關，信件都可以在轉寄六個人之內送達給對方。

這個小世界現象，到了近代，吸引更多科學家的注意，包括物理學家、數學家、生物學家、心理學家，乃至於社會學者，都發現許多自然與社會現象，例如募款活動以及失蹤協尋等，背後都有這種網路法則的深遠影響。以電子郵件資料庫的研究顯示，每個人平均只需要六‧六個人的中介，就可以和全資料庫的其他所有人連結。同樣的法則，不只是出現在社會關係中，從網際網路的連結，電力網的組織，大腦神經元的互聯特性，乃至於基因的組合，都具備這種網路組織的特性。

在社會人際網路的聯繫中，究竟是自己深交的親朋好友，還是平日少見的點頭之交在維繫網路上比較重要？一般人直覺的答案多半是深交的好友。但社

---

❶ 布侃南 (2003)。《連結》。胡守仁譯。臺北：天下文化。

會學家格蘭諾維特 (Mark Granovetter) 發現，其實弱連結 (Weak Tie) 才是維繫網路連結的關鍵。因為自己的親朋好友是強連結 (Strong Tie)，彼此能連結的對象都差不多。但點頭之交的弱連結，和自己的來往網路各不相同，因此容易透過弱連結去接觸到其他自己不熟的人。強連結若被打斷（例如與好友失聯），仍然可以透過其他的連結搭上關係，但弱連結被打斷的時候，則很可能和那個網路的連結就完全被隔絕了。因此，弱連結會比強連結在維繫網路的功能上更為重要。

因此，無論是散布消息，或是找工作，把消息傳給點頭之交，會比把消息傳給自己的親朋好友更為有效，可以讓消息傳遞得更遠。在世界日趨複雜的今日，可能沒有比六度分離這個現象更適合「天涯若比鄰」這句古諺了吧。

人是社會性的動物，其日常生活以及消費行為都受到社會中其他成員的彼此影響。在人類社會的組織中，有依照階層高低不同的特性而區分的社會階層系統，將社會中的成員區分為不同的社會階層。不同社會階層的成員，其生活型態、消費習性皆不盡相同。這些不同的社會階層，正好作為行銷上市場區隔的另一項基礎。而屬於同一社會階層的成員，則會彼此相互影響，透過口碑等管道來影響彼此的消費行為。

因此在行銷上，廠商鎖定某一特定社會階層的消費者後，可以利用傳播的管道進行溝通，透過同一社會階層中彼此的影響力，能夠快速的傳播產品的訊息❷。本章的目的在於介紹社會階層的測量方式，並描述常見的一些社會階層的體系，以及這些系統在行銷上的應用。

12.1 社會階層的定義與作用

社會階層的正式定義，是依照一定的標準將社會中的成員，區分為若干層級高低不同的階層。因此，屬於一個社會階層的人或消費者，有比他所屬層級

❷ Henry, P. C. (2005). "Social Class, Market Situation, and Consumers' Metaphors of (Dis) Empowerment." *Journal of Consumer Research*, 31, 766–778.

更高或更低層級的其他人可以互相比較。就具體的社會階層分類而言，常見的有三項：(1)財產多寡；(2)職業種類。例如律師、醫師、銀行家或是上班族、小販，就是以職業作為社會階層分類的一種方式；(3)教育程度。例如以小學畢業或是大學、研究所畢業，則是以教育程度作為社會階層分類的方式。

　　社會階層無論在行銷或是其他與社會經濟有關的議題中，都有重要的意義。自古代以來，人類社會就很重視社會階層的存在。中國古代在魏晉南北朝時的「九品中正制度」，將人分為九等。以及古印度流傳至今的「種姓制度」，都是將社會階級的劃分納為正式制度的實例。在歐洲中古時期的貴族與平民的區別，也是社會階級劃分的結果。古代與今日社會在社會階級上的主要差異是，在古代社會階級是世襲的，而在今日的社會，則有可能透過個人的努力，提升個人的社會階級。

　　社會階層對經濟性的主題以及行銷也具有重要的特別意涵。同樣社會階層的人，其購買力也多半類似，對產品的選擇以及偏好也往往相似。因此，在產品行銷的規劃中，可以針對同一社會階層的消費者進行市場區隔以及目標市場選擇的規劃。這是社會階層在行銷上主要的功能❸。

12.2　社會階層的衡量

　　由於社會階層有許多不同的定義，其衡量就成為一個主要的議題。社會階層有許多不同的衡量方式，但大致上可以分為以下幾種類型：

1.主觀衡量

　　主觀衡量方式要求受訪者自行評估其所處的社會階層。例如，詢問受訪者以下的問題可視為是一個主觀衡量的題項：「請問以下何者最能描述你的社會階層？(1)上流階層；(2)中產階層；(3)下級階層。」受訪者依其主觀的感受填答。

　　主觀衡量雖有時可能失之主觀，但由於受訪者對自己社會階層的主觀評估會影響到其社會行為，以及決定其與其他階層成員互動的內容，因此不失為一種可行的衡量方式。然而，使用主觀衡量的方法時需注意，多數人傾向於將自

---

❸　同❷。

已歸類為中產階層，因而產生偏誤。

2. 客觀衡量

客觀衡量使用問卷調查的方式，藉由蒐集人口／地理統計與前述之社經地位變數的資料，如職業、財富、教育等的資料，再將受訪者依其個人資料以設定的標準加以分類。行銷人員則可依此結果，進行目標客層的行銷活動。

客觀衡量可以使用單一變數的指標或是多重變數的指標。使用財富、職業或是教育程度作為單一的指標。但在實際運用時，使用多重指標較能反映實際的社會階層情況。目前較著名的多重指標包括「階級特徵指標」(Index of Status Characteristics, ISC)，以及「社經地位分數」(Socioeconomic Status Score, SEC)。兩者都是使用多重的變數組合作為社會階層指標的量表。

3. 名聲衡量

名聲衡量是藉由在一個社群中的其他成員對彼此社會階層的衡量來決定社會階層層次的方法。此種方法可以視為是主觀衡量與客觀衡量間的一種折衷方法。由他人評定的社會階層具備一定的客觀性，但評定的標準來源卻是由他人主觀所認定的。

◉ 12.3 社會階層的分類系統與其消費行為

◆ 12.3.1 西方文化中社會階層系統與其消費行為的特性——以美國社會為例

現代社會經歷兩次世界大戰後，雖然在種族、文化以及意識型態上仍有巨大的差異，但許多經濟與社會系統卻逐漸產生一致而類似的運作系統。其中以資本主義為最主要的特色。資本主義的主要精神，在於透過個人以及群體合作使得生產力改善與提升，進而產生價值。而價值的計量與表現，則在於資本的累積。於是，即便社會系統間有許多種族與文化的差異，採行資本主義的現代社會在社會階層上卻有驚人的相似性。以最純粹的資本主義國家美國做一代表，可依據前述財富、職業以及教育程度的差異區分為五個大的階層：

1.上層社會

　　上層社會一般是指社會階層頂端的成員，其掌握的財富、權力與訊息資源是最多、最豐富的❹。這些人通常是企業的領導者、社會的意見領袖，也是各行各業中有所成就的佼佼者，對他們而言除了工作之外，投資的資本利得是一個重要的收入來源。在消費行為上，上層社會多半重視產品帶來的價值，而較不重視價格等因素。在消費的原則上，以重視品味以及流行資訊為主要特色❺。

2.上（中）階層

　　此階層通常是指白領階級的專業工作者。這些人具備一技之長，通常有學士或研究所的學位，是公司的中堅幹部或部門領導人。這些人在工作場合的自主性高，相對地，工作滿意度亦較高。在消費行為上，他們傾向受到流行資訊的影響，由於資訊取得資源豐富，他們通常也願意去嘗試新的產品或事物。在消費的原則上，許多人是以價值極大化為主要特色，亦即是以物超所值為消費選擇決策的主要原則❻。

3.下（中）階層

　　此階層是指受過全部或部分大專教育的人，擔任半專業性的職務，多半從事非零售業類的工作。工作穩定性較差，工作安全保障是一個較大的問題。此類家庭中以雙薪家庭人口為主，在消費行為上以量入為出為原則，一般可支配的薪資所得較少。消費的產品多以必要性為主要的考量。

4.勞工階層

---

❹ Arora, R. (2005). "Affluent Americans: Priorities of the Prosperous." *Gallup Poll News Service*, February, 8, 1–4; "Marketing to Affluents: Hidden Pockets of Wealth." *Advertising Age*, July 9, 1990, S1.

❺ Casison, J. (1999). "Wealthy and Wise." *Incentive*, January, 78–81; Luthar, S. S., & Latendresse, S. J. (2005). "Children of the Affluent; Challenges to Well-Being." *Current Directions in Psychological Science*, 14, 49.

❻ Knapp, M. M. (2001). "Believing 'Myth of the Middle Class' Can Be Costly Misreading of Consumer Spending." *Nation's Restaurant News*, January 1, 36; Crispell, D. (1994). "The Real Middle Americans." *American Demographics*, October, 28–35.

　　此階層以藍領勞工為主，教育程度較低，大多數僅中學畢業，從事的工作則以勞力密集的產業為主❼。此階層成員的謀生技能多半來自勞力，薪資是最主要的收入來源。而在消費行為上，則以價格為主要的考量，對新的流行資訊較為封閉。企業在產品行銷上須以教育此類消費者使用新產品的方法，以及新產品的利益點作為主要重點❽。

5.下層社會

　　此階層屬於接近貧窮線邊緣的人口，教育程度低，未受過正式教育的人口比例亦較高。工作情形不穩定，許多人亦常在有無工作的邊緣掙扎求生。由於缺乏專業技能，收入亦較低，常成為社會的邊緣人，需要社會福利系統協助的比例亦高。此階層的人在消費行為上，常對新產品的消費產生心有餘而力不足的現象。這些人也鮮少是產品行銷的重點目標客層。消費的產品也多以生活必需品為主，少有必須之外的花費。

⏱ 行銷一分鐘

職業有貴賤？

　　社會階層作為行銷的市場區隔，往往會使用收入、教育程度以及職業三個面向來作社會階層的分類，進而作為市場區隔的基礎。前二者有單一的向度可以衡量（收入是金額，而教育程度則是受教育的年限或是學位的高低），而職業則沒有單一的向度可以進行比較。通常以職業區分社會階層，需要消費者根據某個向度，如職業聲望 (Prestige) 或是道德標準 (Ethical Standard) 所作的主觀評等。

　　根據美國蓋洛普民調中心 (Gallup Poll) 的一項研究❾顯示，消費者認為職

❼ Yates, M. D. (2005). "A Statistical Portrait of the US Working Class." *Monthly Review*, 56, 12–31.

❽ Heath, R. P. (1998). "The New Working Class." *American Demographics*, January, 52.

❾ Norman, J. (2016). "Americans Rate Healthcare Providers High on Honesty, Ethics." *Gallup Poll Online, December 19.*

業聲望正面評價最高的前三名是護士，藥師，以及醫師；職業聲望負面評價最高的三名則依序是眾議院國會議員（倒數第一），參議員（倒數第二），以及汽車銷售員（倒數第三）。比較令人驚訝的是，有些社會名望高的職業，卻被認為是道德標準比較低的，如眾議院國會議員（倒數第一）、律師（倒數第八）、州長（倒數第九）以及企業執行長（倒數第十）等等，而這些行業中，有不少是屬於高收入的行業。

　　由此可見，以職業作為社會階層的衡量指標，會因為使用的向度不同而產生完全不同的結果，因此要用職業作為社會階層的衡量指標，必須要慎選衡量的向度才能正確的進行以社會階層為基礎的市場區隔。

🔷 12.3.2 東方文化中社會階層系統與其相關消費行為的差異

　　一般而言，由於東方文化多具有古老的歷史，其社會階層的劃分多受其早期歷史文化的影響。此外，在多數的東方文化地區，因為受到儒家思想的影響鉅深，其社會階層的劃分也多具備儒家思想的色彩。以中國為例，早期歷史中對「士農工商」的劃分，就是儒家思想反映的價值觀所產生的結果。其他在地理上接近中國的地區或國家如日本、香港、南韓，歷史上亦有類似的社會結構。

　　在儒家思想的影響下，讀書人具有最高的社會地位，從政為官以實現經世治國的理想，則為其最終抱負。因此在早期的中國文化中，經濟與社會資源是被讀書人與政府單位所壟斷。商人雖可經商致富，但卻無法取得較高的社會地位。因此，在古典文學中可以看到，商人（如胡雪巖）對政治社會雖有巨大的影響，但其影響方式總是間接的。

　　近代由於資本主義重商觀念的流行，現在東方社會的社會階層劃分，已經與西方社會愈來愈趨一致。這裡的東方社會係指如臺灣、香港、新加坡、日本及南韓等亞洲國家或地區。上述國家或地區都是屬於資本主義的經濟體系，唯有施行共產主義的地區如中國大陸，在社會階層的劃分上較不受西方系統的影

圖 12-1　中國大陸近年來經濟發展快速，連帶影響社會階層結構，使其與資本主義國家愈來愈相似

響。但即便是中國大陸，在近年改革開放的潮流下，社會階層產生重大變革，基本上已經與現在西方社會的系統沒有明顯的差異了。

中國大陸社會的改革開放，以及在經濟上的自由化，讓人見識到中國社會務實的一面。反映在消費行為上，則是大量物質主義的流行，以及一般人民價值觀的劇烈改變，例如名牌的消費代表個人的成就以及能力，而非過去所引以為恥的奢侈行為。此種務實主義 (Pragmatism) 是過去以提倡意識型態的價值觀的共產主義以及傳統文化所未曾想像到的發展，也是複雜多面向的中國人性格中過去所被忽略的層面，未來學術界對此務實的性格特色，應可有多加著墨研究的空間。

圖 12-2　無殼蝸牛的社會階層

12.4 與社會階層有關的社會理論與現象

12.4.1 社會比較理論

社會比較理論 (Social Comparison Theory) 是利昂‧費斯汀格 (Leon Festinger) 在 1954 年所提出的一個概念。費斯汀格的最初概念主張，人有與他人比較以決定個人社會地位的傾向。也就是說，社會比較是個體在缺乏客觀比較標準的基礎下，會與他人作比較，來進行自我評價的過程。通常我們會傾向於拿與我們自己相似的個體來作比較。常見的比較對象選擇可分為兩種：(1)與比自己好的人比較，稱為向上社會比較 (Upward Social Comparison)；(2)與比自己差的人作比較，稱為向下社會比較 (Downward Social Comparison)。Festinger 也認為，此種社會比較的傾向會隨著個人與比較對象的意見差異愈來愈大而減少。人們藉由與他人的比較，來確定自己的社會地位，以及維持個人的自尊。

Festinger 的社會比較理論，與社會階層自然有直接的關聯。人們比較的對象，如果是具有較高的社會階層，則可能使個人有較低的個人評價，但另一方面也可能促使個人向上奮鬥，以爭取更高的社會階層。而與比自己社會階層低的人相比較，則會使個人的自尊增加，維持較佳社會地位的感受。此種比較也可用以解釋許多消費行為的產生。許多人會因為親友購買奢侈品如名車或是珠寶而跟進購買，或是在社交場合對服飾品牌與品味的比較，皆可視為是此種社會比較心理的結果。亦即現代社會許多產品的消費，不一定是基於真實的需求，而是一個社會比較心理的產物。

12.4.2 社會階層的階級象徵消費與奢華消費

在現代的資本主義社會，消費不只是滿足產品功能性的基本需求，消費行為本身更成為許多人用以彰顯其社會地位的主要方式。許多人會藉由購買名牌產品的方式，藉以增加其社會階層與地位。此種藉由名牌消費來增加個人社會地位的消費動機，可稱為是階級地位的象徵性消費 (Status Consumption)，或是美國經濟學家索斯坦‧偉伯倫 (Thorstein Veblen) 稱之為「奢華消費」(Conspicuous Consumption)。偉伯倫認為，消費除了以產品來滿足功能性的需求外，人們也會藉由消費來滿足與其相似社會階層的同儕比較與炫耀的心理。即使產品本身並未在功能性上有相應的價值，但可以滿足此種心理動機的需求❿。

● 圖 12-3　一般來說，當價格愈高時，商品的購買量會下降；但對某些商品而言，價格愈高，購買量愈高

近年來，由於新興市場，如中國大陸、印度、巴西、俄羅斯等地區經濟的持續成長，許多人在致富之後，開始消費更多奢侈品。名牌包、汽車及手錶等等商品的業績都快速成長。這些奢侈品的消費，相當程度反映了奢華消費的消費心理動機。就廠商而言，建立具備此種象徵意義的品牌價值，更是利用此種消費動機取得市場的不二法門。

行銷一分鐘

社會階層與口碑行銷

　　從事口碑行銷的人員應注意，口碑行銷最有效的範圍，是屬於同一社會階層中的消費者。不同社會階層的消費者，本來在生活圈的重疊範圍就很少，要透過口碑來彼此影響就更難。因此，口碑行銷的效果衡量，應以同屬一個社會階層中的消費者受到影響程度高低作為衡量的底線，而非絕對的不受社會階層範疇的大小影響。換言之，口碑行銷策略的使用，應以社會階層作為市場區隔以及目標市場選擇作為策略的基礎。

---

❿ O'Cass, A., & McEwin, E. (2004). "Exploring Consumer Status and Conspicuous Consumption." *Journal of Consumer Behavior*, 4, 25–39.

12.4.3　社會階層化與社會階層的流動

社會階層化 (Social Stratification) 是一個社會學的名詞，係指由於社經地位的差異而逐漸在社會中所自然形成的階層 (Stratum) 式的社會結構，此概念與消費者行為中的社會階層類似。根據社會學家的研究❶，現在西方社會的階層依據其社經地位大約可分成上層 (Upper)、中層 (Middle) 與下層 (Lower) 三個層次，每一個階層又可根據職業再分成更細的次階層。除了社經地位之外，不同階層中的人其所掌握的權力大小亦不相同。現代多數的社會都是呈現此階層狀的結構。

但人類學家也發現，有少數社會有非階層化 (Non-stratification) 的現象。例如，在以親屬關係 (Kinship-oriented) 為主要導向的社會中，社會成員會避免形成階層化。這是由於階層化的社會多半是以經濟力量為階層劃分的主要原則，在競爭經濟資源的過程中難免有許多的衝突與競爭出現，而這些正是以團體和諧為主要原則的親屬關係導向的社會所希望避免的。

由於以經濟資源為區分社會階層的社會中強調個人的經濟生產力，當個人經濟生產力改善時，便有可能改善自己的社會階層，於是創造了社會階層的流動 (Social Mobility)。資本主義的發展是建立在人性會藉由市場的自由競爭以換取更好生活的假設上。在某一社會階層上的人，會設法努力奮鬥，以求躋身更高的社會階層，此種動機會造成社會階層的流動。

🔵 圖 12-4　「十年寒窗無人問，一舉成名天下知」說明了教育是社會階層流動最常見的方法

一般而言，教育是社會階層流動最常見的方法。在一個具備完整教育制度的社會中，在經濟地位上處於弱勢的人們與家庭，可以透過接受教育來使自己更具備競爭力，以求在未來的社會競爭中能藉由專業的能力朝向更高層的社會階級前進。一旦具備一定的社會地位以及資源，便可產生正回饋 (Positive Feedback)

> ⊙ 正回饋
> 意指以資源創造資源會愈來愈容易。

❶ Sounders, P.(1990). Social Class and Stratification. New York, NY: Taylor & Francis.

的效果，利用已有的資源創造更多的資源。在更高的社會階層中，利用人際的網絡以及同一社會階層的人際往來，製造向上提升的資源。在一個自由經濟的社會中，每個人終其一生都有許多機會藉由個人的努力，提升個人的社會階層，並將此奮鬥的部分成果展現以及傳承給下一代的子孫。

12.5　社會階層與行銷

12.5.1　M型社會與其消費型態

日本社會趨勢觀察家大前研一在 2006 年提到，當今以資本主義社會為主的經濟體，逐漸步入一個 "M" 型的社會結構，即中產階級逐步消失，其中一部分的人，會逐步提高其社會階層，進而成為上流社會的成員；另一部分的人則逐漸喪失其經濟與社會資源，朝向下層社會流動。造成貧者愈貧，富者愈富的現象。於是，在社會階層的上端與下端人數愈來愈多，而在中間的中產階層這一層則逐漸消失，形成一個 "M" 字型的結構，因此稱為 "M" 型社會[12]。

早年歐洲資本主義的興起，最大的特色之一就是中產階級的出現。這些人介於貴族與農奴之間，且人數眾多，形成了穩定社會秩序的最大力量。然而，隨著現代資本主義的深化與擴展，講求效率與競爭的美式經濟體系，資本可以透過各種金融工具快速擴張與累積，造成有資本的人與沒有資本的人在社經地位上的差異愈來愈大，對有資源的人形成正回饋 (Positive Feedback)，造成其資源更加豐富；對缺乏資源的人形成負回饋 (Negative Feedback)，造成其資源進一步被剝奪，其經濟處境也會進一步惡化。此種現象在已開發的資本主義國家如美國愈來愈明顯，對開發中國家如中國大陸、香港、臺灣等缺乏足夠社會安全機制的國家，貧富差距增加速度之快較已開發國家有過之而無不及。

過大的貧富差距在一百年前造成的共產主義的興起，為人類二十世紀的歷史帶來重大的轉變。在二十一世紀的今日，人類歷史的學習經驗，固然使得共產主義不致死灰復燃，但政治與社會系統要如何面對此種 M 型社會所造成的社

[12]　大前研一 (2006)。《M 型社會》。臺北：商周出版。

會矛盾與張力，包括愈來愈大的收入差異以及許多人所感受到的社會不公平，資源集中在有錢的一端，卻是現代的政府必須面對與解決的課題。

從行銷的角度而言，M 型社會意味著市場機會朝向社經地位的兩個極端移動，而訴求中產階級的產品則逐漸失去其市場。此種傾向在近年的臺灣社會愈趨明顯，無論是奢華消費品或是一般的民生消費品，都出現此種現象。從汽車、住宅乃至一般民生用品，定位極高檔以及極低檔的產品其銷售狀況都很好，但做中間定位的產品則出現銷售快速下滑的情形。純就行銷的角度而言，這意味著在未來的市場競爭中，產品定位與目標客層的選擇益形重要，即在使用社會階層作為市場區隔的基礎時，必須選定高層或是低層的定位，若選擇中間社會階層的市場將會有一定的風險，且其市場規模的估計也必須更加保守。

> **注意!!!**
> M 型社會意味著訴求中產階級的產品會逐漸失去其市場。

12.5.2　利用社會階層進行行銷

對行銷者而言，應該如何利用社會階層作為行銷的策略工具呢？以社會階層作為行銷工具的主要思路在於如何利用社會階層作為目標市場的區隔基礎，以及如何利用相同社會階層中成員的相似性進行行銷。以下針對此點，就相同社會階層中成員相似的特性可作為目標客層行銷的基礎作一討論的實例：

1.同一社會階層分享相似的價值觀

同一社會階層中的成員其價值觀較為類似，也傾向於消費代表相同價值觀的產品。例如，中產階級家庭選擇汽車時，多喜歡以物超所值作為選擇的目標，希望相同的花費能取得最大的利益。此點就與上層社會強調品質重於價格，以及勞工階層以價格為主的價值觀不相同。這些階層消費行為與價值觀的特性，就是進行目標行銷時可以考慮的策略重點。針對目標客層所重視的價值，例如家庭的價值，以及對親情友情的重視，也是塑造產品形象時可以考慮切入的角度。

2.同一社會階層分享相同的流行與品味的訊息

此點除了在廣告設計時可以針對目標客層的特性加以設計之外，也可以用於其他傳播方式的媒體策略。在同一社會階層中的成員，由於品味與對流行意見的相似性，他們會傾向於接收類似媒體的訊息，並且藉由口碑互相傳播。因此在同一媒體上的訊息，可以很容易的傳播到其他相同社會階層的成員中。因此可以善用此一特性，創造媒體的最大效益。

 行銷實戰應用

社會階層與網路行銷策略

不同社會階層的消費者其消費行為以及社交圈也各不相同，但在網路社群中，這些不同社會階層的消費者似乎都匯聚在同一社群之中。然而，不同社會階層的網友，其價值、思考以及行為都有很大差異。對於行銷人員而言，如何正確的辨認以及區隔不同社會階層的消費者以及採行不同的行銷策略，就是一項重大的挑戰。

過去的研究顯示，白領階層（亦即上層社會）與藍領階層（亦即下層社會）的網路消費行為有著系統性的差異。以下是二者的比較：

表 12-1　上層社會與下層社會的網友習性

	上層社會	下層社會
群體人數	較少	較多
教育水平	較高	較低
上網地點	家中	網咖
消費習性	再便宜也不購買	衝動消費
廣告價值	高	低
內容網站使用	較多	較少
搜尋引擎使用	較多	較少
網路遊戲	基本不玩	主要娛樂
陌生人網路聊天	基本不聊	主要活動
MSN Messenger	有使用	少用
電子郵件帳號擁有	較普遍	較少
Web 2.0 營利模式	廣告	會員費用

（資料來源：數位之牆 (2007)。〈Web 2.0 再思考（二）「上層社會」與「下層社會」〉。）

　　表 12-1 說明，不同網站如果針對不同社會階層的客源，其行銷方法也會不同。例如，網路遊戲和聊天室比較適合藍領階層的消費者，而部落格或是以提供內容為主的網站則以白領階層為主要目標客層。此外，由於白領階層的客層通常不願意支付會員費用，因此網站收入的來源必須要從廣告著手。相對的，以藍領階層為目標客層的網站，由於這些客戶會有許多的衝動性購買，他們比較願意付會員費用來使用網站，因此這些網站適合用收費會員制的方式來接觸主要的客層。

◎本章主要概念

社會階層	下層社會
社會階層之主觀衡量	社會比較理論
社會階層之客觀衡量	階級象徵消費
社會階層之名聲衡量	奢華消費
上層社會	社會階層化
上（中）階層	社會階層流動
下（中）階層	M 型社會
勞工階層	

 習 題

一、選擇題

（　）1. 社會階層的分類不包括下列何者？　(A)年齡大小　(B)財產多寡　(C)職業種類　(D)教育程度

（　）2. 以問卷調查的方式蒐集人口／地理統計變數資料，設定標準後並加以分類是屬於下列何種社會階層的衡量方式？　(A)主觀衡量　(B)客觀衡量　(C)名聲衡量　(D)交叉衡量

（ ） 3.當產品的功能性已不足以滿足消費者的基本需求，進而開始購買有品牌的產品，例如購買法拉利跑車，以彰顯個人社經地位時，我們稱之為何？ (A)向上社會比較 (B)向下社會比較 (C)社會階層化 (D)階級象徵消費

（ ） 4.購買下列何種產品無法表達奢華消費的意涵？ (A)勞力士手錶 (B)施華洛世奇水晶 (C)萬寶龍鋼筆 (D)大同電鍋

（ ） 5.社會階層的流動性無法藉由下列何者而改變？ (A)個人經濟生產力 (B)家庭背景 (C)人際網絡 (D)教育、知識水準

（ ） 6.下列關於M型社會的敘述，何者錯誤？ (A)貧者愈貧，富者愈富 (B)常發生於以資本主義為主的經濟體 (C)中產階級得以快速累積財富 (D)逐漸失去中產階級的市場

（ ） 7.口碑行銷能夠使用於相同社會階層中成員，是因為他們具備哪些相似的特性？ (A)價值觀 (B)對流行新知有共同的品味 (C)生活圈範圍 (D)以上皆是

（ ） 8.利用社會階層進行行銷時，下列何者不是考量的重要因素？ (A)促銷活動 (B)產品定位 (C)目標客群的選擇 (D)市場區隔

（ ） 9.下列何種產品定位在M型社會中較為不利？ (A)高檔 (B)中檔 (C)低檔 (D)以上皆非

（ ） 10.與他人相互比較以決定個人社會地位傾向的理論稱為： (A)社會心理學理論 (B)社會消費理論 (C)社會互動理論 (D)社會比較理論

二、思考應用題

1.選擇你所認識屬於兩個不同的社會階層的兩個人，比較他們在食衣住行育樂方面消費型態的差異。包括品牌以及品項的選擇、價格的差異以及通路的不同等。這些差異是如何受到同一社會階層中其他成員的影響而形成的？

2.以兩部汽車品牌為例，一部是高級進口車，另一部是平價國產車。以自己扮演神祕顧客 (Mystery Shopper) 的方式，前往兩家店面假裝要買車，並與對方業務人員接觸。從接觸的過程中，比較兩種車的銷售過程中，業務人員銷售技巧的差異。試以顧客不同社會階級的因素對此類商品銷售過程的要求不同來解釋造成此種差異的原因。

3. 比較 M 型社會的上層與下層在生活型態上的差異。這兩群人在消費時的動機有何差異？消費過程中重視的事情有何不同？消費產品時所購買的「價值」內容又有何差異？

4. 尋找兩個 P2P 網站其使用者代表兩種不同的社會階層。比較二者在網站的使用目的、交換訊息內容以及表達方式上的差異。

5. 教育是許多社會可以產生社會階級流動的主要方式，然而有人說，在臺灣要依靠教育翻身是愈來愈困難了。你同意此種說法嗎？為什麼？如果你覺得確實愈來愈難以依靠教育向社會階層的上層移動，那麼臺灣政府應該做什麼樣的努力與改變？

第十三章　文化對消費行為的影響

臺灣兼容並蓄的飲食文化

　　臺灣是個移民組成的國家，從最早期的原住民，到 400 年前漳州泉州的移民（一般稱為本省人），以及 60 年前因國共內戰而遷移來臺的外省人，乃至於近年來因政策開放而產生的以東南亞為主的外籍新娘，都為臺灣這塊土地帶來各式各樣不同的文化衝擊。隨著政經情勢的轉變，兩岸交流正方興未艾，新一代的大陸人在可見的未來又會給兼容並蓄的臺灣文化帶來新的元素，創造新的文化產物。

　　臺灣可以說是兩岸三地中，精緻文化最發達的地方，無論食衣住行都有令人驚豔的發展。其中又以飲食文化最能代表臺灣的特色之一。臺灣的飲食文化有其歷史的軌跡，從早期的日據時代所帶來的日本飲食、國民政府時期的中國大陸八大菜系，以及經濟起飛後外國飲食的引介，都為臺灣的飲食文化增添了許多特色。

　　臺灣本土的飲食特色以小吃為主，其基礎是受到福建菜、潮州菜以及客家菜的影響演變而來，口味偏甜，如擔仔麵、滷肉飯、蚵仔煎等都是代表性的菜色。日式飲食強調以新鮮的海鮮食材作為主要賣點，壽司、生魚片以及各式各樣的海鮮烹煮方式都受到大眾的歡迎。近年來外國飲食大行其道，韓國飲食、

圖 13-1　早期客家人在臺灣開墾的地區大多是較貧瘠的土地，勞動量大，為補充營養與鹽份，菜餚口味大多偏鹹、且常使用肥肉作為食材，如圖中的梅干扣肉

歐美西式餐點、日韓燒烤、各式火鍋等都受到普遍的接納。

　　而以中國大陸八大菜系為主的食品，則各具特色。所謂「南甜北鹹東辣西酸」，是歸納出八大菜系的口味特色。一般而言，八大菜系的特色可歸納如下：

表 13-1　中國大陸八大菜系之特色

菜系	主要來源	口味特色	典型菜式
粵菜	廣州、潮州、客家、順德	廣州菜的特色是任何材料都可使用，且新鮮現做。潮州菜主要以海味、河鮮和畜禽為原料。客家菜注重火功，作法上仍保留古代中原的風貌，尤以砂鍋菜見長	脆皮乳豬、蠔油牛柳、咕咾肉
川菜	成都、重慶	川菜以「麻、辣、鹹、甜、酸、苦、香」等複雜味道著稱	宮保雞丁、麻婆豆腐、魚香肉絲
魯菜	濟南、膠東、孔府	濟南菜特別以湯品著稱。膠東風味亦稱福山風味，包括煙臺、青島等膠東沿海地方風味菜。孔府菜做工精細，烹調技法繁複且費時	蔥燒海參、四喜丸子、糟溜魚片
蘇菜	金陵、淮揚、無錫、徐海	口味清鮮，甜鹹適中，濃而不膩，淡而不薄，注重保持原汁原味	松鼠桂魚、鹽水鴨、肴肉
浙菜	杭州、寧波、紹興	杭州菜製作精細，擅長爆、炒、燴、炸。寧波菜擅長海鮮，以燉、烤、蒸為主。紹興菜品香酥綿糯，富有古城之淳樸風格	叫化雞、東坡肉、西湖醋魚
閩菜	福州、漳州、廈門、泉州	福建菜以海鮮類為主，烹調方法中最具特色的是糟，有扛糟、燴糟、爆糟、炸糟之分	佛跳牆、醉糟雞、海蜇腰花
湘菜	湘江、湘西、洞庭湖	湖南菜特別講究原料的入味，烹調方法尤以「蒸」菜見長。特殊料有豆豉、茶油、辣油、辣醬、花椒、茴香、桂皮等。尤以辛辣見長	湖南臘肉、紅煨魚翅、東安子雞
徽菜	皖南、沿江、沿淮	徽菜主要有三個方面的基本特徵：一是材料新鮮。二是善用火候。三是烹飪方法特別擅長燒、燉及燻、蒸菜品	火腿燉甲魚、紅燒果子狸、符離集燒雞

（資料來源：修改自百度百科。〈八大菜系〉。網址：http://baike.baidu.com/view/47904.htm。）

　　由上可見，各地的飲食習慣受風俗、傳統、地理地形的影響至大，因此可說飲食是文化具體的呈現。中國地方由於地大物博，因而在各地產生了不同的飲食文化，這些都在臺灣兼容並蓄的多樣文化風貌下得以保存並且發揚光大。在臺灣人不斷追求創新的努力下，未來世界各地的飲食文化以及風俗，除了在臺灣匯聚一堂之外，也會不斷產生出新的火花，創造新興的文化內容。

　　文化是人群集體生活習慣特性的總稱，包括語言、宗教、食衣住行的習慣，乃至於深層的信念、信仰與價值等。文化是一個總稱的概念，但其內容卻極為廣泛。此外，文化也是一個抽象的概念，但其對消費行為的影響幾乎無所不在。現代生活中的許多面向，從經濟、政治乃至於藝術，都脫離不了文化的影響。近年來臺灣與中國大陸兩岸經濟文化的交流，也讓許多人感受到文化差異所帶來的影響，此種影響不只是表現在人際關係上，也影響到公司的運作以及商業的活動。本章針對文化相關的主題，包含文化的定義、測量、學習以及主要的文化和社會價值的理論做一介紹。此外，也對文化現象對消費行為的影響做一說明。

13.1 文化的定義、內涵與特性

　　如前所述，文化是人群社會所共同接受的信念、價值、風俗習慣與行為標準的規範。具體而言，如儀式、風俗民情、信仰、飲食習慣以及語言符號的使用，都屬於文化的範疇。不同社會發展的歷史不同，表現出的文化內容自然也各不相同。一般而言，文化有以下幾個特性：

1.文化是後天學習而得的

　　文化是社會中人群共同生活下的產物，並經由代代相傳，形成風俗與習慣。因此文化是經由後天在社會中長期生活學習而得到的產物，而非先天不經學習即擁有的。同一個人處在不同的社會中成長，最後學得的文化內容及其行為表現就不相同。例如，就飲食習慣而言，西方文化往往不習慣日本文化中吃生魚片的飲食習俗，然而一個從小在西方社會中成長的日本人，若是從小到大都

● 圖 13-2　臭豆腐為臺灣著名的小吃，但由於口味獨特，許多國外遊客都不敢嘗試

沒有接觸過日本文化，則長大後也可能對吃生魚片感到無法接受。

2.文化是不斷演化發展的

　　在一個社會演進的歷史中，會不斷受到其他文化的刺激與挑戰，並對這些

⊙正反合的辨證過程

正反合理論是德國哲學家黑格爾所提出。他認為一切事物的發展過程都可分為三個彼此聯繫的階段：(1)發展的起點，原始的同一（即正題）；(2)對立面的顯現及分化（即反題）；(3)「正反」兩者的統一（即合題）。

刺激與挑戰作出回應。在這個正反合的辯證過程中，不同文化與文化間產生互相學習吸收的力量，逐漸使原有的文化產生根本的質變。例如中國歷史上的漢唐以及清末時期都是明顯的例證。漢朝與唐朝都與外界文化有積極的互動與接觸，進而創造了漢唐的盛世歷史。清末的中國社會受到歐美文化的強力挑戰，經歷長時間的演進與文化衝突，逐漸吸收融合了現代的西方文明，創造出了現代的中國社會。這些都是明顯的文化演進的實例。

3.文化具有約束力與普及性

不同的文化有許多不同的禁忌，如古代的圖騰或是現代生活中的行為常模，會規範約束個人的行為，甚至對經濟活動產生影響。例如臺灣農曆七月是俗稱的鬼月，許多人在這段期間會減少消費活動，而汽車與房屋這些耐久消費財的銷售量在鬼月時都會減少。或是中國人重視安土重遷的原則，以及對孝道的重視，使得「父母在，不遠遊」成為早期社會約束許多人遷移行為的重要原則。此種約束力量在行為違反這些文化價值時表現特別明顯。此外，在同一文化中這些文化價值具有普遍性，長時間生活在同一文化中的人，其行為表現都有相似之處。

13.2 文化的測量與研究方法

研究文化對消費行為的影響是消費者行為中的重要課題。然而文化的影響雖然無所不在，文化本身卻常常是無形的概念，因此其測量與研究方法就成為研究文化的學者的重要課題。文化的研究多半採用詮釋主義 (Interpretivism) 的取向，透過質性研究為主的方式瞭解並測量文化及其影響。主要的文化測量及研究方法簡介如下：

1.內容分析法 (Content Analysis)

內容分析法是透過嚴謹的科學程序，將質化的資料如廣告的文字或圖案等轉變為量化的資料。內容分析法適用於質化的文化材料，如廣告、文字溝通的內容等等。在使用內容分析時，通常需要先依照一個理論架構擬定一套分類的方式，作為可將質化的資料分類的依據。然後透過受過訓練的人員，將分析的材料按照分類的架構予以分類。由於此種內容分析仍有賴於分析人員主觀的判斷，為免偏誤起見，通常也會使用兩名以上的資料分析人員分析同一組資料，再觀察不同人員間資料分析結果的信度，以求客觀公正。

> **注意 !!!**
> 這些受過訓練的人員雖然對分類的架構十分熟悉，但通常也會要求他們對研究本身的理論背景沒有太多的瞭解，以免在分類過程中產生偏誤。

2.文化價值測量量表 (Culture and Value Measurement Instrument)❶

在文化的測量方法中，有一些研究者設計了量表來測量文化中所重視的價值面向。羅契許 (Rokeach) 設計了一套價值量表 (Rokeach Value Survey, RVS)，他將價值分為兩大類型，一類稱為本體價值（或終極價值：Terminal Values），這些價值本身就是消費者追求的目標，亦即消費者的個人目標；另一類稱為工具價值 (Instrumental Values)，消費者追求這類價值的目的，在於透過這些價值的獲得來取得本體的價值。羅契許的價值量表中包含了十八項本體價值與十八項工具價值。將羅契許的兩類價值表列如表 13-2❷：

❀ 表 13-2　羅契許的價值量表

本體價值	工具價值	本體價值	工具價值
舒適的生活	野心	社會認同	想像力
刺激的生活	心胸寬大	友誼	獨立
世界和平	有能力的	智慧	知識
平等	歡樂	美麗世界	邏輯
自由	乾淨	家庭安全	可愛
快樂	勇氣	成熟的愛	服從
國家安全	原諒	自尊	禮貌

---

❶ Kamakura, W. A., & Mazzon, J. A. (1991). "Value Segmentation: A Model for the Measurement of Values and Value Systems." *Journal of Consumer Research*, 18, 208–281.

❷ Beatty, S. E. (1985). "Alternative Measurement Approaches to Consumer Values: The List of Values and the Rokeach Value Survey." *Psychology & Marketing*, 2, 181–200.

愉悅	助人	成就感	負責
救贖	誠實	內在和諧	自我控制

（資料來源：Beatty, S. E. (1985). "Alternative Measurement Approaches to Consumer Values: The List of Values and the Rokeach Value Survey." *Psychology & Marketing*, 2, 181– 200.）

　　另一個相關的量表是卡里等人 (Kahle, Beatty, & Homer) 所提出的價值表列 (List of Values, LOV)。LOV 是從羅契許的 RVS 量表中選出一些項目，並以三個向度來包含這些價值❸。這三個向度以及價值的關係如下：

　　⑴個人內在價值：自我滿足、興奮、成就感、自尊。

　　⑵個人外在價值：歸屬感、尊榮、安全。

　　⑶人際關係價值：樂趣／享受、與他人的溫馨關係。

　　在 LOV 的使用上，是要求受訪者從這九項價值中選出兩個最重要的價值，並比較不同消費者在這些價值選擇上的差異。重視不同價值的消費者，在消費行為的表現上也有所不同。

3.田野觀察法 (Field Observation)

　　田野觀察法是藉由在真實環境中對消費行為的觀察來研究文化對消費行為影響的方法。由於觀察的環境發生於自然環境中，故稱為田野觀察。在此類研究中，觀察者通常是受過訓練的人員，能對所觀察到的現象做出有意義的詮釋。而被觀察的對象（亦即消費者），對觀察的進行可能知道或是完全無所知悉。

　　此種方法與第二章所提到的觀察法概念類似，由於觀察的主題在於瞭解文化對消費行為的影響，而文化本身又是抽象不可見的構念，因此在觀察的過程中要小心的將文化的背景因素納入對現象的詮釋之中，通常需要訓練有素的觀察者才能作到此種有系統的解釋。

4.方法─目的鏈模型與階梯法 (Mean-Ends Analysis & Laddering Technique)

　　方法─目的鏈的基本假設是消費行為本身是由不同層次的動機所構成。消費者購買產品的動機在於產品本身有一些能滿足需求的特定屬性。藉由購買及

---

❸ Kahle, L. R. (1983). *Social Values and Social Change: Adoption of Life in America.* New York, NY: Praeger.

消費產品的屬性所造成的消費結果，能達成及滿足消費者的個人價值觀與目標。因此消費本身是一個達成目的 (Ends) 的方法 (Means)。而方法—目的鏈的邏輯，就在於透過瞭解消費者的方法與目的間的關係來瞭解消費行為背後的深層動機。

　　在使用方法—目的鏈模型的研究中，常見的一種方式稱為階梯法 (Laddering Technique)。此種方法使用深度訪談的方式，逐步深入追問消費者產品消費的動機。此種方法的過程在開始時只是詢問簡單的消費動機，再像階梯一樣逐步深入追尋動機產生的原因，亦即「動機的動機」。在深入的過程中，就可以從產品屬性逐步追溯至消費結果以及背後真正的價值觀與個人目標。此種研究的結論可以幫助行銷人員設計行銷溝通的策略。

 行銷一分鐘

利用階梯法找出深層使用動機與產品價值

　　寶僑公司 (P&G) 的抗屑洗髮精海倫仙度絲的廣告策略發展過程就充分利用了階梯法的研究方法。在一個廣告中，女明星娸娸道出她使用海倫仙度絲的原因為怕歌迷靠近她時會看到她的頭皮屑。在使用階梯法的研究中發現，頭皮屑造成的困擾，在於影響到消費者的自信，亦即有頭皮屑會讓消費者缺乏自信。透過階梯法所瞭解的此種深層動機，幫助海倫仙度絲的行銷人員設計了可以使觀眾產生共鳴的廣告策略。

13.3　文化的學習與比較

　　如前所述，文化是後天學習而得的。一個人在自己所生長的文化中觀摩學習，稱為是一個「文化適應」(Enculturation) 的過程。而若是一個人學習另一個外來的文化，這個過程則稱為「文化學習」(Acculturation)。在交通與國際貿易發達的今天，每天都有許多文化交流的產生。透過實際的接觸，體驗並學習到另一個文化的特色，是今天許多人的典型生活經驗的寫照。

　　文化的差異表現在許多的面向上，例如宗教、儀式、節慶以及日常食衣住行的習慣之中。以下以幾個主要的面向來舉例說明東西方文化在文化學習過程中的主要差異❹：

1.宗 教

　　在東方文化中如中國以及泰國、日本，多半信奉佛教或是道教；在西方社會則以基督教或是天主教為主；在中東地區以及少數的東南亞地區如印尼以及馬來西亞，則以信奉回教為主。佛、道教屬多神教，而天主教、基督教以及回教則是傳承一神教的觀念。多神教允許多個神祇的存在，神的形象也相當程度的賦與人類性格的特色；一神教則將神與人視為完全不同性質的存在，神與人是兩種完全不同的存在。此兩種對神祇的不同概念，深刻的影響了信奉該教的社會其文化歷史的發展過程。

圖 13-3　臺灣的廟宇常供奉多尊神祇，與西方教堂僅設有耶穌的雕像（部分教堂另設有聖母瑪利亞的雕像）不同

　　例如，在多神教中，人可以透過修行以及功德的累積而成為具備神格的存在，而在一神教中人則無可能與神站在同一位置。另外，由於一神教只承認某一特定神祇的存在，因此容易和其他不同的一神教文化起衝突。歷史上許多與宗教有關的戰爭，其起源多與此有關。在近代，美國紐約世貿中心雙子星大樓被炸毀的恐怖分子事件，原因有政治、種族、宗教等錯綜複雜的因素，但從深層的文化意義而言，也可以視為是基督教文明與回教文明長期衝突下的結果之一。

2.時間觀念

---

❹ Harrison, L. E. (2000). "Culture Matters." *The National Interest*, 60, 55–65; Phillips, B. J. (2005). "Working Out: Consumers and the Culture of Exercise." *Journal of Popular Culture*, 38, 525–551; Neuborne, E. (1996). "Fashion on Menu at T.G.I. Friday's." *USA Today*, February 27, B1.

在工業化程度高的社會中，多半很重視守時，而在相對工業化發展程度較低的社會中，時間的觀念相對較為淡薄。不同的文化發展也使得時間觀念彼此間有很大差異。例如在歐美工業國家對時間與約定很重視，而在中南美洲國家則在時間觀念上相當閒散，若在當地與人相約，遲到 2～3 小時是正常的；甚至總統自己的就職典禮都會遲到。這些在工業發達國家看來認為不可思議的事情，在當地卻是習以為常的。這些都是時間觀念的差異造成的不同文化現象。

3.個人身體領域

個人身體領域是指在人際互動時，彼此允許身體接觸的距離多少以及親近程度的多寡。特別是在與陌生人往來時，身體距離的遠近相當程度象徵著關係的親密程度。但此點亦有文化差異。在集體主義的社會中如東方的文化，人與人間的距離相對較近，在街上摩肩擦踵並不會覺得是對個人身體領域的一種侵犯，藉此彰顯團體意識的重要。而在強調個人主義的西方社會，固然擁抱親吻是禮儀的一種，但一般而言，人與人間的身體距離就較為疏遠，以此表示對對方身體領域的尊重。

4.人際互動與親屬關係

講求集體主義的東方社會，重視人際互動與親屬關係的遠近，而在重視個人自由與隱私權的西方式個人主義的文化中，親屬關係在個人生活中扮演相對較不重要的角色，此種差異可以從許多現象中表現出來。例如在親屬關係的語詞上，西方文化的用詞相對較為簡單，而東方文化則遠為細緻。在西方文化中統稱為 "Uncle" 的人，在東方文化中則又再細分為「叔叔」、「伯伯」、「舅舅」等。這就如同愛斯基摩人對「雪」這個概念有許多不同稱呼一樣，亦即日常生活中愈重要的事物，其名稱就愈細膩。

此外在西方文化中盛行的心理治療，在東方文化中一般流行程度並不如西方文化中的高。除了心理治療理論來源與西方文化關係較為密切之外，一般也認為，這與東方社會中的人在遇到生活難題時，傾向於尋求親屬家族的協助，因此親屬關係分擔了大部分對於專業心理治療的需求有關。

◎13.4 兩岸文化的異同

在臺灣海峽兩岸的臺灣與中國大陸，由於政治因素彼此隔絕了數十年，彼此的文化發展有顯著不同，差異與隔閡亦大。近年來由於中國大陸經濟的快速崛起，以及兩岸互動的頻繁，有愈來愈多的人開始接觸到彼此的文化，也開始了互相影響的一個交流互動的過程。以下就兩岸間較為明顯的文化差異進行一個大略的比較：

1.語 言

兩岸雖同屬使用華文的地區，但長期的隔離使得語言的發展有所差異。此種差異反映在日常生活的用語中，不勝枚舉。例如臺灣的「馬鈴薯」在中國大陸稱為「土豆」；「電腦」稱為「計算機」；「網際網路」稱為「互聯網」等等，都是此種差異的具體表現❺。

2.流行與大眾文化

中國大陸由於長期資訊的封閉，直到改革開放後才逐漸有與世界看齊的流行文化出現。在華文的文化中，臺灣的音樂與雜誌一向甚為發達，而香港則是以電影見長。中國大陸在經濟起飛的過程中，快速的吸取了各方的優點，特別是流行與大眾的文化。觀察現今中國大陸的流行文化，已經與臺港等地極為類似，新的創意也不斷的萌發。隨著文化的交流與激盪，勢將創造出更多新的文化與流行元素。

3.金錢的意義與名牌的消費

由於中國大陸逐漸成為世界注目的焦點，隨著資金不斷的流入，經濟快速的起飛成長，人民也快速的致富。在許多消費型態上，出現愈來愈多的炫耀式象徵消費。尊貴性的產品業績長紅，許多人更抱持著「不貴不買」的心態，尋求資本主義式的物質滿足。但如同大前研一所提及的「M型社會」的概念，海峽兩岸都逐漸形成了「貧者愈貧，富者愈富」的情形，使得社會階級的差異愈

---

❺ Ji, M. F., & McNeal, J. U. (2001). "How Chinese Children's Commercials Differ from Those of the United States: A Content Analysis." *Journal of Advertising*, 30, 3, 79–92.

來愈大。中產階級的逐漸消失，是兩岸未來都必須面對的重要社會議題，也會是未來進一步改革開放的核心議題之一。

4.傳統儒家文化的遺緒

中國大陸是儒家文化的發源地，整體文化發展深受儒家傳統思想的影響。以孔孟為代表的儒家思想，如尊君、事親、強調倫常重要的思想深入人心，影響了兩岸文化的核心內容。雖然在中國大陸經歷了文化大革命等追求破舊立新的社會運動之後，儒家思想仍然深刻主宰著今日中國人的言行舉止與價值觀。無論在日常生活中食衣住行等各個面向，都可見儒家思想的傳統。就消費行為而言，許多主要的消費決策，都是家庭集體決策的結果，而從家中長輩在購買決策上扮演舉足輕重的分量，即可知道儒家尊敬長者的傳統對兩岸社會的深遠影響。

5.性別角色的差異

中國大陸由於歷史演變的過程，強調「女性可撐起半邊天」的觀念，女性通常扮演較為強勢的角色。而臺灣的女性則被賦予較為傳統女性的柔和的性別角色，雖然在工業化的過程中，愈來愈多的女性成為職業婦女，但傳統對女性相夫教子的觀念依然存在。此外，在中國大陸某些地方如上海地區，地方傳統中男性就扮演了一部分從事家務的角色，這也與臺灣閩南傳統文化的觀念有所不同❻。女性在事業上的成就，可從目前中國大陸的富豪排行榜來觀察。在 2013 年富比士 (Forbes) 全球億萬富豪排行榜中，全球二十四位白手起家的女性富翁中，有六位都在中國。例如玖龍紙業的張茵，就是女性創業致富的典型。在消費行為上，隨著女性經濟的獨立自主，女性在消費市場的分量愈形重要，有愈來愈多的產品是以女性作為主要的目標消費市場，可看出女性在未來產品的行銷企劃中，將扮演更加重要的角色。

---

❻　Edited by Watson, R. S., & Ebrey, P. B.(1991). *Marriage and Inequality in Chinese Society*. University of California Press: CA.

圖 13–4　信用卡是重要的消費文化現象之一

◑13.5 文化與價值的理論

　　文化本身雖是一個每天圍繞在消費者身邊的現象，但一直到赫夫斯帝 (Geert Hofstede) 提出文化的構面 (Cultural Dimensions) 理論之前，並沒有一個系統性的理論架構來研究文化的內涵。赫夫斯帝的文化構面理論認為文化的表現具有以下六項共同的構面❼：

1.雄性取向／雌性取向 (Masculinity/Femininity)

　　⑴雄性取向是以男性為中心的社會，講求果斷與男性的氣概，強調支配與主體的角色。反映在消費的文化中，則重視金錢與權力的取得與擴充，講求消費來彰顯個人的社會地位。

　　⑵雌性取向是以女性為中心的社會，傾向於尊崇柔和與對他人的關懷，相對處於從屬與支援的角色。反映在消費的文化中，則重視心靈與內在精神層面的充實，強調生活品質的提升，以及對他人的照顧以及環境的重要性。

---

❼　Hofstede, G., & Hofstede, G. (2004). *Cultures and Organizations: Software of the Mind.* New York, NY: McGraw-Hill.

2.集體主義／個人主義 (Collectivism/Individualism)

　(1)集體主義的文化，講究人與人之間的關連，團體對個人有較大的約束力，個人的行為是以團體的行為與價值常模作為最高的標準，團體的和諧是解決衝突爭端的重要的價值標準，例如東方文化。

　(2)個人主義的文化，是以個人的利益與自由為主的價值體系，個人的隱私、自由以及權利是主要的價值標準，例如西方文化。

　　集體主義與個人主義對消費文化最明顯的差別在於家庭對個人消費決策的影響。許多在西方文化中屬於個人決策的項目，到了東方文化中都有了家庭影響的影子，例如在一些屬於溝通類型的產品行銷上（如手機），東方文化（例如東南亞）對此類產品的要求，就比重視個人隱私的西方文化來的更大。這點也是集體主義與個人主義間的主要差異。

3.權力距離 (Power Distance)

　　權力距離指的是在日常生活中對權力表現的重視程度。

　(1)重視權力表現的文化其權力距離較大，例如上司與下屬的溝通過程重視彰顯上司的權力、公司辦公室的裝潢擺設較有距離感等。一般而言，在東方文化中，特別是受儒家傳統影響，重視長幼倫理次序的社會中，權力距離較大。

● 圖 13-5　從傳統三合院建築可看出儒家重視長幼倫理的觀念。房舍正中央供奉祖先牌位，靠近中央的兩側由輩份較高的人居住，兩旁延伸的「護龍」則由輩份較低的人居住，屋頂高度也依序降低

　(2)對權力表現相對較不重視的文化其權力距離較小，在這種情況下，上司與下屬的溝通較無距離感，相處方式也較接近平輩的關係。一般而言，在西方文化中，權力距離較小。

4.規避不確定感 (Uncertainty Avoidance)

　　在集體決策中，對於不確定因素的規避程度稱為對不確定感的規避。無論何種商業決策，風險大的潛在報酬也高；風險小的潛在報酬也低。規避不確定感會使得組織傾向於作較為保守的決策，以求降低風險。一般而言，東方文化的企業較為傾向於規避不確定感，亦即較傾向於風險趨避。而西方文化的企業則鼓勵追求冒險以及高風險高報酬的投資策略，因而也較不會規避不確定感，也就較為傾向於追逐風險。此種規避不確定感為集體的趨向，但也是一個相對的比較，表現在團體以及個人都是如此。

5. 長期導向／短期導向 (Long-term Orientation/Short-term Orientation)

　　長期導向與短期導向的差異在於：

　　⑴長期導向：強調長期累積的價值，例如深受儒家文化薰陶影響的東方文化認為，許多價值的取得，在於經驗以及能力長期的累積，非一朝一夕可以速成。且長期導向的公司願意投資在即使短期無法見到立即成效的項目（如研發作業）上。

　　⑵短期導向：鼓勵追求短期的利益，以西方文化為主，強調效率以及立見成效的重要性，例如短期導向的公司常要求效果要能立竿見影，投入需有迅速的回報。

6. 克制／放縱 (Restraint/Indulgence)

　　這是赫夫斯帝所提出的最新構面。

　　⑴放縱：是指社會允許其成員對基本而自然的需求進行滿足與享樂的行動。

　　⑵克制：是社會要求其成員節制對享樂的需求，以社會規範來作為行為的準則。

　　一般而言，西方社會的放縱傾向較明顯，而東方社會則是以克制的特色為主。

⏰ 行銷一分鐘

文化與國際行銷

　　公司在考慮進入國際市場時，會考慮文化在行銷規劃上的角色。大至宗教信仰、語言與文字的差異，婚喪喜慶的禮節，小至如顏色代表的意義等。例如，詢問東、西方的父母對孩子的期許為何時，會發現西方父母會將「獨立」作為重要的價值，而東方父母中則較為少見將獨立作為重要的個人價值。因此，在小孩的成長過程中，能培養獨立自主的產品是比較受到西方國家的家庭重視的。

此外，不同產品的行銷也可見文化差異的影子。例如財務的規劃，東方家庭一般就可能較西方家庭對遺產規劃類的產品更有興趣。另一個例子是房地產。中國人有強烈的「有土斯有財」的觀念，而西方人則較無此觀念。因此在華人地區如臺灣自有住宅率極高（2015 年為 84.43% ❽，遠高於歐美國家的自有住宅率約在 60%～70% 左右），因此連帶租屋市場行情也不相同。西方社會的房租就顯得比東方社會為高，部分原因就來自這個文化上的差異。

然而，要小心的是，有時文化導致的刻板印象，反而會使我們過度估計或詮釋文化的影響力。由於國際化迅速開展並且深化，人與人的交流日趨頻繁，文化也互相影響，對於年輕一代的人們，傳統文化的影響未必像過去他們的上一代那麼大。這種影響特別是在國際性公司的辦公室中最為明顯。在家庭中，年輕一輩的東方父母也可能比他們的父母輩更強調孩子獨立自主能力的訓練。因此，無論做何種國際行銷的規劃，都必須正確評估文化的影響深度，才能做出正確的行銷規劃。

◐13.6 文化導向與行為表現的關聯

在眾多文化構面中，集體主義與個人主義可能是研究者最廣為注意的面向。集體與個人主義的差異，表現在日常生活中許多層面，包括決策與選擇。一項針對兒童的研究指出，在亞洲集體主義社會生活的孩子，在解字謎遊戲時，喜歡由母親幫他們選擇謎題。更令人驚訝的是，由母親幫他們選擇謎題的小孩，其解題的表現也比自己選擇謎題的小孩要好；在西方個人主義社會生活的小孩則呈現相反的情形，自己選擇謎題的小孩，其表現會比母親幫他們選擇謎題的

---

❽　行政院主計處，家庭收支重要指標。

小孩要好❾。

　　這種文化差異不只反映在小孩身上，也可在成人身上見到。根據一項針對花旗集團的研究指出，屬於亞洲集體主義社會的員工，如果覺得工作指令多半來自於上司，則其工作表現以及對工作環境的滿意度，會比自覺工作指令來自於自己決定的員工要好；相反的，屬於西方個人主義社會的員工，如果覺得工作內容多半來自於自己的決定，則其工作表現以及對工作環境的滿意度，會比自覺工作內容來自於上司指定的員工要好❿。

　　上述二個例子說明了，文化的差異對個人行為的表現具有深遠的影響。就行銷以及組織管理而言，將這些文化差異納入管理以及制度設計時的考量，對於長期的組織管理以及行銷績效，是很重要的事情。

◐13.7 文化與行銷策略的關係

　　如前所述，文化的現象包括甚廣，影響也無所不在，但文化本身的抽象性質，使得文化不易在行銷策略上直接應用。以下是幾個較常見的應用範疇：

1.大眾文化與娛樂產業

　　一個市場的流行文化，其形成要素與其文化的發展息息相關。例如以電影工業為例，印度的寶萊塢 (Bollywood) 電影工業，是印度文化的重要象徵；而美國的電影工業則成為對全世界輸出美國文化的重要媒介。在華文的世界中，則以香港為主要的電影產業代表。在一個文化中觀眾的娛樂需求與電影相互激盪，成為文化創造與再生的重要機制。觀察一個市場的電影內容，有助於找到文化的脈絡，從而利用創造行銷的機會。

---

❾ Iyengar, S. S., & Lepper, M. R. (1999). "Rethinking the Value of Choice: A Cultural Perspective on Intrinsic Motivation." *Journal of Personality and Social Psychology*, 76, 3, 349–366.

❿ DeVoe, S. E., & Iyengar, S. S. (2004). "Managers' Theories of Subordinates: A Cross-Cultural Examination of Manager Perceptions of Motivation and Appraisal of Performance." *Organizational Behavior and Human Decision Processes*, 93 (1), 47–61.

2. 新產品開發與國際行銷

　　不同的市場代表不同的文化，在國際行銷進行產品的推廣時務須注意文化差異所帶來的可能影響。一項新產品在一個文化中被消費者接受，不代表在其他文化中也能同樣被順利接受。因此在不同文化的市場中行銷新產品時，必須考量文化差異所造成的影響。此外，不同文化中的禁忌，不宜出現在新產品的圖樣、包裝以及推廣之中，也是從事國際行銷時必須注意的。

行銷實戰應用

文化差異與行銷——幫寶適在日本❶

　　寶僑 (P&G) 的紙尿布品牌幫寶適在 1980 年代初期進入日本市場，當時日本正值經濟起飛，市場上並無紙尿布的產品，母親仍是選擇可以重複使用的布尿布。當時業者認為，紙尿布除了價格較為昂貴外，其乾淨衛生的特性，理應受到市場的歡迎，但銷售卻不如預期。

　　經過行銷研究之後發現，產品本身的設計是依照歐美市場嬰兒的適合厚度與尺寸，但並不適合氣候溼熱以及嬰兒體型較小的日本。然而在針對這兩點問題做產品改良之後，其銷售仍不見起色，於是幫寶適的行銷人員嘗試進一步去瞭解問題的根源，結果發現原來是與日本的家庭型態有關。

　　日本的家庭型態與歐美核心小家庭屬於不同型態的家庭，在日本常常有三代同堂的大家庭型態，此時母親對尿布的選擇，除了考慮嬰兒的需求以及照顧者的方便之外，還需考慮到家族中其他人的觀感與想法。尤其是在日本這種高度集體文化的社會中，婆媳的關係便成為影響母親對嬰兒產品選擇的考量之一。

　　對於婆婆而言，母親使用布的尿布，其清洗、晾乾、整理以及重複使用的過程，不只是單純的產品使用過程，也代表母親對子女的愛心，願意不厭其煩的清洗尿布。然而若是使用紙尿布，即使用完就棄置的產品，除了使用成本高以外，似乎也代表這個母親對嬰兒的愛是不夠的，進而會影響婆媳間的長期關

❶ Stern, A. L., & Kameda, N. (1990). "Kao Corporation." *Harvard Business School Case*, 4.

係。這是一個意想不到的發現，原來影響產品採用的消費決策，除了產品品質以及價格等考量之外，家庭間的婆媳關係，也是影響母親是否願意去使用紙尿布產品的決定因素。

那麼，要如何改善此種現象呢？對幫寶適而言，文化與其他市場以及競爭者的因素不同，它是一個無形但卻能產生深遠影響的因素，且此因素不易改變。家庭結構與市場或競爭者的因素不同，是一個相對穩定的因素，不會在短期內產生重大改變。那麼要如何在此種條件下改善幫寶適的經營績效呢？

其實這個看似無解的問題，有時使用簡單的行銷原則就可以加以改善。例如，在工商業發達的日本社會，三代同堂的大家庭型態多半產生於非都會區以及鄉村地區。而在都市地區，則多以核心小家庭為主。在此種家庭中，由於婆媳不同住，便減少了文化因素的干擾，且都會區的職業女性時間緊湊，紙尿布具備「即用即丟」特點，會是一大誘因。

因此可以考慮以都會地區為產品生命週期中上市期的目標客層，當紙尿布在這個客層中的滲透率達到一定水準時，意即達到所謂的關鍵銷售量 (Critical Mass) 時，紙尿布的使用便較容易向其他地區擴散，達成行銷的目標。這個規劃是使用顧客導向的行銷策略中一個基本的觀念，意即「目標客層行銷」(Target Marketing)。選擇正確的客層行銷，便可達到事半功倍的效果。

● 本章主要概念

文化	雌性取向
價值	個人主義
內容分析法	集體主義
文化價值測量	權力距離
田野觀察法	規避不確定感
方法—目的鏈模型	長期導向
Hofstede's 文化構面	短期導向
雄性取向	

習　題

一、選擇題

( )　1.人群社會所共同接受的信念、價值、風俗習慣與行為標準的規範可解釋下列何者？　(A)家庭　(B)社會階層　(C)文化　(D)參考團體

( )　2.下列何者不是文化的特性？　(A)是不具普及性的　(B)是後天學習而得的　(C)具有約束力　(D)是不斷演化發展的

( )　3.透過深度訪談的方式，深入追尋消費者動機產生的原因，並追溯消費結果以及背後真正的價值觀與個人目標,所使用的是何種文化的測量方法？　(A)內容分析法　(B)田野觀察法　(C)階梯法　(D)羅契許價值量表

( )　4.臺灣社會外來人口日益增加，使得文化愈來愈多元。而去瞭解這些來自於其他地方的文化特色，例如東南亞地區國家，是屬於何種文化的進步？　(A)文化融合　(B)文化差異　(C)文化學習　(D)文化適應

( )　5.下列敘述何者錯誤？　(A)重視個人自由與隱私權的西方式個人主義的文化中，親屬關係較為疏離　(B)個人主義的西方社會中擁抱親吻是很正常的，因此人與人間的身體距離很親近　(C)歐美工業國家對時間與約定很重視　(D)東方文化多信奉佛教、道教或是回教；而西方社會以基督教或是天主教為主

( )　6.下列關於兩岸文化差異的敘述，何者正確？　(A)兩岸同屬使用中文的地區，語言用法都一樣　(B)中國大陸貧富差距嚴重；臺灣則沒有 M 型社會的問題　(C)現今中國大陸的流行文化，仍與臺港等地有很大的落差　(D)中國大陸有強調「女性可撐起半邊天」的觀念

( )　7.一個具有架構性的文化五構面理論最早是由下列何者提出？　(A)馬斯洛 (Abraham H. Maslow)　(B)赫夫斯帝 (Geert Hofstede)　(C)波特 (Michael E. Porter)　(D)麥肯錫 (McCarthy)

( )　8.西方文化的企業鼓勵追求冒險以及高風險高報酬的投資策略，這是屬於文化五構面的何種特性？　(A)權力距離　(B)集體／個人主義　(C)規避不確定感　(D)雄性／雌性取向

( )　9.下列敘述何者錯誤？　(A)東方文化中較強調長期導向，認為許多價值的取

得在於經驗以及能力長期的累積　(B)西方文化的特色則在於對個人主義的提倡與強調　(C)東方文化的社會受儒家傳統影響，重視長幼倫理次序，權力距離較大　(D)雄性取向的文化則重視心靈與內在精神層面的充實

（　）10.下列關於文化在行銷上應用的敘述，何者錯誤？　(A)不同的市場代表不同的文化　(B)麥當勞在印度與美國市場的行銷策略是一致的　(C)文化差異是行銷新產品時需考量的因素之一　(D)國際行銷可搭配在地化行銷策略進行

二、思考應用題

1. 你有認識外國朋友嗎？他們的思想觀念以及價值與你有何不同？在一起出外購物時，他們的購物行為和你有何差異？這種差異有哪些是由於文化價值的差異所造成的？

2. 比較西方社會以及東方社會在審美觀上的相同與差異之處。包括什麼是構成美的條件？皮膚白皙是美的主要標準嗎？什麼樣的身材稱為美？

3. 比較西方社會以及東方社會在健康概念上的差異。包括：(1)運動的重要性，(2)常用的減重方法，以及(3)食補的概念。

4. 以內容分析法分析同一產品類別的兩家競爭者（如 P&G 的飛柔以及 Unilever 的多芬）在廣告策略上的差異。

5. 以赫夫斯帝的文化構面為主題，各舉一個例子說明不同文化團體在各個文化構面上的差異。

第十四章　次文化團體與跨文化消費者行為

　　自從中國大陸在七十年代鄧小平執政時期開始進行一系列改革開放的政策，中國大陸逐漸走入世界的軌道。經過 30 年的進展之後，擁有 13 億人口的中國大陸，不僅成為全球的工廠，也更進一步要躍身成為全球的市場。臺灣經過長期的政治動盪與意見的分歧，在 2008 年政權輪替之後，決定要和中國大陸進行開放的交流與來往，這象徵的是一個全新時代的來臨。在過去，只有臺商與臺資過去中國大陸投資，之後不僅是陸客團體與個人來臺自由行的旅遊，更多的商業、文化的深化交流勢不可免。臺灣必須要勇敢面對此種嶄新的局勢，在未來的發展中取得對臺灣最大的利益。

　　然而，由於意識型態的差異以及長期政治因素的隔閡，海峽兩岸對彼此的認識與瞭解並不充分。在近年由於經商因素而對中國大陸認識較深的人，也多半限於臺商，一般人的瞭解多半停留在早期的印象中。其實，由於時代的演進，年輕一輩的中國大陸民眾，在改革開放的時代中，觀念、思想與作為都與老一輩的民眾有很大的差異。風水輪流轉，早期臺灣快速的經濟發展模式，已逐漸在現在的中國大陸上被複製。面對一個有 13 億人口且經濟快速發展的大國，歷史的糾葛難免會為臺灣民眾帶來一絲不安感，隱藏在內心深處的是擔心被中國大陸併吞或是邊緣化的焦慮，以及臺灣在國際競爭場域中優勢的快速流失。

　　其實，如果從社會經濟文化演化的角度來看，早期的經濟發展著重於有形物質產品的擁有與消費，而當經濟發展到一定水平，多數人衣食無虞時，無形的精神價值會愈來愈重要。這包括教養、品味、個人的修養以及人與人間彼此的尊重。這點有賴於教育的普及以及這些觀念的深入人心。對比臺灣與中國大陸的發展，此種「軟實力」才是未來臺灣競爭的最大優勢。軟實力不同於實體的基礎建設，基礎建設只要有資金便可快速進行。而軟實力是在「衣食足而後知榮辱」的環境中才有可能發展，且其進展是要透過相

> **軟實力**
> 指不依靠有形資產或硬體建設，而是依賴無形資產或智慧能力作為競爭優勢的實力。

當長期的演進才會成熟。在這方面，臺灣仍有極大的優勢。臺灣的出版、音樂以及雜誌文化等，是兩岸四地中最發達的。多數香港人來臺灣旅遊的必到之處就是誠品書店。臺灣人的好客有禮，也是眾所周知的。

中國大陸旅美作家沈寧，在寫關於他到臺北旅行的經驗時提到，他對臺北印象最深刻的不是世界第三高的臺北 101 大樓，而是在臺北市的捷運中，乘客會自發的排隊候車，甚至在搭乘電扶梯時，會自動靠右將左邊通道讓出來給趕時間的人❶。這些教養的品質，會是臺灣未來在國際競爭中最可貴的資產，也是成為在衣食逐漸豐足的中國大陸民眾心中希望學習的典範。這樣的成果不像硬體建設，可以一朝一夕達成的。在思考臺灣未來的國際定位時，軟實力是絕對不應被忽視的力量，在這樣的基礎上，臺灣可以被真正的建設成為名符其實的「婆娑之洋，美麗之島」，進而成為華人圈中文化創新的領導者！

在上一章中所談的文化議題，對消費者行為有深遠的影響，而即使是同一個文化體系中，也有許多次文化彼此間有很大的差異。次文化 (Subculture) 是指在一個大的文化團體中所細分出的團體。在次文化團體中的成員具備一定的人口統計或心理統計的特性（如年齡、籍貫等）。其價值與對產品的態度也具備一定的相似性。這些次文化團體往往是行銷人員瞄準的目標客層。例如針對青少年設計的流行產品，以及針對年齡次文化如六年級生（民國 60 年到 69 年出生的人）的產品設計，或是針對特殊的小眾團體如喜歡 R&B 音樂而辦的音樂會，都是針對次文化團體所進行的行銷作為。如藝術團體所舉辦的校園民歌演唱會，就吸引許多四年級與五年級的消費者欣賞，因為這是他們成長過程中的共同記

❶ 沈寧 (2008)。〈臺北六日〉。《聯合報》。

憶。而韋禮安與蕭敬騰的粉絲 (Fans) 所組成的追星族，或是衍生的歌唱素人選秀節目，則反映新世代的音樂偏好。

由於次文化的分類向度很多，本章就常見的幾種次文化團體的特性做一描述與討論。包含年齡、性別、地區、婚姻、籍貫與宗教。此外，由於全球化的影響與日俱深，跨文化的國際行銷也愈來愈重要。因此，本章也將就跨文化的行銷議題作一整理與討論。

◐14.1 次文化團體

◆ 14.1.1 年齡次文化

一般在討論年齡次文化時多半使用「世代」(Generation) 這個概念❷。世代是指在同一時代出生的人們，由於時代背景的相似，其思想、習慣以及偏好也具有一定的相似性。在美國，二十世紀的發展，產生了一些可區別的世代❸。

1. 偉大世代 (Greatest Generation)

偉大世代是指出生於 1901～1924 年間的人，他們成長於二十世紀初，並且參加了第二次世界大戰。這些人也是之後嬰兒潮世代的父母。

2. 沉默世代 (Silent Generation)

沉默世代是指出生於 1925～1945 年間的人，他們出生於兩次世界大戰之間，在二次世界大戰發生時，他們仍然在少年時期，由於年紀過輕而沒有參與戰爭。

3. 嬰兒潮世代 (Baby Boomers Generation)

嬰兒潮世代是指在 1946～1964 年間出生的人，由於在二次大戰後出生，這群人人數眾多，他們成長的環境是在戰後復原與建設的社會中，因此是在穩定的環境中成長，受到了良好的教育，並且創造了豐富的社會資源。由於嬰兒潮

---

❷ Carpenter, D. (2000). "Turning in Teens: Marketers Intesify Pitch for 'Most Savvy' Generation Ever." *Canadian Press*, November 19.

❸ 維基百科。網址：http://en.wikipedia.org/wiki/Generation。

人數眾多，購買力強，他們也是行銷人員最重視的世代之一。

4. X 世代 (Generation X)

X 世代是指在嬰兒潮之後，於 1965～1980 年間出生的人。X 世代的生長時代是戰後社會資源最富足的時代，經濟起飛，百業迅速發展的時代。然而，在富裕與多元的社會中，父母卻往往必須忙於適應工商業社會的忙碌型態，無法給 X 世代的子女太多照顧，因此也是一個父母疏於照顧的世代。此外，由於社會競爭激烈，就業機會也不如嬰兒潮世代的人，因此相對有較大的社會疏離感，對社會也有較多的不滿與無奈，同時對自己的前途與未來的不確定感也較重，充滿了虛無感。X 世代的人自我意識強烈，個性獨立，同時具備務實的價值觀與生活態度。對 X 世代的人而言，麵包比愛情更重要。

5. Y 世代 (Generation Y)

Y 世代是指在 1981～1994 年間出生的人。Y 世代的人出生成長於科技迅速發展的時代，他們對新科技多抱持正面的態度，是屬於新科技接受的創新者。Y 世代對流行與時尚的追求也是這個時代的特色之一，他們喜歡名牌，也容易成為偶像崇拜的追星一族。慣用信用卡，對消費的資訊充分，屬於精明的消費一族。同時，他們的國際視野也較佳，許多人有出國遊學的經驗。

6. Z 世代 (Generation Z)

Z 世代是指在 1995～2008 年間出生的人。這些人目前都是兒童至青少年時期，最大的特性就是網路世代。他們對網路以及資訊科技都很熟悉，從食衣住行到娛樂莫不與網路有關。電玩以及社交都是他們在網路上的主要活動。Z 世代的人吸收資訊極為迅速，也承襲 Y 世代的物質主義傾向，在生活與消費上都採取務實而功利的態度。從行銷的角度來看，對 Y 世代與 Z 世代的消費者，突顯產品與個人特色的關聯，以及訴求偶像代言，都是比較可能有效的行銷方式。

以上的世代分類，主要是在美國的社會系統中的分類。在臺灣，一般在學術研究上沿襲這種系統的分類方式，但臺灣的社會發展及歷史與美國不盡相同，以上分類未必完全適用。討論世代的特性，不應脫離其生長的背景以及歷史文化社會的特性。近年來在社會中許多人會提及一個非正式的分類系統並常使用在日常生活的語言之中，就是一般提及的「年級」的觀念。「四年級生」是指民國四十年代（1951～1960 年）出生的人；「五年級生」則是民國五十年代（1961～1970 年）出生的人，其他則依此類推。雖然是一個比較粗略的分類法，但卻似乎可以反映臺灣社會文化發展的歷史事實。以下就五年級到八年級生的面貌及其特色做一描述。

1.五年級生

五年級生是泛指民國五十年代出生的人。他們的成長背景，恰逢臺灣逐漸從穩定中開始發展的年代，當時政治穩定，以外貿為主的經濟體系逐漸發展。臺灣商人四處在全球尋找代工商機，也逐漸建立起臺灣與世界的連結。

五年級生的青少年時期的記憶，是校園民歌與十大建設、石油危機與通貨膨脹以及臺灣退出聯合國與臺美斷交。當時國內的政治與社會相對穩定，但人民的政治參與較少，對經濟發展的聚焦遠大於對政治的關心。五年級生的價值觀，重視且相信勤奮的價值，認為個人只要不斷努力，可以達到成功的目標。這是臺灣從無到有，躋身亞洲四小龍的關鍵時期。教育則是天然資源匱乏的臺灣能成功的主因，許多人可以透過公平的聯考制度進入大學接受高等教育。

在消費價值與行為上，雖然多數五年級生物質無虞匱乏，但五年級生多半還留存早期父母刻苦持家的習慣，購物講究物超所值，在早期物資缺乏的時代養成的節儉習性，在五年級生的身上仍然可以看得到一些殘留的影子。迪斯可 (Disco) 與七分褲是當時的流行，許多人喜歡西洋的流行音樂，如披頭四 (Beatles)，也影響了本土創作的校園民歌的風格。

2.六年級生

六年級生的成長背景則與五年級生大不相同。民國六十年代出生的人們，成長於1970～1990 年之間。此時臺灣經濟起飛，股市與房地產飆漲，多數六年級生的成長記憶已沒有物質匱乏的痛苦，而是更多的娛樂。香港電

圖 14-1　民國六十年代，臺灣經濟起飛，發展迅速，透過對外貿易累積大量外匯，經濟結構也由農業社會轉變為工業社會

影成為當紅炸子雞，成龍、洪金寶、元彪的電影成為最愛的娛樂。臺灣本地的音樂則在亞洲市場中大放異彩，由校園民歌發展的流行音樂，使得李宗盛、羅大佑、周華健在娛樂圈中紅透半邊天。他們的音樂是六年級生的成長過程中最鮮明的記憶之一。在政治與社會上，則經歷了解嚴、黨禁與報禁的解除，以及蔣經國總統過世等臺灣歷史的重大轉折。在消費行為上，六年級生有機會接觸更多的國際資訊，對名牌開始有鑑賞以及購買的能力。

3.七年級生

七年級生是指民國七十年代出生的人們，他們成長於二十世紀的最後十年以及二十一世紀的最初十年。七年級生常被稱為「草莓族」，主要是用來描述七年級生缺乏堅持到底的毅力，以及一碰到壓力就碎的特性。由於七年級生多生長於優渥的環境，鮮少經歷艱苦環境的考驗，難免會像日本戰後經濟起飛的時代中成長的世代一般缺乏堅持的勇氣。但七年級生有機會接觸更多的國際資訊，靈活應變的能力則是之前的世代無法相比的。他們成長環境中的主要特性是資訊產業蓬勃發展，消費性電子產品大行其道，手機成為生活必需品。而網際網路的快速普及，使得許多人成為電玩以及網路老手，網路上癮成為這個世代的普遍現象。

此外，在蔣經國總統過世後，臺灣社會在民國七十年代末期開始一連串社會與政治的變動的過程，包括在政治價值上開始強調本土意識與價值，在前總統李登輝主政下逐漸將臺灣與中國大陸開始切割，這些對七年級生的政治以及民族認同都有深遠的影響。政治的自由開放，使得許多熱衷政治事務的人有更多的投入與參與的機會，可以透過選舉取得參政的權利。而在另一方面，教育的改革使得大學大量設立，大學窄門的開放固然使得教育機會更加普及，但量多質不精的結果，使得大學畢業生供過於求，也降低了今日許多大學畢業生求職的競爭力。由於全球經濟形態的改變以及一連串的政治變動，導致資本逐漸外移到中國大陸以及東南亞，也使得七年級生感到工作機會難找，對未來充滿了不確定感，M型社會的形成，更使得許多人對前途充滿了無力感，也覺得個人的努力並無法改變自己的命運，因而對社會產生了更深的不滿與疏離感。在消費行為上，崇尚名牌仍然是一個普遍的傾向，強烈的物質主義超越了許多其他的核心價值。這些特性與 X 世代與 Y 世代的新新人類有相類似之處❹。

4.八年級生

八年級生是指民國八十年代出生的族群。他們的成長經歷是臺灣經歷政黨輪替，社會價值快速變動的年代，教育體系也在不斷的變動中。在現代電子媒體的洗禮中成長，八年級生有著超乎生理年齡的成熟度，許多人在求學時代即藉由網路開始創業，八年級生的價值觀可以用「務實」二字形容，現實的總體經濟環境在他們的成長過程中條件逐漸不若以往優越，因此在早熟的特性下，也有著一絲對未來不確定的惶惑。

在年齡的次文化中，除了以世代作為區分基礎外，另有一個近年愈來愈受到重視的區隔，那就是俗稱的「銀髮族」。由於出生率下降，同時醫藥進步，人愈來愈長壽，活得也愈來愈健康，年長的消費者其消費力也強，因此銀髮族受到行銷人員更多的重視。銀髮族由於其生理的特性，在生活與消費型態上都有

● 圖 14-2　年齡次文化與代溝

❹ Wolfe, D. B. (1987). "An Ageless Market." *American Demographics*, July, 2–55.

其特色，也提供了行銷人員更多的機會。例如，年長者由於子女離家，減少了人際接觸的機會，其孤獨感會更重，因此會有人際接觸的需求。近年來逐漸普及的養生村的概念，就是此項需求的滿足方式之一。

此外，年長者由於獨處的時間增加，也更需要適合的娛樂。許多產品設計，也應將銀髮族的需求考慮在內。例如手機的面板因考慮銀髮族的視力減退的問題，設計適合銀髮族使用的大面板。許多不同類型的產業，如住宅、醫療、金融（退休金與保險規劃）、看護以及文教休閒產業等，都是以銀髮族為目標市場的可能新興產業。

◆ 14.1.2　性別次文化

男女有別，是指從生理到心理上，男性與女性都有很大的不同。在生理特質上，男性先天較為有力；女性相對比較柔弱。在古代依賴漁獵生存的環境中，對男性相對比較有利。然而，在現代社會中，已不再依賴勞力為生存的主要方式，而是改為以比賽腦力以及智慧為競爭的遊戲規則時，女性開始逐漸取得更多的社會資源，也有更多更強的獨立生存的能力。

在心理特質上，女性處事較為細膩，注重細節與感性的元素，這在已開發社會中以感性為基礎所強調的體驗經濟 (Experience Economy) 中，具有競爭的優勢。近年來女性就業率的普及，有愈來愈多的女性在職場上取得高階管理職，以及在政治場合中取得高階的政府職務，就是此變化的展現。惠普 (HP) 的前執行長費奧莉納 (Carly Fiorina) 是高科技的女性從業的代表，而前副總統呂秀蓮則是臺灣政壇的女性代表❺。

以上所述，多半為傳統社會對性別角色 (Gender Role) 的認知，亦即男性與女性在社會上所被期待扮演角色以及相應行為的不同，例如女性應該做家務，而男性應該在事業上努力。然而，近年來隨著社會的發展，性別角色出現了變遷。此點可由生理與心理性別的差異來觀察。許多女性開始從事傳統男性所從

---

❺　Williams, A. (2005). "What Women Want: More Horses." *New York Times Online*, June 12.

事的工作，而男性也開始表現女性的行為。茲以以下生理與心理性別的表格來
說明：

🍀 表 14-1　生理性別與心理性別的互動

		生　理	
		男性	女性
心　理	男性	傳統男性	幹練女性
	女性	中性化男性	傳統女性

　　在生理與心理都屬男性／女性時，就是一般常見的傳統男性／女性，他們
會表現與生理性別一致的行為。若是女性表現男性的心理與行為，則俗稱為「女
強人」。她們喜歡在工作上與男性一別苗頭，表現自己幹練的工作能力與技巧。
而另一種男性則是表現女性細膩特質的男性，他們與女性溝通良好，也樂於分
擔傳統認為是女性的家務工作，也不排斥使用傳統認為是女性才會使用的產品，
這些可稱為是中性化的男性。例如化妝品的市場，近年開始開發男性市場，如
皮膚保養品等的產品，除了女性外，有愈來愈多的男性也開始使用這類產品，
堪稱為以此類中性化男性為目標市場的產品代表。

　　除了性別角色的混合之外，另一個引起行銷人員興趣與注意的市場是同性
戀的市場。這是一個近年來愈來愈有擴大的市場。同性戀代
表一個特殊的次文化區塊，彼此間有特殊的表達方式，形成
一個特別的社群，在消費行為上也有其特色。同性戀會藉由
衣著以及打扮來表現其心理特質以及性取向，也勇於表達自
我的特色。在打扮上以及外表的保養也會特別注重。以體驗
以及情感訴求為主的產品以及品牌，往往能吸引同性戀者的

注意 !!!
這裡的同性戀市場與前
段所述的中性化男性或
是女強人並不相同，中
性化男性或是女強人在
性取向上仍屬異性戀，
只是心理特質會接近異
性。

注意。不可諱言，目前同性戀仍受到社會程度不一的排拒，使得同性戀社群很
容易彼此更緊密的結合，因此很容易透過參考團體來影響彼此對產品的意見。
這些都是在針對同性戀市場進行行銷時應該注意的特性。

◆ 14.1.3 地區次文化

　　一般而言，在臺灣的社會發展過程中，北部地區屬於商業較為發達的地區，是政治經濟的中心，也是國際化程度最高的地區，多數的政治經濟以及社會資源都集中在以臺北市為中心的北部地區。近年由於產業政策的發展，北部各地也發展出各自不同的特色。例如新竹地區有新竹科學園區發展為支持臺灣近二十年經濟發展最重要的產業，而桃園以及苗栗等客家人聚居的地方，也逐漸發展了各自的地方特色。客家的飲食與風俗習慣也逐漸被大家所普遍接受，如客家小炒、鹹豬肉以及北埔的客家擂茶，都是膾炙人口、深受歡迎的食品。

　　相對於北部的商業化，中南部則以純樸的民風著稱。臺灣人素以好客熱情聞名，這在南部特別是如此。臺中早期以咖啡館著稱，近年則以富麗堂皇、新穎特別的汽車旅館聞名。對外國人而言感到新鮮的檳榔西施，則是全臺都有的特殊文化元素。南臺灣的景色美麗，墾丁以及屏東的海岸線，都是絕美景致。早期花蓮盛產的大理石極負盛名，太魯閣更是令許多外國人感到驚豔。

　　近十幾年來，臺灣除了社會政治的劇烈變化之外，人口的變遷也是影響重大的變化之一。由於中國的經濟崛起，許多人出走到中國大陸去找工作，或是經商。另一個重要的現象是外籍新娘的普遍。尤其是在中南部，有許多人到了適婚年齡，可是卻找不到配偶，尤以男性為甚。於是，許多人透過仲介介紹，娶了東南亞國家的女性為妻，如越南、泰國等地。隨著外籍新娘的人數漸增，她們在臺灣的文化與生活的適應，以至於下一代的教育與就業問題，都變成必須正視並且設法解決的問題❻。

◆ 14.1.4 婚姻次文化團體

　　現代工商業社會的婚姻型態遠比過去要複雜。根據統計❼，臺灣地區的離婚率高居亞洲第一。平均每 2.75 對結婚的配偶，就有 1 對離婚，離婚率高達

---

❻　"Asian Youth Trends." *American Demographics*, October 2004, 14.

❼　根據內政部統計處 2016 年度的資料：結婚 147,861 對；離婚 53,837 對。

36.34%。至 2016 年，平均每天有 147 對夫妻
離婚。同時單身不婚族的比例也大幅增加，這
些不婚、晚婚以及離婚的族群，估計已經超過
1,310 萬人之譜。這些現象都為消費市場帶來
新的市場區隔。舉例而言，離婚族有尋求第二
春的動機，交友網站提供滿足此族群需求的產
品；單身族抱定終身不婚的想法，但也需要滿

圖 14-3　現今社會中，許多單身族都選擇養寵物來滿足互動的需求

足與人或其他動物互動的需求，因此近年來寵物市場的蓬勃發展，以及寵物相
關的產業，如醫療、寵物用品、寵物衣物、寵物旅館，甚至寵物 Spa 等，都大
行其道，就是此類婚姻次文化發展的結果之一❽。

　　單親家庭是另一個快速興起的市場區隔，無論是父親或是母親，獨立撫養
小孩，都有許多需求需要被滿足。因此近年有房地產商針對單親家庭設計適合
的住宅產品，在父母必須外出工作或無暇照顧小孩時提供必要的協助。單親家
庭的親子關係，以及子女的心理健康發展的諮詢與協助，都是單親家庭的父母
要面對的課題。因應愈來愈多的單親家庭，這些都是未來可能應運而生的產業。

◆ 14.1.5 宗教與民俗次文化

　　臺灣是一個各種宗教並存的地方，不同的宗教百家爭鳴，都有其信眾的存
在，形成了宗教的次文化。世界主要的宗教，如佛教、基督教以及回教，在臺
灣都擁有廣大的信眾。各種傳統的宗教儀式也都十分盛行，這些宗教儀式，往
往成為地方年度的大事。例如中元節，也就是俗稱的鬼節，是在農曆的七月十
五日，而清明節則是民間慎終追遠的表現，至今仍保留在清明節時祭祀祖先以
及鬼神的習俗。對宗教相關的產品，如祭祀用品香燭、冥紙等而言，此時就是
銷售最佳的時節。此外，各個宗教有其禁忌，例如在飲食上，佛教拒吃葷腥、
回教不吃豬肉等，都是宗教消費的特性。而每年鎮瀾宮的媽祖出巡儀式，更是

❽ Szmigin, I., & Carrigan, M. (2006). "Consumption and Community: Choices for Women
　over Forty." *Journal of Consumer Behavior*, 5, 4, 292–230.

吸引眾人目光的大事。上述這些都是重要的宗教儀式，形成臺灣社會的特色，隨之也產生許多的消費行為❾。

　　臺灣社會中也有許多民俗節慶，也是造成許多消費行為的來源。例如中秋節以及端午節，有許多特定的飲食，是屬於民俗習慣的傳統，有其歷史的溯源。例如中秋節要吃月餅以及文旦，而端午節要吃粽子以及使用雄黃等，都是傳承千年的習俗，也是引發消費的重要動機。

 行銷一分鐘

品酒族次文化

　　葡萄酒在臺灣流行時間超過 20 年了。葡萄可釀成紅酒或是白酒，但在臺灣以紅酒較為流行。紅酒的消費一向都被視為是上層社會的象徵，從品牌、年分、葡萄品種、產地的選擇，乃至於品酒的禮儀以及習俗，都被視為是需要學習的知識。瞭解以及實踐這些知識，也被視為是進入上層社會的重要門檻。

　　在臺灣的品酒次文化中，除了對紅酒知識的學習外，有許多品酒團體是因為紅酒而形成的。他們定期聚會，舉辦餐會品嚐美酒，平時也有許多私人的聯誼。此種藉由知識以及嗜好連結而形成的團體，其實正是行銷人員眼中的次文化團體目標客層的行銷對象。透過成員的口碑，類似嗜好的產品，如音響、藝術表演等，都很容易在此類團體中傳播，達到行銷的目的。

14.1.6 次文化團體與行銷意涵

　　次文化團體往往具備鮮明的共同特性，也是市場區隔的重要依據。行銷策略可以針對特定的次文化族群，設計適合的目標市場行銷策略。例如針對不同

---

❾ Dotson, M. J., & Hyatt, E. M. (2000). "Religious Symbols as Peripheral Cues in Advertising: A Replication of the Elaboration Likelihood Model." *Journal of Marketing Research*, 48, 63–68.

年齡的消費者，其產品策略便明顯有所差異。年輕族群需要重視流行的取向，同時兼顧個人特色的表現，或與同儕團體間的認同關係；而年紀較長的族群便須重視社會地位或個人成就的展現。同樣的，針對不同性別的次文化所做的行銷活動也自然有所差異。男性與女性無論在生理或是心理上均有很大差異，行銷時的作法也自然有所不同。此外，在瞄準不同婚姻狀態次文化的消費者時，也需要顧及不同族群的需求。例如，服務業在面對已婚族群時，便須考慮小孩的可能需求；而單身或是離婚族的需求就又各自不同，在行銷策略上的設計自然不能完全相同。

🔘14.2 全球化與跨文化行銷

全球化的浪潮席捲世界，隨著科技的進展，地球村的概念正逐步實踐。全世界無論在經貿、政治、社會等各個層面，都結合成為更緊密的團體。發生在世界不同角落的事情，往往牽一髮而動全身，影響到全世界❿，例如 2008 年的全球金融海嘯。此外，行銷活動也逐步全球化，跨國公司在規劃全球的行銷活動時，就必須將文化差異考慮在其中，以避免因為文化差異而產生的策略執行的困難。本節將與跨文化國際行銷有關的主題，如國際品牌以及原產國效應做一綜述。

◆ 14.2.1 國際品牌

長期的品牌經營，許多跨國公司都建立了全球性的品牌。以品牌經營的觀點來看，品牌經營最重要的目標之一，就是建立具有高品牌價值的品牌，為消費者所喜愛與接受。如第七章所述，品牌權益的測量，可由消費者所知覺的價值來著手，此外亦可由財務的觀點來切入，將抽象的品牌權益轉化為具體的財務價值。此種作法最有名的就是 Interbrand 這家公司。Interbrand 每年都會出版「全球最有價值品牌」(Best Global Brands) 的資料，每年入圍的品牌都是長期在

---

❿　Hirsch, P. M. (1972). "Processing Fads and Fashions: An Organizational Set Analysis of Cultural Industry Systems." *American Journal of Sociology*, 77, 4, 639–659.

國際市場上具備高知名度的品牌，也是深入融入國際市場文化的品牌。以下將
2016 年最有價值的國際品牌前二十名列於表 14-2❶：

🌸 表 14-2　Interbrand 評定世界最具價值的前二十大品牌

2016 排名	2015 排名	品　牌	原產國	產　業	2016 品牌價值（單位:百萬美元）	品牌價值改變幅度
1	1	🍎	美　國	消費性電子	178,119	5%
2	2	Google	美　國	網路服務	133,252	11%
3	3	Coca-Cola	美　國	飲　料	73,102	−7%
4	4	Microsoft	美　國	電腦軟體	72,795	8%
5	6	TOYOTA	日　本	汽　車	53,580	9%
6	5	IBM	美　國	電腦服務	52,500	−19%
7	7	SAMSUNG	南　韓	消費性電子	51,808	14%
8	10	amazon	美　國	網路服務	50,338	33%
9	12	Mercedes-Benz	德　國	汽　車	43,490	18%
10	8	GE	美　國	多樣化產品	43,130	2%
11	11	BMW	德　國	汽　車	41,535	12%
12	9	McDonald's	美　國	餐　飲	39,381	−1%
13	13	Disney	美　國	媒　體	38,790	6%
14	14	intel	美　國	消費性電子	36,952	4%

❶ Thompson, C. J., & Arsel, Z. (2004). "The Starbucks Brandscape and Consumers' (Anticorporate) Experience of Globalization." *Journal of Consumer Research*, 31, 631–642.

15	23	f	美　國	網路服務	32,593	48%
16	15	CISCO	美　國	電腦服務	30,948	4%
17	16	ORACLE®	美　國	電腦服務	26,552	−3%
18	17	NIKE	美　國	運動用品	25,034	9%
19	26	LOUIS VUITTON	法　國	奢侈品	23,998	8%
20	21	H&M	瑞　典	服　飾	22,681	2%

（資料來源：修改自 Interbrand (2017). *Best Global Brands 2016.*）

在全球前二十名最有價值的品牌中，有十個科技品牌，十個非科技品牌。非科技的品牌中，有三個汽車產業的品牌，其中豐田汽車 (Toyota) 是汽車產業的第一名。以原產國來區分，有十四個品牌為美國品牌、一個日本品牌、二個德國品牌（Mercedes-Benz 以及 BMW）、一個法國品牌 (Louis Vuitton)、一個南韓品牌 (Samsung)、以及一個瑞典品牌。

14.2.2 原產國效應 (Country-of-origin Effect)

原產國效應在國際行銷中是一個重要的議題。消費者對不同的原產國有不同的刻板印象，這些原產國的印象會影響消費者的品牌信念、態度以及購買行為。例如，消費者對日本製的產品，尤其是電器以及汽車類的產品，多半有著高品質的印象。但對中國大陸製的產品則普遍充滿著不信任的感覺。在國際品牌高度分工的今日，消費者不僅重視品牌的來源，更重視原產國的訊息，因為這對他們判斷產品品質有著重要的指標作用。因此，各原產國會提供不同的印象線索。例如，日本代表高品質；德國則代表耐用；臺灣則代表高科技的專門能力。這些都是原產國所提供的品質判斷的線索的例子。

原產國效應的功能如下：

1. 月暈功能 (Halo Function)

月暈功能相當於刻板印象的效果,能夠影響消費者對產品特性的間接推論。在消費者對產品不夠熟悉時,原產國的標示可以提供一個快速的評估機制,讓消費者可以對產品形成快速的基本印象。例如一個 "Made in England" 的 Burberry 皮包,以及一個 "Made in China" 的 Burberry 皮包,會給消費者截然不同的整體印象。

2. 歸納功能 (Summary Function)

歸納功能是消費者對產品直接的評估效果。消費者在面對眾多產品資訊(包括功能、形象等)時,原產國的標示可以讓消費者迅速瞭解這項產品的主要特性為何。

上述兩項功能提供了原產國在產品評估所扮演的角色的詮釋。

🕐 行銷一分鐘

法藍瓷行銷國際

在政府積極推展的新興六大產業中,文化創意產業是最著重「人」這項軟體資產的產業。臺灣的文化創意產業近年來有快速的進展,許多服務業都加入了這些創意的元素,而法藍瓷是其中引人注目的一個公司。設計製造銷售法藍瓷的海暢公司創立於近 30 年前,早期是以代工製造禮品、木器以及皮革等為主。法藍瓷創立於 2001 年,以深具創意的瓷器產品迅速擄獲禮品顧客的心,並贏得 2003 年「紐約最佳禮品收藏首獎」,以及 2004 年英國禮品專賣協會「最佳瓷器精品獎」。法藍瓷的成功,幾乎可以說是創造了一個新的文化,將禮品文化帶入了一個新的境界。也可以說是創意在文化發展中所扮演角色的最佳典範。

圖 14–4　法藍瓷的產品

14.2.3 文化差異與國際行銷策略

國際品牌的經營，是國際行銷時的一項重要工作。如前所述，國際品牌的成功打造，除了豐厚的品牌經營資源之外，強大文化的支持也是必要條件。此外，善用原產國的線索，也會對國際品牌的經營產生相輔相成的效果。在國際品牌行銷的實務上，注重文化間的差異，例如韓國與日本的我族中心主義 (Ethnocentrism)，以及在中東市場的回教伊斯蘭文化，都是在地區市場推行國際品牌時必須注重的文化差異。

行銷實戰應用

尼特族[12]經濟

尼特族長期居留在家中，不從事生產性的工作。這個社會現象最早出現在英國，主要是指 16～18 歲的年輕族群。在日本，尼特族則是指介於 15～34 歲的族群，其人口估計在 2015 年約為 56 萬人[13]。歐美國家的尼特族長期依賴政

---

[12]　維基百科 (2014)。〈尼特族〉。

府的失業補助作為經濟來源，但日本政府的失業給付最多只有 6 個月，所以在日本，尼特族的經濟來源多半是來自於父母（因此尼特族又被稱為「啃老族」），因此可推論尼特族的家庭經濟環境一般並不太差，但是他們拒絕在學校義務教育結束後進入社會工作，形成特殊的經濟現象與社會問題。

由於尼特族不事生產，因此社會大眾認為他們對國家經濟造成沉重的負擔。但是尼特族雖然缺乏生產力，並不代表他們沒有消費力。尤其是在亞洲地區，許多尼特族都是由經濟力良好的家庭所供養，沒有工作的生活型態，反而使得他們更有閒暇蒐集消費資訊。雖然沒有實際統計數字的支持，但近年發燒的「宅經濟」概念，尼特族也扮演著重要的消費客層。針對尼特族的行銷，需要善用尼特族生活型態的特性。以下針對幾項尼特族的特性以及相應的行銷法則簡述如下：

1. 以網路為主要通路以及行銷溝通（促銷）方式：尼特族是網路的重度使用者，他們主要的資訊來源都與網路有關。因此行銷人員應善用網路作為購買通路以及行銷溝通的管道。

2. 價格促銷以及限時促銷：在沒有固定收入的情形下，尼特族通常對價格比較敏感；又因他們常使用網路，因而較能掌握即時的資訊。因此使用價格促銷以及限時促銷的方式往往能成功掌握尼特族的購買意向。

3. 以大眾化的民生消費品為主要產品：雖然尼特族生活沒有太大經濟問題，但也未必十分寬裕，因此主要購買的產品仍以大眾化的民生消費品為主力。奢華型的產品相對在尼特族中的市場會較受限。

⓭　日本 2016 年度《兒童及青少年白皮書》。

● 本章主要概念

年齡次文化	婚姻次文化
性別次文化	國際品牌
宗教次文化	原產國效應
地區次文化	

 習　題

一、選擇題

（　）1. 由一個大的文化團體中所細分出的團體，這些人的觀點和生活方式顯著地不同於社會主流，我們稱之為何？　(A)文化　(B)跨文化　(C)次文化　(D)多元文化

（　）2. 次文化的類別不可用下列何者區分？　(A)年齡　(B)地區　(C)宗教　(D)學歷

（　）3. 西方人習慣在聖誕節與家族親友聚會，一同過節，請問這是屬於何種類別的次文化？　(A)宗教　(B)地區　(C)婚姻　(D)種族

（　）4. 次文化應用在市場行銷上的意涵主要為何？　(A)市場區隔　(B)產品定位　(C)產品包裝　(D)定價策略

（　）5. 由於現在商業活動趨向全球化的腳步發展，為提升企業的整體形象與價值，下列何者已成為企業向國際發展的重點目標策略？　(A)低廉的成本　(B)創新產品　(C)品牌的經營　(D)在地化

（　）6. 下列何者不是國際品牌？　(A)香奈兒 (Chanel)　(B)頂呱呱 (T.K.K.)　(C)迪士尼 (Disney)　(D)豐田汽車 (Toyota)

（　）7. 豐田汽車向來給消費者日本出產、高品質保證的印象，這是由於下列何種效應所影響？　(A)國際品質保證　(B)原產國效應　(C)品牌形象　(D)製造商效應

（　）8. 下列敘述何者錯誤？　(A)尼特族指的是都會區有專業性工作的年輕人　(B)年齡次文化是美國時常被討論的次文化　(C) Y 世代文化屬於次文化　(D)臺灣文化屬於次文化

（　）9. 「草莓族」一詞主要是指涉下列何種次文化階層？　(A)五年級　(B)六年級　(C)七年級　(D)八年級

（　）10.下列何者不是原產國效應的社會心理學原理？　(A)歸納功能　(B)月暈功能　(C)刻板印象　(D)演繹功能

二、思考應用題

1. 追星族可說是一種次文化。你或你的朋友中有人是追逐明星的粉絲 (Fans) 嗎？就你的觀察，追星族的消費行為和一般人有何差異？他們可支配的收入有多少百分比是用在與追星有關的消費上？你覺得何種動機理論可以解釋此種次文化的形成？

2. 找兩個有關流行資訊的 P2P 網站，從網站所提供的訊息，以及網友相互討論的訊息內容，分析比較這兩個網站的異同。可包括在：⑴訊息內容特性；⑵網友凝聚力；⑶網站號召力等面向上的比較。

3. 設計一份問卷，比較消費者對德國製的汽車以及日本製的汽車的認識有何差異。在問卷的最後加入類似以下的問題：「若以後德國品牌的汽車(如 BMW 以及奧迪)以及日本品牌的汽車（如 Honda 以及 Nissan）的原產國都是中國（如瀋陽華晨製造 BMW 汽車），這對你的品牌印象以及購買意願會產生什麼影響嗎？」從消費者的答案中探討影響為何？為何有此種影響？以及廠商的因應之道。並比較不同年齡、教育程度以及性別在答案上的差異。

4. 鎖定一個特殊的次文化（如音響、紅酒或是地下樂團），從網站以及認識的相關人物訪談中，瞭解此團體形成的原因、團體的特性、成員互動的型態以及團體發展的階段等次文化團體的主要特性。

5. 找一個主要的宗教文化團體（如慈濟功德會），設法與其成員進行訪談，瞭解該團體的特色、組織結構、發展歷史以及未來的願景。你認為支持該團體發展的主要力量是什麼？

第 **4** 部分

消費者研究
新方向

第十五章　體驗、情感與情境的影響

以娛樂行銷產品與文化

你知道波爾多 (Bordeaux) 紅酒和勃根地 (Burgundy) 紅酒的酒瓶形狀有何不同嗎？你知道黑皮諾 (Pinot Nior) 和卡本尼蘇維儂 (Cabernet Sauvignon) 兩種葡萄品種有何不同嗎？你知道醒酒瓶的功能是什麼嗎？

這些都是源自於一套叫做《神之雫》的日本漫畫的內容。許多產品的行銷，行銷人員都絞盡腦汁要讓產品被消費者接受。但其實很多產品乃至於文化的行銷，使用娛樂的形式往往最深入人心，也最容易被消費者接受。漫畫、電影、小說或影集都是行銷產品的利器。這些工具不只是用來做置入性行銷，而是可以用來有系統的介紹產品的工具，《神之雫》就是這樣的例子，其他還有更多的產品與文化的例子也是如此。例如英國情色小說《格雷的五十道陰影》，意外帶動南非白葡萄酒的熱潮，再者，提到空手道的武術時，許多人都知道極真派空手道的大山倍達，很大的原因就是有一部漫畫《極真派空手道》詳盡的描述了這個流派的發展歷史。

文化的傳播也是一樣。許多人沒有去過美國，但對美國的事物卻能如數家珍，這得歸功於好萊塢電影的流行。同樣的，日本的日劇以及南韓的韓劇也將日本以及南韓的國家文化推向海外，許多人對日本的飲食文化以及南韓的民俗和風土人情的認識，都來自於這些娛樂的接收。例如日本漫畫《築地魚河岸三代目》捧紅了該漫畫的顧問小川貢一所開的海鮮料理店「千秋」。

近年來臺灣極力想從代工的產業型態中轉型，提倡文化創意產業。政府在這些方面著力甚深，投注許多資源在推廣文化產業，至今已有許多成果。如法

藍瓷 (Franz) 的精美瓷器，就是令人驚豔的具體成果。其實，臺灣有許多產業在亞洲是居於領先地位的，如流行音樂以及出版業。而年輕人的創意與活力，也逐漸在國際比賽中嶄露頭角。問題在於，這些成果以及未開發的潛力，如果只透過正式的宣傳管道，成效十分有限。但如果能透過多數人民喜歡接受的娛樂形式，則臺灣文化會更能快速被世界所認知。香港的電影業在亞洲華人圈獨領風騷，但也花了數十年的時間才將成龍以及吳宇森送進好萊塢，受到全球的注目。臺灣未來要在國際舞臺競爭，必須先釐清差異化的點在何處，例如李安拍攝的《少年 Pi 的奇幻漂流》和盧貝松監製的《露西》就有助於臺灣的國際定位。

圖 15-1　國際大導演李安在臺北市立動物園中取景拍攝《少年 Pi 的奇幻漂流》，吸引許多影迷前往朝聖

在金融風暴後，未來可見的變化是世界重心將逐漸從歐美向世界其他地區擴散，尤其是亞洲，如印度與中國，在未來都會佔據愈來愈重的分量。例如轟動一時的印度電影《三個傻瓜》，除了感動螢幕前的觀眾外，也將印度的娛樂文化傳遞給全世界。不像印度歷史中有英文的傳承，臺灣的新文化是以中文為主的形式，如果能將影響力先逐步在中國大陸這個未來的世界市場擴散，以娛樂的形式擴散至市場，紮下深厚根基，未來中國大陸可能成為世界流行的先行指標。同樣是娛樂，如能好好運用娛樂的強大而深入群眾的擴散力量，臺灣的創意定位也可以透過娛樂向世界傳播正面的訊息。

　　消費者行為研究的發展已有數十年的歷史，除了前述章節中的主題之外，近年來也有許多新的主題在不斷的開展中。本章以及下一章介紹幾個重要的主題，是傳統消費者行為的研究較少關注的題材。本章介紹體驗的概念，以及情感在消費者行為中的角色。此外，也關注購物情境對消費行為的影響。首先介紹近年來廣受關注的一個主題：「體驗行銷」(Experiential Marketing)。體驗行銷強調提供顧客整體的產品使用體驗，而非個別屬性的介紹作為產品的主要利益。

體驗可以觸動消費者的情感，提供軟性的訴求點，強化消費者購買的動機。許多廠商已經在其行銷活動中加入體驗行銷的成分，企圖為其行銷溝通加強說服力。因此本章對體驗行銷這個新的消費者行為的主題做一介紹，提供讀者對此一新的主題的初步認識。

◎ 15.1 　體驗行銷：理性與感性

消費者研究的新方向之一是體驗行銷 (Experiential Marketing)❶。傳統的消費者行為的思考是將消費者視為如經濟學中的「理性人」(Rational Man)。消費決策是基於理性的考量企圖將效益極大化，而不受情緒等因素的左右，因此考量產品的重點是產品的屬性以及利益。但在實際的消費情境中可以發現，消費者往往尋求的是愉悅的消費經驗，而非實際的產品利益極大化。近年來，有學者便將此類的思考加以系統化，稱為體驗行銷。

在體驗行銷中，消費者被視為理性與感性兼具的動物，消費的目的是尋求好的消費經驗，因此研究消費行為意味著不只是要瞭解消費者決策時所運用的產品屬性以及利益，更是這些屬性總和起來後所帶來的產品使用經驗。因此，體驗行銷是一種整體式 (Holistic) 的消費體驗，而非分析式的切割產品的特性。

舉例而言，當消費者購車時，車商的溝通內容常著重於車子本身的性能、引擎、安全數據或是強調內部設備的豪華精緻。這些都是屬於傳統的行銷方式，假設消費者要的是最佳屬性的組合。但實際上，對消費者而言，重要的是消費這項產品時的整體經驗為何。因此，一趟試駕就能帶來所有屬性整合後的整體經驗，如風馳電掣的駕馭快感，以及受人注目的虛榮感，都是單一屬性所無法提供的體驗。而這個美好的整體駕駛經驗才是消費者追求的目的。

由於經驗來自於感官的接收，體驗行銷特別重視五官的感受性，強調體驗是來自於這些感覺與知覺系統。因此在體驗行銷中，將體驗分為五種策略經驗模組 (Strategic Experiential Module, SEM)。這五種模組分別是：

1. 感覺 (Sense)

---

❶　Schmitt, B. (1999). *Experiential Marketing*. New York, NY: The Free Press.

　　這是指藉由五種感官（視覺、聽覺、嗅覺、味覺以及觸覺）產生的經驗。廠商應強調在產品使用中，消費者所感受的感覺，強化經驗的來源。例如在賣場中的陳設、背景音樂以及香味的應用，都是利用感覺產生經驗的實例。

2.感受 (Feel)

　　這是消費者接收行銷相關訊息後產生的內在感受以及情緒等心理的面向。例如描繪溫情的人際關係的廣告，會帶給消費者溫暖以及感動的感受，都是感受模組的應用。

3.思考 (Think)

　　這是指消費者對所接收的行銷資訊進行發散或是收斂式的思考所產生的經驗。一些廣告在一開始時採用懸疑式的情境訴求，使消費者思考謎底的方式，可視為是此模組的應用。

4.行動 (Act)

　　此模組是利用消費者切身的行動來產生經驗。行動本身就包括了各種感覺刺激與思考的接收、處理與整合，因此可以產生複雜的經驗感受。汽車的試駕、食物試吃等，都是此類模組的應用。

5.關聯 (Relate)

　　此類訴求超越前述的個人感受，訴求與個人的理想自我或是延伸自我相關

圖 15-2　太陽劇團的表演是感官體驗的極致典範

的價值。例如廣告訴求人生成就的巔峰，令人感受到自己的夢想可以透過產品來實現,此種經驗的價值在於給人未來夢想的實現經驗。

　　體驗行銷強調利用不同的體驗來源,給消費者產品使用的體驗,此種體驗與傳統消費行為研究中的情緒有關，但又超越了情緒的範疇。情緒主要是反映在感受(Feel)這個模組，但也可以說所有產生體驗的副產品之一，就是正面的情緒。所以，強調理性與感性兼具的體驗行銷，在消費行為強調的焦點，對人性的假設，乃至於研究方法上都有與傳統消費行為不同的觀點。

　　無論在研究或是產業實務上，體驗行銷都有繼續發展的空間。以實務而言，近年快速崛起的加拿大魁北克的太陽劇團 (Cirque du Soleil)，其現場表演為觀眾帶來的體驗，可說是體驗的極致經驗。團員的肢體訓練可說將人類的潛能發揮到極限，團員間的默契十足，令人嘆為觀止。這些視覺與聽覺的經驗，就成為太陽劇團最為人稱道的賣點。本章的「行銷實戰應用」對此有進一步的介紹。

🕐 行銷一分鐘

美食節目的行銷效果

　　在眾多體驗行銷的工具中，美食節目可以說是推廣美食最有力的工具之一。在許多此類的節目中，如非凡電視臺的《非凡大探索》節目，時常會看到令人心動的食物以及印象深刻的烹調過程的介紹。看到令人垂涎欲滴的美食，觀眾有著切身的體驗與感受，可說是體驗行銷最好的實踐。

　　根據一項研究指出，美食節目對於民眾購買意願的影響，前三名分別是「節目的專業性」、「節目介紹的產品是容易取得的」，以及「對於美食節目介紹的店家，對我有吸引力且會想去嘗試」。由此結果可知，除了節目製作的品質，以及產品本身的品質之外，產品的銷售通路也是此類美食節目行銷效果的重要影響元素❷。

🕐 行銷一分鐘

體驗式廣告

　　BMW 在網路上的汽車廣告，為體驗的概念帶來最佳詮釋。BMW 藉由拍攝關於冒險犯難主題的創意廣告，並以發行電影的模式推廣網路電影，為網路視聽眾帶來消費全方位的體驗，此舉吸引了眾多網友的瀏覽。BMW 的作法，實

---

❷　吳守從，林浩立，張景棠 (2012)。〈美食節目收視行為及其對消費行為影響的探討〉。《運動健康與休閒學刊》，20，85–96。

現了廣告具備體驗性的三項要素，亦即神祕性、感官享受與親密性。廣告的內容具備神祕性，引發網路視聽眾的注意與好奇；經由知名頂尖導演在廣告中所呈現的視覺效果，帶來了極度的感官享受；最後，BMW 在廣告之後所進行與消費者進一步接觸的活動，則為品牌拉近了與消費者間的距離，使得消費者的體驗更具親密性❸。

〇15.2 情感因素的影響

◆ 15.2.1 情感的類型

傳統上消費行為的研究重視理性與認知的角色，如學習、記憶、知覺以及動機等主題都是以認知層次的因素為主。相較之下，情感的角色似乎受到的注意較少。然而，情感在決定消費行為的分量上，可能遠較理

注意!!!
負責情感的大腦部位在負責邏輯思考部位的內部，接近動物本能的部位。

性認知的成分來得重要。在人腦的結構上，負責情感的部位比負責理性邏輯的部位要更加原始，更早發展。因此要更全面的瞭解消費者行為，就不能不重視情感的角色❹。

人類情感的表達十分複雜，要瞭解情感的角色，必須先對情感的種類有所認識。早期的研究指出，情感的種類可以按照愉快 (Pleasure)、喚起 (Arousal) 以及支配 (Dominance) 三個面向加以分類如表 15–1，稱為 PAD 模型 (Pleasure-Arousal-Dominance Model)：

---

❸ 洪于凡 (2007)。〈體驗式的網路廣告 讓你成為消費者的摯愛〉。《電子商務時報》。

❹ Holbrook, M. L., & Hirschman, E. C. (1981). "The Experiential Aspects of Consumption: Consumer Fantasies, Feelings, and Fun." *Journal of Consumer Research*, 9, 152–140.

🍀 表 15-1　情感的類型

面　向	情　感	描述指標
愉悅 (Pleasure)	責任 (Duty)	道德的、美德的、責任的
	忠實 (Faith)	虔誠的、崇拜的、心靈的
	驕傲 (Pride)	驕傲的、優越的、值得的
	熱情 (Affection)	深情的、熱情的、友善的
	純真 (Innocence)	純真的、純淨的、無瑕的
	感激 (Gratitude)	感激的、感謝的、讚賞的
	沉靜 (Serenity)	悠閒的、寧靜的、舒適的、撫慰的
	歡樂 (Joy)	歡樂的、快樂的、高興的、愉悅的
	勝任 (Competence)	自信的、控制的、能幹的
喚起 (Arousal)	興趣 (Interest)	注意的、好奇的
	沉悶 (Deactivation)	煩悶的、昏沉的、遲鈍的
	活躍 (Activation)	激起的、活躍的、興奮的
	驚訝 (Surprise)	驚訝的、擾人的、驚奇的
	涉入 (Involvement)	涉入的、消息靈通的、有知識的
	分心 (Distraction)	分心的、出神的、不注意的
	活跳 (Surgency)	遊戲的、娛樂的、輕鬆的
	輕視 (Contempt)	輕蔑的、憎惡的、嘲笑的
支配 (Dominance)	衝突 (Conflict)	緊張的、挫折的、衝突的
	罪惡 (Guilt)	罪惡的、後悔的、遺憾的
	無助 (Helplessness)	無力的、無助的、被支配的
	悲傷 (Sadness)	悲傷的、憂傷的、傷心的、沮喪的
	恐懼 (Fear)	恐懼的、害怕的、焦慮的
	羞恥 (Shame)	羞愧的、尷尬的、丟臉的
	生氣 (Anger)	憤怒的、激怒的、生氣的、惱怒的
	激動 (Hyperactivation)	驚惶的、困惑的、過度受刺激的
	嫌惡 (Disgust)	厭惡的、反感的、作噁的
	懷疑 (Skepticism)	懷疑的、可疑的、不信任的

（資料來源：廖淑伶 (2007)。《消費者行為：理論與應用》，243。臺北：前程出版社。）

　　情感類型如此複雜，因而在消費行為的研究中，情感的角色也十分錯綜複雜，不像認知理性的角色容易操弄。在實際研究中，常用不同的方式喚起消費者的情感反應。例如用喜劇引發愉悅的心情，或是用悲劇引發負面的情緒。由於情感是內在的反應，此類實驗操弄必須測量情感的內容以及強度作為操弄檢定的根據，以確認情感的操弄是有效的。

"YOU MEAN YOUR BIG SMILE IS BOTTLED-UP AGGRESSION? MINE IS BOTTLED-UP HOSTILITY."

🔵 圖 15–3 　情緒表達與深層意義的差別

🔷 15.2.2　情感對消費行為的影響

一般而言，有許多內在或外在的刺激可以引發消費者的情感反應，而所引發的情感反應則會引起相關的消費行為的改變。其關係可以圖 15–4 表示：

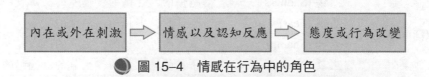

內在或外在刺激 ➡ 情感以及認知反應 ➡ 態度或行為改變

🔵 圖 15–4 　情感在行為中的角色

在第一階段，可以運用許多行銷工具來產生或改變消費者的情感反應，例如品牌，好的品牌可以引發正向的情感，增進消費者正面的產品態度。此外，產品包裝也是一個重要的關鍵，精心設計的產品包裝可以引發消費者的正面情感，增加其購買的可能性。其他如賣場中的環境設計（詳情見 15.3 節）、音樂、氣味的使用等，都可以觸發消費者的正面或負面的情感❺。而在第二階段，情感以及認知反應則會改變消費者的態度或是行為。正面的情感會增加消費者的

---

❺　Gobe, M. (2001). *Emotional Branding*. New York, NY: Allworth Press.

產品態度以及購買機率,訊息處理的能力也會增加,而負面的情感則正好相反。此外,正面的認知反應會減少消費者的風險知覺,而負面的認知反應則會增加消費者知覺的風險。

值得注意的是,若是一項刺激同時引發正面的情感以及負面的認知反應時,會如何影響消費者的行為?例如離家遠行的遊子在異鄉看到餐廳裡賣的家鄉滷肉飯時,即使滷肉飯看來做得實在不太好吃,他仍會想要去嘗試,此時情感的反應會超越認知的限制❻。

反之,若是一項刺激同時引發負面的情感以及正面的認知反應時,是否會影響消費者的行為?例如一個消費者不喜歡的品牌推出新產品,由於製程的改良,該產品贏得市場口碑,但一個對該品牌深具成見的消費者會去嘗試這個新產品嗎?這類的問題對品牌在市場上反敗為勝至關重要,這也是為何消費行為對情感的角色必須更加重視的原因❼。

🔘15.3　情境與購物環境的角色

除了內、外在因素會影響消費行為之外,購物當時的情境對消費行為也有立即而顯著的影響。對於零售業者而言,善用這些外在與內在的條件,能創造吸引消費者上門的商機。就商店的外在條件而言,商圈的選擇、商店規模以及商圈人潮等都是這類外在條件的重點。而店內的陳設、動線的設計以及環境因素,如燈光、音樂以及顏色的使用,則是內在條件的考量重點。以下針對這些內外在條件的設計略做介紹。

◆ 15.3.1　賣場設立地點條件

實體的零售業有一句金科玉律,就是「零售業成功的要素有三:第一是地

---

❻ Schmitt, B., & Simonson, A. (1997). *Marketing Aesthetics.* New York, NY: The Free Press.

❼ Batra, R., & Stayman, D. M. (1990). "The Role of Mood in Advertising Effectiveness." Journal of Consumer Research, 17, 203–210.

圖 15-5　三角窗店面由於兩面都與街道相鄰，容易吸引人潮，是眾多商家的必爭之地

點，第二是地點，第三還是地點！」由此可見商圈的選擇決定了零售業的成敗。好的商圈人潮多，商店容易有人造訪。因此，雖然店租也比較高，但高額的月收入仍然使得好地點的商店店面供不應求。

地點的選擇，除了要考慮交通便利性、人潮以及來客數之外，客層的屬性是否為目標客層也是重要的考量。考察商圈的特性可以幫助決定地點是否適合。此外，競爭者以及潛在競爭者在商圈中的布局也是必須納入考慮的。例如臺北市東區商圈的人口多樣性較強，而萬華區的西門町則偏年輕族群。

有時，商圈的界定不完全是以地理區域為準。如臺北市陽明山接近文化大學的仰德大道上，相隔對街就有兩家 7-11 便利商店。若以商圈的定義而言，這似乎造成彼此的衝突，沒有發揮綜效。但若觀察消費者的消費行為則可發現，一般消費者在行經山區路段時，若便利商店不在自己行經的同一邊，則許多人通常不會停車到對街去購買產品，而是繼續開到下一個有便利商店的地方，因此在對街開兩家店是滿足行經不同方向的消費者的需求。在這個例子裡，商圈不是以地理角度來定義，而是以行為的立場（亦即開車的方向）來定義的 ❽。

🔷 15.3.2　賣場氣氛

賣場氣氛 (Atmospherics) 是指賣場的各項產品的陳列以及其他各項條件的配合所產生的整體感受。賣場氣氛應帶給消費者愉悅的感受，能夠產生值得記憶的體驗。例如星巴克咖啡 (Starbucks) 的賣場設計，創造了一種浪漫的美式西岸的氣氛，讓許多人願意在店中停留消費。許多西式、日式餐廳以及現代的中式餐廳，也致力於改善店內氣氛，營造可以留住客人的賣場氣氛。同樣在大賣場內，窗明几淨的環境、井然有序的擺設以及明亮的照明，也讓客人願意時常

❽　Iyer, E. S. (1989). "Unplanned Purchasing: Knowledge of Shopping Environment and Time Pressure." *Journal of Retailing*, 65, 40–57.

光臨❾。

　　不同類型的賣場，其需要塑造的氣氛類型也不相同。餐廳與咖啡廳需要浪漫的氣氛，因此燈光也偏暗；超市需要給人乾淨爽朗的感受，因此燈光必須明亮。總之，賣場氣氛的營造，從大至店內的顏色、燈光，乃至於空間的配置，以及音樂的使用等，整體會搭配出一個富於體驗精神的賣場氣氛❿。這有賴於各種元素間的相互搭配。茲將這些元素簡單介紹如下。

㈠動線設計與人潮

　　動線設計以便利消費者行走以及尋找商品為原則，必須考慮人潮多與少時能容納的極限。另外，動線設計也須考慮消費者對行走路線的預期，符合預期的動線設計才能滿足消費者的需求。而人潮則是另一個考量的重點。商圈裡的人潮除了數量要夠多以外，客層的組成要接近商店的目標客層才行。商店在開店選址時，必須將人潮屬性調查清楚，以免誤認人潮就是目標客層。此外，也可藉由觀察競爭者的方式，估計客戶的來店數以及提袋率，藉此可以粗估每月大約的營業額，以及投資的成本效益是否划算。最後，過多擁擠的人潮不利顧客的體驗感受以及影響再購意願，因此若尖峰時段有過多人潮以致擁擠不堪，商店應考慮如何調節需求，以分散人潮。

> ⊙ 提袋率
> 指來店的客人中離開時有提袋（購買產品）的比例。

㈡顏　色

　　店內環境使用不同的色系與色調，也代表不同的意義與情緒。大體區分，冷色系（如藍色、綠色、白色、灰色等）給人涼快、清靜、沉穩、孤獨、嚴肅

---

❾　Blumenthal, D. (1988). "Scenic Design for In-Store Try-ons." *New York Times*, April 9, N9.

❿　Areni, C. S., & Kim, D. (1994). "The Influence of In-Store Lighting on Consumers' Examination of Merchandise in a Wine Store." *International Journal of Research in Marketing,* 11, 2, 117–125.

的感覺，而暖色系（如紅色、橘色、黃色、紫紅色等）則給人快樂、溫暖、熱情、朝氣等感受。例如法拉利跑車的紅色給人熱血奔騰的感覺，而星巴克使用的深綠色則給人冷靜、優雅的感覺，善用顏色可以強化表達溝通特殊的意義。表 15–2 是常見的顏色及其代表的意義：

🍀 表 15–2　常見顏色及其代表的意義

顏　色	代表意義
藍色	穩重、權威
黃色	小心、新奇、暫時、溫暖
綠色	安全、自然、輕鬆、好相處、生命
紅色	人性、刺激、火熱、熱情、強壯
橘色	力量、非正式的
咖啡色	放鬆、男性、自然界的
白色	善良、純潔、乾淨、正式
黑色	世故、力量、權威、神秘
銀色、金色、白金色	尊榮、財富

（資料來源：Schiffman, Leon G., Kanuk, Leslie Lazar, Wisenblit, & Joseph (COL) (2009). *Consumer Behavior*, 10th Edition, 162.）

㈢燈　光

　　明亮的燈光代表開朗、自信、健康。而昏暗的照明則象徵高貴、浪漫以及神祕。善用照明的效果，可以傳達特定的情緒體驗。販售食品及日用品的零售店面，多半需要用明亮的照明強調其產品品質的良好。而咖啡廳、酒吧以及一些特定的主題餐廳，則可以使用低度的照明吸引需要羅曼蒂克氣氛的情侶上門消費。

㈣音　樂

　　音樂的使用對消費者在零售店面的消費行為有著有趣的影響。研究顯示，當播放節奏較慢的音樂時，顧客平均的停留時間為 56 分鐘；當播放快節奏的音樂時，顧客停留時間縮短為 45 分鐘。可見音樂的節奏對顧客停留時間有顯著的影響。至於該放快節奏或慢節奏的音樂，則應視業種的特性而定。在賣場這類希望顧客停留較久以至於購買較多東西的業者而言，播放慢節奏的音樂較有利；若是餐廳這類希望周轉率較快的業種而言，快節奏的音樂可以為他們帶來更高的周轉率以及更多的營收 ❶ 。

㈤氣　味

在店內擺放有芬芳香味的香源，可以吸引顧客上門以及老主顧再度光臨，同時顧客停留的時間也較久。由於香味的選擇很多，而每個人對香味的偏好又不盡相同，商店應慎選適合的香味，以免弄巧成拙，反而趕走了客人。許多提供優質服務的企業（例如新加坡航空）擅長以香味吸引客人，而威斯汀旅館集團 (Westin Hotels & Resorts) 則擅長用其著名的白茶蘆薈的淡雅香味吸引客人。

㈥商品擺設與空間配置

商品擺設與空間配置的基本原則是要讓客人容易尋找以及記憶商品位置，因此相似類別的產品應擺在一起，以利顧客的尋找。不同類別的產品相鄰順序應有一定的邏輯，符合顧客的知識結構以及基模的內容，方便顧客找到他所需要的產品。同時，產品擺設以及空間配置要有一致性，不要經常更換。由於消費者的基模是固定的，循著固定基模很容易找到想要的產品。但若是經常改變產品的擺設位置，熟客反而不易找到熟悉商品的位置，對商店維持顧客忠誠度反而不利。

㈦銷售人員

除了銷售人員的服務態度以及知識技能外，不同產品使用不同性別的銷售人員也有效果。近年來有愈來愈多的臺灣企業會使用特定性別的銷售人員與顧客交涉。例如汽車類產品由於主力客層為男性，銷售員多為美女。而女性保養用品則有時反而使用帥哥銷售員，有利於銷售量的提升。

---

❶　Milliman, R. E. (1982). Using Background Music to Affect Behavior of Supermarket Shoppers. *Journal of Marketing*, Vol. 46, 86–91.

行銷實戰應用

太陽劇團——感官體驗的極致典範

　　太陽劇團 (Cirque du Soleil) 是 1984 年成立於加拿大法語區魁北克聖保羅灣的一個劇團。一群街頭藝人組織的高跟鞋俱樂部 (High-heel Club)，在 1982 年時決定組織一個演藝節。之後，該俱樂部在 1984 年轉成為太陽劇團。太陽劇團在 1985 到 1990 年間主要活動是在北美地區巡迴演出，在渥太華、多倫多、安大略、蒙特婁、紐約、華盛頓、舊金山、洛杉磯等地造成一股旋風，受到藝術表演界的矚目。1988 年在加拿大卡加利 (Calgery) 的冬季奧運中以《驕陽喝采》(We Reinvent the Circus) 一劇造成轟動後，開始將其觸角延伸至東京、瑞士、澳門、法蘭克福、蘇黎世、倫敦、巴黎等世界各地，他們的演出征服了全球觀眾的心。

　　太陽劇團有許多膾炙人口的劇本，如《奇異幻境》(Nouvelle Experience)、《魅力四射》(Fascination)、《奇幻之旅》(Quidam)、《神祕境界》(Mystere) 以及在拉斯維加斯著名的伯拉喬賭場 (Bellagio) 演出以水為主題的 "O" 等。2009 年在臺灣演出的《歡躍之旅》(Alegria)，則是太陽劇團在 1994 年在蒙特婁首演的創作。太陽劇團的演出，以優美華麗的音樂，繁複高難度的肢體動作，以及靈活多變的現場演出技巧擄獲了全球觀眾的心。以消費體驗的角度而言，太陽劇團的演出，可以說是感官體驗的極致表現。表演的內容帶給觀眾奇特而驚喜的體驗，使人百看不厭。

　　若是針對體驗的內容加以分析，大致上有幾點是組成體驗的主要元素：

1. 華麗優美的音樂：太陽劇團以現場演出的方式，演奏自行創作的音樂，配合動作的演出，與視覺經驗產生相輔相成的效果。

2. 特殊的服裝道具：從小丑到舞者的服裝都經過特別設計。強烈的顏色對比與特殊的造型，在在顯示出其獨樹一格的特色。

3. 高難度的肢體動作以及團體默契：訓練有素的演員將人體的潛能發揮到極致，無論是同時在頭頸、胸部以及腹部旋轉五個呼拉圈，或是分毫不差的空中翻滾以及依賴團員接手的飛人特技，都會令現場觀眾感動不已。

4.與臺下觀眾的互動：太陽劇團並非全然自行表演，而是與臺下觀眾有許多的互動。這需要足夠的舞臺經驗以確保對場面的控制，同時又能提供歡笑的表演。

　　就體驗行銷而言，這些元素整體的表現，是屬於體驗模組中的哪些主要模組呢？就體驗行銷的五項模組而言，太陽劇團所提供的視覺與聽覺經驗，多半可以歸類在感覺 (Sense) 與感受 (Feel) 兩個模組之下。然而有些懸疑的場面製造，也引發思考 (Think) 的體驗內容。就本質而言，太陽劇團是個不折不扣的馬戲團，但其創新所帶給消費者的體驗內容，卻是前所未見的精采。你是否也能想到有什麼傳統的產品可以在創新思維下，成為新的產品概念呢？太陽劇團提供了此類創新的絕佳典範。

● 圖 15–6　太陽劇團的演出重新定義了馬戲團的概念，將人體潛能發揮到極致，把消費者的感官體驗提升到前所未有的境界

●本章主要概念

體驗行銷	賣場環境
體驗模組	賣場氣氛
感　覺	動線設計
感　受	時間類型
思　考	壓力鍋型
行　動	地圖型
關　聯	鏡子型
情　感	河流型
情感構面	筵席型

 習 題

一、選擇題

( ) 1. 7-11 曾推出懷舊鐵路便當藉以喚起消費者過去美好的回憶，這是屬於下列何種行銷手法？　(A)品牌行銷　(B)體驗行銷　(C)整合行銷　(D)網路行銷

( ) 2. 體驗行銷中的五種模組不包括下列何者？　(A)思考　(B)行動　(C)關聯　(D)參與

( ) 3. 飛柔 (PERT) 洗髮精曾主打讓消費者親身體驗在行動車洗髮的經驗廣告，這是體驗行銷五模組中的哪一種？　(A)感受　(B)感覺　(C)關聯　(D)行動

( ) 4. 下列關於情感的敘述，何者錯誤？　(A)消費者情感與認知受到刺激後可影響其購買態度及行為　(B)負面的認知反應會增加消費者知覺的風險　(C)情感是兼具內在與外在的反應　(D)情感的種類有愉快、喚起以及支配

( ) 5. 瑞典宜家家具 (IKEA) 賣場中規劃有一條指引顧客遵行的路線，請問此用意強調的是下列何種消費情境？　(A)動線設計　(B)環境氣氛　(C)空間配置　(D)產品擺設

( ) 6. 下列何者較不會強調以香味為吸引顧客上門或是老主顧再度光臨的例子？　(A)家飾家具店　(B)咖啡廳　(C)麵包坊　(D)按摩養生館

（　） 7.小花是一個精打細算的消費者，購物前總會貨比三家。請問小花是屬於下列何種時間風格的消費者？　(A)壓力鍋型　(B)地圖型　(C)河流型　(D)鏡子型

（　） 8.購物情境不包括下列何者？　(A)店內環境顏色　(B)產品擺設　(C)人潮　(D)產品定價

（　） 9.下列哪一商家不適合播放節奏緩慢、放鬆心靈的音樂？　(A) SPA 館　(B) Lounge Bar　(C)美式餐廳　(D)書店

（　） 10.下列何者不是屬於消費者的時間風格類型？　(A)地圖型　(B)壓力鍋型　(C)玻璃型　(D)河流型

二、思考應用題

1.以你消費過的兩家同類型的服務業為例（例如兩家餐廳或是兩家大賣場），比較整體的現場氣氛有何差異？若是一家好而另一家比較差，這個差別是從何而來的？哪些元素造成了此種差異？

2.回想你去過的一家氣氛最佳的餐廳，當你在此餐廳消費時，你感受到的情緒是什麼？這些情緒在本章情感類型表（表 15-1）中可以找到嗎？餐廳的哪些設計元素導致此種情緒感受的產生？

3.如果你是一間民宿的主人，你可以如何利用體驗行銷的原則進行行銷？

4.舉例說明體驗與情感在文化創意產業（如出版、文化、演藝事業等）的行銷上可以扮演何種角色？

5.在有些地方（例如陽明山文化大學的仰德大道上）可以看見便利商店林立，在同一商圈中距離不到 30 公尺的街道兩邊各設立一家便利商店，這似乎違反商店在商圈選擇以及設立的基本條件（同一商圈只須一家商店足以涵蓋商圈人口即可）。試以商圈立地條件，考量消費者行為的因素，解釋為何同一商圈會有多家店成立經營的情形？

第十六章　網際網路與綠色消費行為

 網路謠言——虛擬社會中的現象

請試著判斷以下說法的真偽：

(A)女性多吃黃豆製品，容易得甲狀腺癌。

(B)若是吃曼陀珠糖果同時混合喝可樂會在胃裡爆炸致死。

(C)中國高僧圓寂後，遺體火化時燒出如觀音像一般的舍利子。

(D)吃大量青菜以及蛋的素食，可能會導致吐血休克。

(E)凱蒂貓 (Hello Kitty) 的來源是日本一位大將軍的女兒，由於自覺長得太醜而

　　上吊自殺，死後的怨念纏附在娃娃身上的化身。

(F)歹徒會假借檢查手機線路的名義，請接聽電話的民眾按下＃字鍵，便可成功

　　盜接該電話的 SIM 卡，並從此以接電者的名義盜打電話。

(G)定期吞服維他命 A，死亡風險會增加 16%。

(H)俄國男子咳血不止，經過檢查後發現他的肺中竟然長出一棵約 5 公分高的松樹。

　　以上這些網路上的訊息，只有(C)、(D)、(G)以及(H)是真實的 ❶，其他都可歸
類為網路謠言 (Internet Rumors)。其中(C)、(D)與(H)是真實發生的事情，而(G)則是
一項醫學研究的結論。在無遠弗屆的網路時代，訊息傳遞沒有任何阻礙，但在
溝通方式快速進步的同時，網路謠言也隨之應運而生。許多真偽莫辨、未經查

---

❶ (C)今日新聞網 (2009)。〈網路追追追／94 歲高僧圓寂　燒出觀音像舍利子?〉; (D)魏
　　怡嘉 (2009)。〈吃蛋素養身　吃到吐血休克〉。《自由時報》; (G)尹德瀚 (2008)。〈定期
　　吞維他命 A　死亡風險多 16%〉。《中國時報》; (H)郭希誠 (2009)〈俄國男子　肺裏
　　長出松樹〉。中廣新聞網。

證但卻聳人聽聞的訊息，每天在大家的電子郵件信箱中大量流傳。許多謠言由於看似真實，也造成許多人信以為真。以上只是在眾多謠言中略舉幾個實例，其中多數確實看來令人半信半疑，是似乎有所本的結論。

有些網站專門針對這些謠言進行查證以及澄清。比較有名的國外網站如 Urban Legends (http://www.urbanlegends.about.com) 就是這一類型的網站。而國內的網站則以東森傳播媒體的「網路追追追」(http://www.rumor.nownews.com) 扮演類似的角色。這些網站針對網路流傳的謠言進行查證的工作，閱覽這些網站的內容，往往令人驚嘆網路謠言的廣大以及闢謠所需的努力。或許網路謠言也是另一個網路給許多資訊的消費者帶來樂趣的所在吧！

二十世紀人類最偉大的發明之一，可能就屬網際網路了。自從堤摩西‧伯納斯李 (Timothy Berners-Lee) 在 1989 年於歐洲的粒子物理研究所 (CERN) 提出一個資料分享的網路 HTTP (Hypertext Transfer Protocol) 的概念後，網際網路迅速發展，截至今日，網路已經完全超越科學的工具，而成為許多人日常生活中不可或缺的一部分了。網際網路更改變了商業的模式，電子商務的迅速興起，使得金流、物流、現金流的程序有了新的定義與模式。

網路這個新興通路帶來的嶄新商業型態，自然也對消費者行為帶來不同的面貌。消費者使用網路進行購物、拍賣，乃至於在聊天室中與其他網民溝通，或是使用部落格展現個人思想或生活經驗，以及使用交友網站與他人建立人際關係，都是網路這個新興的工具作為通路以及媒體所產生的新生活型態，其中有許多新的研究主題是在傳統消費行為中所沒有的。

本章針對一些在網路行銷中與消費者行為有關的主題進行介紹。例如消費者在網路中的購買行為模式，網路廣告行銷以及網路社群等議題，希望能對此一尚在快速發展的產業以及研究領域描繪一個初步的輪廓。

● 圖 16-1　諷刺現代網路購物什麼都賣，什麼都不奇怪的漫畫

🔘16.1 網路消費者行為

🔷 16.1.1 網路的消費經驗模型：沉浸理論

網路的興起帶起了一個全新的商業領域，即是電子商務 (e-Commerce)。廠商將產品在網路上販售，消費者則透過網站進行交易。此種新的通路以及促銷溝通管道是前所未見的形式，自然也引發許多消費者行為研究者的興趣。關於消費者在網路上的使用經驗，最重要的觀點之一，應屬沉浸 (Flow) 這個概念。

> **注意 !!!!**
> Csikszentmihalyi 認為，「沉浸」是個人在環境互動時，所產生的整體知覺與感受。

沉浸這個概念並非是網路時代的新概念，早在 1977 年就有人討論過沉浸的概念定義 ❷，但在網路的環境中，沉浸似乎有了新的定義。它是消費者在網路環境中的一種經驗的描述。赫夫曼以及諾瓦克等人 (Hoffman & Novak) ❸ 將沉浸定義為「由人機互動所引發的一種連續性的經驗狀態的反應，是一種內在愉悅的感

❷ Csikszentmihalyi, M. (1977). *Beyond Boredom and Anxiety*. San Francisco: Jossey-Bass.

❸ Hoffman, D., & Novak, T. (1996). "Marketing in Hypermedia Computer-mediated Environments: Conceptual Foundations." *Journal of Marketing*, 60, 50–68.

受，伴隨著自我意識的喪失以及自我強化的特性」。

　　沉浸的經驗本身有引發的前提，而沉浸的經驗也會導致某些結果的產生。研究顯示，沉浸的經驗主要是受兩個前置因素的影響，一是消費者使用科技的技能 (Skill)，另一項是使用網路所帶來的挑戰性 (Challenge)。其中技能會直接正向影響沉浸經驗的產生，而挑戰性則會經由注意力的集中以及個人在虛擬環境中的臨場感 (Telepresence)，間接影響沉浸的產生。而使用網路的活動本身、與網站互動的速度快慢，以及使用網路目的的重要與否，都是影響技能以及挑戰感的前因。由上述可知，引發消費者的沉浸狀態，是網路行銷的成功關鍵之一。網站設計要能兼顧挑戰感以及消費者使用網路的技能，以增加引發消費者沉浸經驗的可能。

◆ 16.1.2 網路資訊搜尋行為

　　克萊恩 (Klein) ❹ 認為消費者在網路上的搜尋行為是決定於相對的成本 (Cost) 與效益 (Benefit)。搜尋成本是指時間、金錢以及交易等成本。而效益則是指搜尋到的資訊所帶來的好處。當邊際效益大於邊際成本時，搜尋行動就會繼續；反之若邊際效益小於邊際成本時，搜尋行動就會停止。以此種觀點為基礎，可以推導出由於搜尋成本較低，搜尋品 (Search Goods) 較經驗品 (Experiential Goods) 更能引發網路搜尋的行為。此外，搜尋行為也會因消費者的產品知識高低以及其他社會影響因素等而有所不同。

> **▷ 搜尋品**
> 指在購買前就可以清楚得知特性及效益的產品，例如筆記型電腦。

　　除了以成本效益的觀點來看網路搜尋行為外，也有以知覺風險的觀點來解釋網路搜尋行為。此觀點認為搜尋行為是決定於消費者知覺風險的大小。知覺風險愈大，則愈傾向於搜尋更多的訊息以降低消費行為的風險。由於網路是一新興的媒體，消費者會知覺到較大的風險，因而會有更多的搜尋行為產生 ❺。

> **▷ 經驗品**
> 指在購買前無法完全清楚判斷特性及效益的產品，需在購買後有使用經驗方可得知，例如旅遊產品。

---

❹ Klein, L. R. (1998). "Evaluating the Potential of Interactive Media through the New Lens: Search vs. Experiential Goods." *Journal of Business Research*, 45, 195–203.

❺ Eastlick, M. A. (1996). "Consumer Intention to Adopt Interactive Shopping." *Marketing*

　　消費者的網路活動可以分為不同的類型，且不同類型的網路活動受到曝露在網路廣告的影響也不同。在七種網路活動類型中，有三種活動（電子郵件、新聞資訊瀏覽以及娛樂）是屬於單一目的，而其他四種活動（網頁瀏覽、社會／休閒、多重搜尋以及搜尋活動）則有多重目的與動機。此外，娛樂活動以及網頁瀏覽活動中最容易注意到網站中的條幅式廣告 (Banner Ad)。其他研究則顯示❻，例如消費者的網路使用能力、搜尋引擎的能力以及搜尋的工作形態，都會影響搜尋行為的表現，如搜尋成本以及使用者的滿意度等。

◆ 16.1.3 網路信任

　　網路消費行為的主要議題之一，就是網路信任 (Internet Trust)。面對網路上無法親眼看見的交易對象，信任是交易產生的重要前提。關於網路信任的定義以及組成元素，不同研究有不同的看法。例如，有研究指出❼，網路信任包含三個主要的面向：

(1)善意 (Benevolence) 的面向，指的是消費者對網站經營者是以消費者的利益作為最重要的考量的信任。

(2)正直誠實 (Integrity) 的面向，指的是消費者對網站經營者在商業行為上的正直誠實的信任。

(3)能力 (Ability) 的面向，指的是消費者對網站經營者在滿足消費者需求的能力上的信任。

Science Institute Working Paper (Report no. 96–113). Cambridge, MA: Marketing Science Institute.

❻ Kumar, N., Lang, K., & Peng, Q. (2005). "Consumer Search Behavior in Online Shopping Environment." *E-Service Journal*, 3, 87–105.

❼ Chen, S. C., & Dhillon, G. S. (2003). "Interpreting Dimensions of Consumer Trust in E-Commerce." *Information Technology and Management*, 4 (2–3), 303; Gefen, D. (2002). Reflections on the Dimensions of Trust and Trustworthiness in Online Shopping.ε *Database for Advances in Information Systems*, 33 (3), 38–53.

其後的研究也有以上述三種信任為基礎，進一步擴大其範疇❽，將網路信任分為以知識為基礎的信任 (Knowledge-based Trust) 以及以機構為基礎的信任 (Institution-based Trust)。前者包含善意、誠實以及能力三個面向，又可稱為是對網路廠商的信任 (Vendor Trustworthiness)，而後者則是對科技技術本身的信任 (Technology Trustworthiness)。

有許多變數會影響網路信任的形成，而網路信任又會進一步的影響其他行為或態度的產生。例如資料安全、保密性、交易安全、網站設計的功能性強弱以及搜尋功能的好壞等等，都是消費者網路信任形成的前因。而網路信任的形成，則會影響到消費者的滿意度、忠誠度、對網站持續使用以及持續購買網站產品的意願。由此可見，消費者對網站的信任是網站贏取消費者滿意以及忠誠度以至於網站經營成功的重要因素，而就網站經營者而言，強化網站功能以及交易安全機制等，都是加強消費者網站信任的重要法門。

◎16.2 網站品牌經營

◆ 16.2.1 網站權益

由於網路是一新興的通路，在許多有關網路的研究中會將網路與實體商業世界做一對比。有研究將網站視為可經營的品牌，研究網站的品牌權益 (Website Equity)。這些研究多半是以實體中的品牌權益的定義為基礎，再針對網路的環境加以修改。例如在佩吉以及利普科斯卡—懷特 (Page, C. & Lepkowska-White) 的研究中，以凱利 (Keller) 的 CBBE 品牌權益模型為基礎，設計了一個針對網路中的網站品牌權益的模型如圖 16–2：

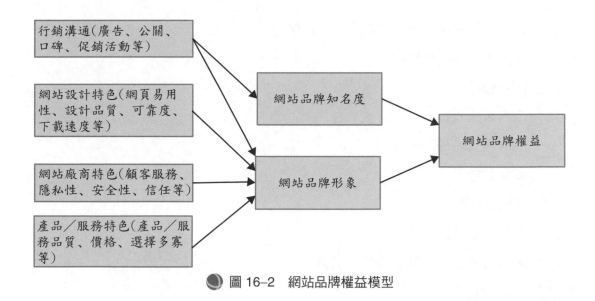

行銷溝通(廣告、公關、口碑、促銷活動等)

網站設計特色(網頁易用性、設計品質、可靠度、下載速度等)

網站廠商特色(顧客服務、隱私性、安全性、信任等)

產品／服務特色(產品／服務品質、價格、選擇多寡等)

網站品牌知名度

網站品牌形象

網站品牌權益

圖 16-2　網站品牌權益模型

在影響網站品牌權益的因子中，行銷溝通會影響品牌知名度與品牌形象二者，而其他因素如網站設計特色、網站廠商特色以及產品／服務特色則會影響品牌形象。而品牌知名度以及品牌形象二者則共同會影響網站的品牌權益。

在另一項研究❾中，有人分析了網站品牌權益的向度，並將之分為屬於線上或是實體的特性。屬於傳統與線上共有的特性是採用艾克的品牌權益模型，包括：

(1)溢價。

(2)滿意度／忠誠度。

(3)知覺品質。

(4)品牌領導地位。

(5)知覺價值。

(6)品牌性格。

(7)組織聯想。

(8)品牌知名度。

(9)市佔率。

(10)價格指標與通路覆蓋率。

❾　Christodoulides, G., & Chernatony, L. (2004). "Dimensionalising On- and Off-line Brand's Composite Equity." *Journal of Product and Brand Management*, 13, 3, 168–179.

而在專屬網站的品牌權益指標上，則包括：

(1)線上品牌經營經驗。

(2)互動性。

(3)客製化程度。

(4)與消費者的相關性。

(5)網站設計。

(6)顧客服務。

(7)訂單處理。

(8)消費者與網站品牌關係的品質。

(9)品牌社群。

(10)網站瀏覽記錄。

由上述特性可知，網站的品牌權益有部分與實體中的品牌權益類似，有些則是由於網站特有的環境而產生的特性。因而在衡量網站作為一個品牌的品牌權益時，除了以實體環境的品牌權益為基礎外，也須將網路的特殊虛擬環境的特性考慮在內，才能建構完整的網站品牌權益的模型。

16.2.2 網站服務品質

網站經營是一項服務業，常被視為是一種自助服務 (Self-service) 或是資訊服務 (Information Service)。而網站的服務品質自然就成為網站經營的重要議題之一。由於虛擬環境的特性，衡量傳統服務業品質的量表未必適合用在網站服務品質的測量上。因此帕拉蘇拉曼等人 (Parasuraman, et al.)[10]針對網站的服務品質，另外發展了一組測量題項。經過信度與效度的檢驗，一共整理出四個主要的定義網站服務品質的面向，量表稱為 e-SERVQUAL：

1. 效率 (Efficiency)

[10] Parasuraman, A., Zeithmal, V. A., & Malhotra, A. (2005). "E-S-QUAL: A Multiple-item Scale for Assessing Electronic Service Quality." *Journal of Service Research*, 7, 3, 213–233.

網站容易為消費者使用的程度，包括速度、易用程度等皆是。

2.承諾完成 (Fulfillment)

對於消費者所做的承諾，如送貨的品質以及產品是否有備品的完成程度。

3.系統可用性 (System Availability)

網站資訊技術成熟的程度。

4.隱私性 (Privacy)

網站對消費者隱私保護周全的程度。

由此可見，網站服務品質的好壞與傳統服務品質有所差異（有關傳統服務品質的面向請參考第五章消費者知覺），許多特性與網路環境的特性有關，因此在經營網站時，不能完全套用傳統服務業中的服務品質模型來改善服務品質，必須考慮網站的特性以及上述的服務品質面向來進行服務品質的經營與改良。

◆ 16.2.3 網站滿意與忠誠度：E化服務失敗與補救

創造顧客滿意以及忠誠度是服務業進行長期關係行銷的必要條件。然而，即使是高度自助化的資訊服務，網站服務如同在實體的服務業中一般，一樣也會產生服務失敗以及顧客抱怨。而網站在面對服務失敗時採取的補救措施，也一樣會影響顧客滿意以及忠誠度，影響未來再購的意願。

在網站服務失敗的研究中，有六項常見的服務失敗類型[11]，分別是：

1.實體產品運送失敗 (Delivery Failure)

這是最常見的網站零售服務失敗的類型，包括產品毀損、送錯地點以及送錯產品。

2.網站設計問題 (Web Design Failure)

網站以及網頁設計沒有考慮使用者的需求，對使用者不夠友善 (User-friendly)，是造成此類服務失敗的主因。

3.付款機制問題 (Payment Service Failure)

[11]　Holloway, B., & Beatty, S. (2003). "Service Failure in Online Retailing." *Journal of Service Research*, 92–105.

此類問題包括顧客多付了沒有購買產品的款項，以及顧客付出與應付款項數目不合的金錢。

4. 網站安全機制 (Security Failure)

此類服務失敗主要導因於網站安全機制設計的問題，導致駭客或病毒程式入侵，以致造成網站或是顧客的損失。

5. 產品品質問題 (Product Quality Failure)

這是指產品品質不符合顧客預期而造成的顧客的不滿意狀態。

6. 顧客服務失敗 (Customer Service Failure)

在 E 化服務中的客服，因客服人員服務技能或是態度的偏失造成的服務失敗屬於此類。

當消費者經歷服務失敗而對網站提出抱怨時，網站採取的補救措施有哪些呢？如同實體的服務補救程序一般，針對網路的服務失敗，公司可以採取道歉、補償客戶損失、提供再購誘因以及服務保證等方式來補救服務的失誤。一般而言，消費者在網路上遭遇服務失敗時提出抱怨的可能性較在實體環境中為高，因而公司應善加利用這些機會進行補救措施。如同在實體環境中一般，快速處理、展現誠意以及高層出面，都是搶救顧客滿意以及挽回顧客忠誠度的重要方法。

🔘 16.3 網路行銷溝通

◆ 16.3.1 網路廣告

網路廣告首見於 1994 年。隨著網際網路的普及，網路廣告也呈現爆炸性的成長。美國的網路廣告市場，在 2013 年成長至 428 億美元的規模❷。然而，從消費者行為的角度而言，網路廣告是如何產生其溝通效果的呢？史登等人 (Stern, Zinkhan, & Holbrook) 在 2002 年提供了一個網路廣告形象溝通的模型，稱為 NICM (Netvertising Image Communication Model)。這個模型是基於溝通模型所發展的針對網路廣告的模型。

---

❷ 同❷。

首先，網路廣告傳遞的是一些相關的訊息刺激，如廣告訊息、媒體、互動性品牌以及產品經驗等等。這些形象訊息的刺激會在訊息的深度與廣度上有所差異。當這些帶有教育以及娛樂的刺激訊息透過網路傳遞給消費者時，消費者會接收這些訊息並在心中形成心像的模型 (Mental Image) 並存入記憶系統中。最後，這些在消費者心中的資訊被處理，而形成市場反應，如更多的資訊搜尋、購買行為、口碑以及忠誠度的形成等等。茲以圖 16-3 說明 NICM 模型：

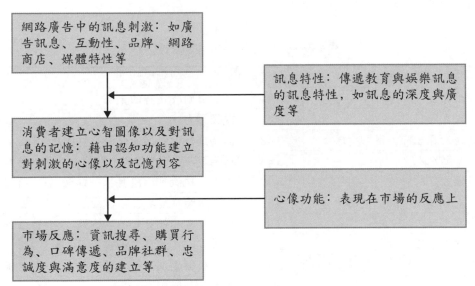

圖 16-3　網路廣告形象溝通模型 (NICM)

此模型提供研究者針對網路廣告的各項特性進一步研究的基礎。例如視覺以及聽覺對廣告效果的影響，以及廣告設計或訊息接收者的個別差異，例如產品知識以及品牌經驗等等的效果，都提供了一個進一步討論的基礎。

16.3.2　電子郵件行銷

與傳統行銷工具相比，網路行銷的主要特性之一就是它是屬於「允許式的行銷」(Permission Marketing)。意即網路行銷的訊息，無論是何種形式，都要消費者的允許才能將訊息傳遞給消費者。這個特性增加了網路行銷的挑戰性。因此，雖然網路提供了更多的行銷工具，其特性也限制了這些行銷工具的適用範圍。

在眾多網路行銷工具中，電子郵件是常見的網路行銷工具，每天數以百計的垃圾郵件 (Spam Emails) 進入了我們的電子郵件信箱。電子郵件行銷是病毒行銷 (Viral Marketing) 的主要形式。所謂病毒行銷，是指透過轉寄郵件的方式，具備一傳十、十傳百的效果，將促銷訊息廣為傳布的行銷策略。

電子郵件行銷的研究中，一個主要的問題是消費者轉寄電子郵件的動機為何。根據一項研究顯示，消費者有多重的動機去傳遞以及轉寄電子郵件。以表 16-1 將這些動機依照比例多寡整理如下：

表 16-1　傳遞電子郵件的動機

動機類型	動機強度	動機類型	動機強度
因為很有趣	3.91	可以得到我沒有的東西	2.48
因為我喜歡	3.61	減輕壓力	2.48
因為這個電子郵件很有意思	3.48	因為這樣做是個愉悅的暫時休息	2.43
可以幫助別人	3.48	因為我在乎我的朋友	2.43
自娛娛人	3.39	因為這樣做可以讓我鬆一口氣	2.35
讓別人知道我瞭解他們的情緒	3.39	可以暫時延遲我必須做的事情	2.35
謝謝別人	3.09	因為沒有其他更好的事情做	2.26
從工作中紓壓鬆口氣	2.74	知道有人在網路上和我溝通真好	2.13
讓我開心	2.74	因為我需要別人幫我做一些事情	2.00
鼓勵別人	2.70	因為很新鮮刺激	2.00
幫助我放鬆	2.70	可以告訴別人要做些什麼事	1.83
因為很刺激	2.65	我需要說話	1.83
讓我感到放鬆	2.48	我需要和別人說話	1.65
這樣做令人覺得刺激興奮	2.48	可以讓我比較不寂寞	1.48

（資料來源：Phelps, J. E., Lewis, R., Mobilio, L., Perry, D., & Raman, N. (2004). "Viral Marketing or Electronic Word-of-mouth: Examining Consumer Responses to Pass along Emails." *Journal of Advertising Research*, December, 333–348.）

另一項類似的研究則顯示[13]，當消費者收到電子郵件時，若是訊息來源有較親近的人際關係，或是訊息本身有較高的實用性或是享樂性價值，或是收訊

[13] Chiu, H., Hsieh, Y., Kao, Y., & Lee, M. (2007). "The Determinants of Email Receivers' Disseminating Behaviors on the Internet." *Journal of Advertising Research*, December, 524–534.

者本身的外向性格較明顯時，收訊者都較可能會轉寄所收到的電子郵件。最後，關於電子郵件是否會引發消費者進一步造訪公司網站或是實際去公司的實體店面來訪的研究顯示❶，當電子郵件的有用性愈高，以及郵件數量愈大，消費者愈不會去造訪公司的網站。但當電子郵件的有用性愈大以及郵件數量愈多時，造訪實體店面的可能性則會增加。

從上述結果可知，對於有實體店面的公司而言，以電子郵件對消費者行銷有利於消費者造訪公司的實體店面；但若公司只有虛擬的通路時，電子郵件行銷反而會降低消費者造訪公司網站的可能性。

 行銷一分鐘

病毒行銷❶

「病毒行銷」(Viral Marketing) 是指訊息藉由網路使用者間的互相傳播，達到像病毒一般迅速傳播的目的。病毒行銷最早起源自免費郵件服務 Hotmail.com 的設計，在每一封經由 Hotmail 伺服器送出的郵件尾部，都包括了「歡迎使用 Hotmail 提供的免費電子郵件服務」("Get your free email at Hotmail") 的訊息。這個訊息經由每次使用者使用 Email 的機會，就不斷傳播出去，吸引更多的使用者申請使用 Hotmail 的帳號。因為傳播速度以及模式都像病毒一般快速，因而稱為病毒行銷。

著名的電子商務顧問威爾生博士 (Dr. Ralph F. Wilson) 將一個有效的病毒性行銷戰略歸納為六項基本要素：

(1)提供有價值的產品或服務。

(2)提供無須努力的向他人傳遞信息的方式。

(3)信息傳遞範圍很容易從小向很大規模擴散。

❶ Martin, B., Durme, J., Raulas, M., & Merisavo, M. (2003). "Email Advertising: Exploratory from Finland." *Journal of Advertising Research*, September, 293–300.

❶ maggy (2009).〈病毒性行銷的起源和基本原理〉。網路行銷文件。

(4)利用公共的積極性和行為。

(5)利用現有的通信網路。

(6)利用別人的資源。

由此來看，病毒行銷目前正方興未艾，但並非所有病毒模式的傳播都能獲得成功。愈能符合這六項條件的傳播模式，愈有可能得到消費者的青睞而迅速傳播出去。

16.4 網路人際互動

16.4.1 網路社群

圖 16–4　Facebook 是近幾年流行的社群網站之一

網路社群 (The Internet Community) 是指在網路上由於某些共同的目的而集合成為一個社群的團體，在社群成員間彼此透過網路或是實體互相聯繫以達到互相認識交流以及交換訊息的目的。例如近年流行的 Facebook，以及 Yahoo! 奇摩知識[+]、個人成立的部落格、臺灣大學批踢踢網站的 BBS 討論區，以及各個以特定主題在 Facebook 網站中建立的「社群」都是屬於此類社群的實例。

網路社群的形成，可大略分為幾個階段：(1)初識；(2)建立；(3)熟識；(4)例行；(5)失聯；(6)中斷[16]。

1.初識與建立

在初識以及建立的階段，社群成員必須發展出對網路社群的認同感，以及感覺自己是屬於此社群的成員的意識。就成員認同感而言，有兩個主要的面向決定成員屬於此網路社群的程度。：(1)交換互相間的支持 (Exchange Support)，包括在資訊交流以及情感上的支持；(2)認同感的強弱 (Identification)，這是指個

[16]　廖淑伶 (2007)。《消費者行為：理論與應用》，480–481。臺北：前程出版社。

人對社群團體在情感層面的認同強度❼。

　　此外，就網路社群的發展過程的心理層面而言，在成員與社群其他成員互動的心理層面有幾個主要的心理特質會隨著社群的參與而隨之發展❽。這些心理特質包括情感 (Affection)、夥伴 (Alliance)、依附感 (Attachment)、關聯感 (Bonding)、親近感 (Closeness)、家族認同 (Kinship) 以及鄉情 (Nostalgia) 等。隨著社群的發展以及成員間關係的日趨密切，這些情緒也會逐漸隨之成長。

2.熟識與例行

　　在初期建立一定關係之後，社群成員在與其他成員互動時，是否能保持在組織中的公民行為 (Citizenship Behavior)，以維持相互間的良好互動關係，就成為網路社群品質的重要指標，也會決定成員對彼此間的關係發展能否維繫的關鍵。在網路上的組織公民行為，包括適當有禮的發言，以誠實態度與其他成員交流資訊等。研究顯示❾，社群成員對社群參與的期望，以及環境所產生的規範性影響，會直接影響網路社群公民行為的產生。而社群成員對科技的掌握程度，則會透過對社群參與的期望間接對社群公民行為產生影響。

3.失聯與中斷

　　最後，當社群成員經過一段時間的互動後，部分成員可能因為個人或其他因素，開始出現失聯或中斷的情形。這可能肇因於社員對社群互動的疲乏與失去新鮮感，或是社員由於個人事務繁忙，不再有多餘時間從事虛擬社群的互動，因而中斷或是失聯。失聯的社員，可能就此不再出現，也有可能過一段時間後又重新回到社群，再重新開啟與其他社員互動的活動。

　　當網路社群發展到一定階段時，社群成員對社群的滿意度就成為成員是否

❼　Blanchard, A. (2007). "Developing a Sense of Virtual Community Measure." *Cyberpsychology & Behavior*, 10, 6, 827–830.

❽　Yu, C., & Young, M. (2008). "The Virtual Community Identification Process: A Virtual Educational Community Case." *Cyberpsychology & Behavior*, 11, 1, 87–90.

❾　Joe, S., & Lin, C. (2008). "Learning Online Community Citizenship Behavior: A Socio-cognitive Model." *Cyberpsychology & Behavior*, 11, 3, 367–370.

會繼續停留在該社群並保有忠誠度的重要決定因素。許多因素會直接對社群成員的滿意度以及忠誠度造成影響，例如社群網站的設計品質，以及成員對科技接受程度，都會影響社群成員的滿意度，而滿意度又會影響成員是否會繼續留在社群的忠誠度。此外，網站成員的權力狀態，以及成員間的關係品質，也都會影響社群成員對社群的滿意度，以及是否繼續參與社群活動的依據。

◆ 16.4.2 網路品牌社群

　　網路社群中，一種特別的社群是品牌社群 (Online Brand Community)。這是基於對某一品牌的共同興趣所集合的社群。例如 BMW 俱樂部 (http://bmw.net) 在家族中成員可以討論有關 BMW 汽車的各種話題，BMW 這個品牌，除了提供愛好者討論的共同話題之外，也凝聚了社群成員的情感。其他如電玩遊戲魔獸世界，也提供了同好組織社群來進行討論、交流以及虛擬貨幣交換的空間。

　　在有關品牌社群的討論中，一般認為品牌社群有幾個共同的特性，如⑴社群成員有身為其中一分子的切身感受;⑵社群有一定的儀式行為以及傳統價值;⑶成員有一定的道德倫理的責任感。就品牌社群的參與動機而言，信任及與社群間成員溝通的良好與否，以及對社群的滿意程度是參與品牌社群的前提，而對社群的承諾 (Commitment) 則是參與的結果。從行銷角度來看，品牌社群是一個進行品牌行銷的重要場合，與消費者的品牌溝通可以藉由網路口碑大量的傳播出去，因此品牌經營者應加倍重視品牌社群的經營。

🕐 行銷一分鐘

微網誌正流行

　　Web 2.0 的精神在於網路使用者就是網路內容的創造者。部落格 (Blog) 是這種精神的具體呈現。最近，一種縮小版的部落格，亦即微網誌 (Microblog)，開始大行其道。使用者可以在微網誌上紀錄短訊息或文字(通常不多於 200 字)，也可以連結朋友，以及更新自己的狀態。現在，更可以連結行動通訊的裝置（例如智慧型手機)，將即時輸入的內容上傳到微網誌上，讓朋友可以分享自己的即時狀態。例如許多人出去玩時，便會將照片以及短文字輸入智慧型手機並上傳至網站，這樣朋友便可即時分享自己的即時動態。其他像 Twitter 和 Plurk，都是這類微網誌的主要網站。對於廠商來說，微網誌有潛力成為行銷傳播的全新工具。

16.4.3　網路口碑

傳統口碑 (Word-of-mouth, WOM) 是透過口耳相傳的方式進行，傳播速度慢，但可信度高。在網路時代，網友可以透過網路的對話，迅速得到大量的口碑訊息。網路時代的口碑稱為電子口碑 (eWOM) 或是鼠碑 (Word-of-mouse)。和傳統口碑相比，鼠碑的傳播速度快，傳播範圍大，來源也更多樣化。但相較於傳統口碑，由於來源未必是自己認識可信的人，網路口碑的可信度未必較高。

鼠碑的來源相當多樣化，包括部落格、知識交換網站（如 Yahoo!奇摩知識＋）、留言板、網路論壇、聊天室、電子郵件，乃至於即時通訊，都可以傳遞網路口碑。就消費者而言，使用網路口碑可能有不同的動機，但大致上可分成三類，即資訊性動機、尋求社群支援動機以及娛樂性動機。以下將這些常見的動機相對應的網路口碑來源以及內容偏好做一歸納整理：

表 16–2　消費者使用網路口碑動機的比較

動機類型	網路口碑來源	內容偏好	需求情境
資訊性動機	留言板	負面資訊	高涉入與高風險購買
	網路論壇 電子郵件 知識交換網站	產品／品牌比較	非經常性購買
尋求社群支援動機	網路論壇	正面資訊	解除認知失調
	部落格	個人經驗	問題解決
娛樂性動機	網路論壇 聊天室	極端觀點 幽默	狂熱者觀點
	即時通訊	圖片	比較自己與他人意見差異

（資料來源：修改自廖淑伶 (2007)。《消費者行為：理論與應用》，490。臺北：前程出版社。）

　　關於網路口碑的來源以及其所造成的結果，研究指出，來源端可歸結為社會資本 (Social Capital)，社會資本會導致消費者的學習，而學習的結果可導致行為的改變。社會資本包括結構化的網路口碑，以及消費者的社會關係以及認知資源的焦點等。而社會資本所引發的消費者學習則包括產品知識的發展以及說服知識的發展。而學習的結果可導致消費者將透過口碑得到的產品或品牌列入購買時的考慮項目。簡而言之，網路口碑的效果，是經由消費者的學習而產生在購買或態度改變上的效果。

 行銷實戰應用

部落格賺錢術[20]

　　從部落格開始成為網路世界的焦點之後，行銷人員發現，流量才是最重要的資本，有流量的部落格，才是利潤的來源。因此，將廣告或其他行銷溝通放在高流量的部落格上，可以達到訊息大量曝光的目的。於是，許多內容具吸引力的個人網站，受到廣告主的青睞，網站版主也藉此賺進大把鈔票。例如，山謬‧齊 (Samuel Chi) 創建了一個名為 BCS Guru 的大學生橄欖球隊的網站。每一個賽季，他都把自己統計的比賽結果公布到網站上。關心球賽的人每天會登入他的網站，瀏覽他的統計和預測。球票經銷商則透過他的網站刊登廣告，他也因此而獲利。另一個例子是在紐約曼哈頓的札克‧布魯克斯 (Zach Brooks) 有一個專門介紹他發現的紐約便宜午餐店的部落格 (http://www.midtownlunch.com)，每天有超過 2,000 人造訪該網站，這樣的流量讓他一個月多了超過新臺幣 3 萬元的廣告收入。

　　根據美國網際網路廣告署的資料，美國廣告客戶的網路廣告支出由 2002 年的 60 億美元增長為 2012 年的 395 億美元，預估 2016 年將達到 620 億美元的規模[21]。這個龐大市場也因此誕生了如 BlogAd 這類專門協助廣告客戶尋找適

---

[20]　網路行銷 (2008)。〈國外博客賺錢的案例分析〉。松炎網路行銷有限公司。

[21]　eMarketer Inc. (2012). "US Online Advertising Spending to Surpass Print in 2012."

當部落格放置廣告的公司。一些廣告客戶甚至認為，因為小網站一次點擊的價值與大網站一次點擊相同。在小網站投放廣告的效果優於大網站，因為小網站的成本較低，但效果卻與大網站相似。

　　個人部落格上的廣告，也許可以用市場研究公司 eMarketer 的高級分析師大衛・海勒曼 (David Hallerman) 的話來概括全貌：「隨著網際網路不斷發展，小企業和個人將可以在廣告領域同大公司展開競爭，即使不在同一起跑線上，也可以處於一個更加公平的地位。」

16.5 綠色消費行為

16.5.1 環境汙染與環境保護

　　邁入二十一世紀，環保議題突然成為熱門的焦點話題，有幾個原因造成。

1.新興國家快速崛起

　　由於新興國家如金磚四國（BRIC：指巴西、俄羅斯、印度以及中國大陸）的迅速崛起，帶來大量能源的消耗。例如，中國大陸與印度的人口加總達 25 億人，超過全球人口的三分之一。當經濟開始改善，這些人口對物資的需求開始大量的增加，政府公共基礎建設也涉及大量物資的使用，廠商必須消耗大量能源來製造商品以滿足需求，造成原物料以及燃料石油的供不應求，而產品的大量製造也進一步造成環境汙染的後果。

2.氣候暖化問題日益嚴重

　　從二次大戰結束後開始的經濟與工業建設，不斷的大量製造含碳的排放物，長期下來造成全球氣溫的上升，造成南北極冰融，生態系發生急劇的變化，北極熊失去棲身之地而有滅絕之虞。而大自然的反撲也使得人類自食惡果。極端氣候的出現，使得天災人禍不斷。大雨造成的土石流，以及乾旱造成的糧食歉收，使得經濟損失不斷，糧食價格失衡。

　　2010 年的冬天，全球各地異常與極端氣候不斷，美國中西部以及哈爾濱出

現攝氏零下 50 度的低溫，而終年溫暖的佛羅里達則出現降雪。馬爾地夫則積極在國土被海平面淹沒之前，尋找遷國的方法。而臺灣的八八水災也是全球氣候異常的災害之一。2012 年的氣候異常加劇，北半球國家受到寒流肆虐，而南半球國家卻飽受熱浪侵襲，如巴西的夏天氣溫高達攝氏 45 度等，這些都是長期氣候變遷異常的證明。

圖 16–5　冰層的融化使北極熊的棲息地逐漸縮小

　　面對已然急劇發生的生態變局，各國政府無不透過科技與國際合作的方式，來尋求解決之道。以技術層面而言，各種消耗能源的產品，都希望以技術的開發來節能減碳。例如電動車、油電混合車以及環保材質的開發都是這類的努力。就國際合作而言，從京都議定書協商碳交易機制，乃至於 2009 年哥本哈根的會議，都是期望透過政策的設計與執行，藉由國際合作來達成節能減碳的目標。

🔷 16.5.2　消費者環保意識與對消費行為的影響

　　許多新產品的開發，都是因應節能減碳的世界潮流而發展。除了排碳量大的汽車工業之外，幾乎各項消費產品都可以往環保以及減碳的方向發展。再生材質的開發，以及替代能源，都在催生一波新的工業革命。由於資訊科技的普及，使得太陽能的利用技術大幅提升，其他各種可能的替代能源也在快速的發展中。

　　然而，這些產品的開發，其最終效果有賴於終端消費者的接受及採納。環保產品在終端消費市場的普及，才能真正減緩地球暖化所帶來的未來災難。對於消費者環保產品的使用，目前學術研究有幾個模型探討消費者對環保產品的態度。以下做一歸納的整理：

㈠生態購買行為 (Behavior of Ecological Purchase) 模型

　　這個模型主張購買環保產品的行為是由對環保產品的態度所引發，而態度則是由對人與自然的態度傾向，以及對生態環境的知識與情感所決定。其關係簡述如下：

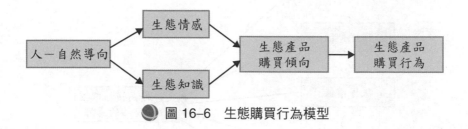

圖 16–6　生態購買行為模型

㈡環境責任購買行為 (Environmentally Reponsible Purchase) 模型

此模型主張，環保產品的購買行為，是由對環保產品的態度所決定。而對環保產品的態度，則是由個人特質以及行為對環境以及個人所造成的後果而決定。詳細模型如下：

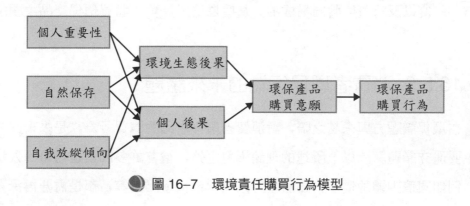

圖 16–7　環境責任購買行為模型

㈢購買高價生態產品模型

由於生態產品通常使用較貴材質，因此生態產品的價格通常較高。此模型的目的在於解釋為何消費者願意付較高的價格來購買生態產品。模型本身考慮消費者的人口統計特性、環保知識、個人價值、態度以及行為，來解釋為何消費者願意支付較高價格來購買環保產品。模型詳細機制如圖 16–8 所示：

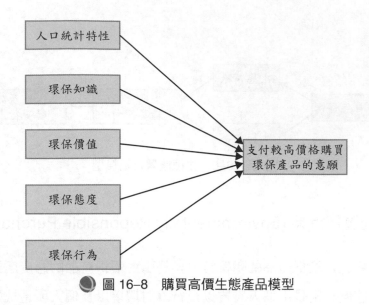

人口統計特性

環保知識

環保價值

環保態度

環保行為

支付較高價格購買環保產品的意願

🔵 圖 16-8　購買高價生態產品模型

綜觀上述各模型，可看出對環保產品的購買行為，是受到個人價值與環保知識、態度以及行為所共同構成的。這些是造成消費者購買環保產品主要的前因。

◆ 16.5.3 消費者環保行為的未來議題

在環保議題方興未艾之際，對消費者環保產品的購買行為，是未來此方面的主要研究議題。除以上所述的理論模型之外，還有許多因素是值得深入探討的。例如同儕團體的價值、團體壓力以及其他情境因素等，都是需要再深入瞭解的因素。

此外，何為有效的環保產品市場區隔？環保產品的目標市場特性為何？不同的市場區隔又有何特性需要使用不同的定位策略？不同產品品項的特性又如何影響環保產品的購買以及使用行為？消費者使用環保產品的動機，除了環境保護外，是否也有其他的價值在支持消費者對環保產品的使用？這些都是需要深入發現的議題。

┌─────────────── ◉本章主要概念 ───────────────┐

網路消費者行為　　　　　　　網站忠誠度

沉浸理論　　　　　　　　　　網路廣告

網路搜尋行為　　　　　　　　電子郵件行銷

網路信任　　　　　　　　　　網路社群

網站權益　　　　　　　　　　網路口碑

網站服務品質　　　　　　　　環境保護

網站滿意度　　　　　　　　　生態產品購買

└──────────────────────────────────────┘

 習 題

一、選擇題

( ) 1.將傳統的商業活動,透過新興的終端設備及雙向媒體來完成,指的是下列
何種新興的商業模式? (A)電子商務 (B)網際網路 (C) B2B (D) B2C

( ) 2.下列關於網路的沉浸理論敘述,何者錯誤? (A)由人機互動所引發的一種
連續性的經驗狀態的反應 (B)沉浸的經驗主要是受技能與挑戰性兩個前置
因素的影響 (C)引發並增加消費者的沉浸經驗是網路行銷的成功關鍵之一
(D)挑戰性的影響較直接;技能的影響是間接的

( ) 3.網路活動類型中下列何者沒有多重目的與動機? (A)網頁瀏覽 (B)搜尋活
動 (C)電子郵件 (D)社會/休閒

( ) 4.有別於對傳統服務品質的衡量,網路虛擬環境的衡量標準不包括下列何者?
(A)效率 (B)系統可用性 (C)便利性 (D)承諾完成

( ) 5.近來某知名拍賣網站上發生疑似會員資料外流,而遭不肖集團鎖定詐騙財
物的情形發生,這可能是服務上的哪一方面出現了問題? (A)網站設計問
題 (B)付款機制問題 (C)網站安全機制 (D)顧客服務失敗

( ) 6.網路社群的形成可分為:①初識;②例行;③熟識;④建立;⑤失聯中斷
五階段。請問正確的形成順序為何? (A)①②④③⑤ (B)③①④②⑤ (C)
①④③②⑤ (D)④①③②⑤

（　）7.強化網站功能以及交易安全機制是經營網路的重要因素，以使消費者可以增強其對使用網站的滿意度及忠誠度。這整個過程中不可缺少的是下列何種要素？　(A)網站品牌權益　(B)網路信任　(C)網站服務品質　(D)網路口碑

（　）8.網路口碑的動機不包括下列何者？　(A)互動性動機　(B)資訊性動機　(C)尋求社群支援動機　(D)娛樂性動機

（　）9.下列關於網路消費行為的敘述，何者錯誤？　(A)是屬高度自助化的資訊服務　(B)網路的虛擬組織中沒有公民行為的必要　(C)網路行銷是屬於允許式行銷　(D)網路口碑是經由消費者的學習而產生在購買或態度改變上的效果

（　）10.下列何者不是主要的環保產品消費者購買模型？　(A)生態旅遊產品購買模型　(B)生態產品購買模型　(C)環境責任購買行為模型　(D)購買高價生態產品模型

二、思考應用題

1.你使用過的網站中感覺最滿意的是哪一個網站？為什麼？你對這個網站滿意的原因是否能用 e-SERVQUAL 的模型來分析？有沒有什麼你感到滿意的原因不在 e-SERVQUAL 涵蓋的範圍之內？

2.你曾有過使用網站而產生沉浸的經驗嗎？是哪一個網站？描述一下你的沉浸經驗的細節。你的沉浸經驗為何會產生？

3.你會受到網路廣告的吸引而點選進入廣告所在的網站嗎？哪些網站廣告的設計因素會讓你受到吸引而點選進入網站瀏覽？

4.從允許式行銷的觀點，比較電子郵件廣告以及網路廣告在吸引消費者注意以及達成銷售目的能力的差異。

5.你購物前會先參考網路口碑嗎？你覺得網路口碑可靠性有多高？哪些網站的網路口碑最有用？為什麼？

6.你有參加任何網路社群嗎？是哪些社群？參加這些社群對你最大的助益是什麼？

7.你有購買過生態與環保的產品嗎？如果有，購買的動機為何？如果沒有，又是為什麼？

第十七章　大腦、行銷與消費者行為──神經經濟學與神經行銷學

核磁共振儀器的發明

核磁共振 (Magnetic Resonance Imaging, MRI) 的理論基礎出現於 1970 年代，其原理是利用原子核在磁場中，以相應頻率在磁場中旋轉，並吸收與其頻率相同的無線電波，產生共振，從而放大自己的能量。而當原子核恢復到原先的能量時，便會放射出無線電波。

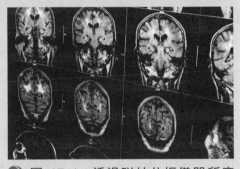

圖 17–1　透過磁核共振儀器所產生的影像

1973 年 3 月 16 日，美國伊利諾大學香檳分校的化學教授羅特伯 (Paul C. Lauterbur) 在著名的科學期刊《自然》(Nature) 上，描述他如何利用不同磁場的強度，做成磁場的梯度，分析不同位置的原子核所放射的無線電波的差異，並由此顯現不同物體的不同空間位置，這是利用核磁共振來產生二維影像的濫觴。

之後，羅特伯和英國諾丁罕大學的物理教授曼斯菲德 (Peter Mansfield) 由於此一系列的研究，同時於 2003 年榮獲諾貝爾生物醫學獎的桂冠榮耀。他們的研究促成了在 1980 年代第一臺應用於醫學領域的核磁共振的儀器，以及之後功能性核磁共振的發展❶。如今，核磁共振已成為醫學影像最重要的工具了。

---

❶　王心瑩 (2003)。〈2003 年諾貝爾生醫獎：MRI 的發明〉。《科學人雜誌》。

　　本章的內容對許多傳統消費者研究的人員來說可能顯得有些奇特甚或怪異。大腦？神經？這不是醫學的範疇嗎？和研究消費活動的消費者行為有什麼關係呢？

　　傳統的消費者研究，是以輸出衡量 (Output Measure) 作為資料的來源，亦即是以消費者訊息處理的終端產物（例如態度或購買行為：見第一章圖 1–3 描述消費者行為的資訊處理模型），作為消費行為的測量。然而，如同在第六章圖 6–1 黑盒子與刺激及反應間的關係中提到，消費者的大腦是一個黑盒子，因為無法清楚得知黑盒子裡的活動，因此需要研究輸入與輸出間的關係來推論黑盒子裡的活動究竟是什麼。隨著科技的進步，現在已經能使用掃描的技術來得知當消費者處理訊息時，大腦的活動狀況。因此，行銷學者以及企管顧問利用此新興的技術，開始對消費者在進行決策以及行銷資訊的處理時，大腦活動的情形予以測量，藉此瞭解消費者在從事一項特定決策或判斷時，大腦對應的活動為何。

　　神經經濟學與神經行銷學的快速發展，象徵著研究高層認知歷程的領域開始希望從腦神經的層次來觀察決策行為，由此來增加我們對消費者決策系統的瞭解。本章的目的在於為此新興的領域，提供一個入門的引介，希望能加強讀者對神經經濟學以及行銷學的認識。

　　本章的內容分為四部分：第一部分介紹認知神經科學，包含大腦的構造，以及掃描大腦活動的儀器設備；第二部分則介紹神經經濟學；第三部分介紹神經行銷學；第四部分介紹這些新知識在行銷上的可能應用，以及未來的方向與展望。

◖17.1 透視消費者大腦的活動[2]

◆ 17.1.1 大腦的構造與功能

人的大腦是由大約一千五百億個被稱為神經元 (Neuron) 的腦細胞所構成。

❷ Zurawicki, L. (2010). *Neuromarketing: Exploring the Brain of the Consumer*. New York, NY: Spring, 3–53.

每個神經元藉由突觸 (Synapse) 和其他神經元聯繫（見圖 17–2），形成一個巨大的神經網路。一個人所有的感官、知覺、思考，乃至於情緒、動作，都來自於由神經元所構成世界上最複雜的機器——大腦（見圖 17–3）的運作。

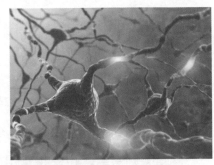

● 圖 17–2　神經元的型態

　　大腦有許多功能分化的區域，但大體上可以分為兩個半球（左腦與右腦），中間以胼胝體 (Corpus Callosum) 連結。就整體而言，可以分為四個區域：

1. 額葉 (Frontal Lobe)

　　位於前額，負責創造力、決策判斷、問題解決、短期記憶、計畫與組織能力、自主運動功能以及其他複雜的高智能認知功能與行為。

2. 頂葉 (Parietal Lobe)

　　位於頭頂，在枕葉和額葉之間，負責整合輸入的感官訊息以及空間記憶，也與運動、辨認物體位置以及數字間的關係有關。

3. 顳葉 (Temporal Lobe)

　　位於側邊耳旁，負責聽覺刺激的辨認、記憶以及產生說話的功能，也負責對所經歷的刺激與情境，賦與情緒的內容。

4. 枕葉 (Occipital Lobe)

　　位於後腦，負責與視覺刺激處理有關的功能。

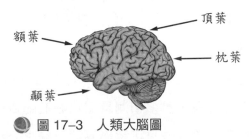

額葉　頂葉　枕葉　顳葉

● 圖 17–3　人類大腦圖

17.1.2 掃描大腦活動的工具

　　由於科技的快速進展，腦部掃描的工具已經愈來愈多樣化了。由於功能性核磁共振可以在大腦從事認知性活動時（例如看廣告、閱讀、作選擇等）進行腦部活動功能的掃描，為現今最熱門的腦部掃描工具，其他如腦電儀、腦磁儀、貫顱磁刺激等，也都是常用的腦部活動偵測與掃描的技術。茲簡介如下：

1.功能性核磁共振 (Functional Magnetic Resonance Imaging, fMRI)

　　功能性核磁共振是利用強大的磁場來偵測紅血球裡血紅蛋白中的鐵原子所產生的磁場變化。血液中不帶氧的鐵原子（即去氧血紅蛋白）會對其附近的磁場產生小的扭曲，由於大腦活動時，活躍部分的血管會舒張，讓較多血液流入

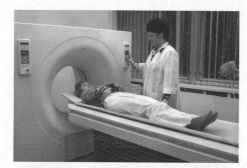

以供活動所需的能量，因此大量的帶氧血紅蛋白會流入活動區域，從而降低去氧血紅蛋白的數量，也改變活動區域的磁場。功能性核磁共振即是利用對此磁場改變的偵測來得知大腦在從事不同認知活動時，活躍的區域為何。圖17-4 為一功能性核磁共振的儀器，圖示一個人正躺在機器中接受掃描。

圖 17-4　功能性核磁共振儀器

2.腦電儀 (Electroencephalography, EEG)

　　腦電儀可偵測大腦活動所發出的腦波 (Brain Waves)，由於大腦在從事不同活動時，會發出不同的腦波（例如清醒時的腦波稱為 β 波；放鬆時的腦波是 α 波；安靜時是 θ 波；淺眠以及深眠時則是 δ 波），而腦電圖可以記錄腦波的電壓以及頻率。受試者在頭上戴上許多偵測及記錄腦波的電極，即可從事特定的活動，而研究員可透過腦波記錄來分析活動所造成的腦波改變，以及詮釋其理論上的意義。

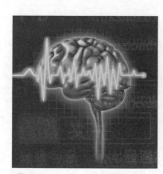

圖 17-5　腦電儀可偵測大腦活動所發出的腦波

　　另一個腦電儀的應用是事件反應腦電位圖 (Event-related Potential, ERP)。這是利用腦電儀的儀器在呈

現特定刺激時，記錄大腦對該刺激反應的電位變化。電位記錄的內容包含正負向以及電位變化持續的時間。藉由電位變化的資料以及刺激的特性關聯，來推論大腦運作的理論意義。

3.腦磁儀 (Magnetoencephalography, MEG)

與腦電儀記錄的電位變化不同的是，腦磁儀是利用記錄頭顱的磁場變化來推論大腦的運作。由於磁場不像電位會受部位組織特性不同的影響，腦磁儀可以避免測量組織不同所造成的差異。此外，腦磁儀也可以藉由磁場強度不同的記錄，來推論刺激所引發大腦活動的確切位置，這也是記錄電位變化的腦電儀所無法做到的。但為避免地球磁場的干擾，腦磁儀僅能使用在需要特別設計的場合，此乃其在使用上的限制與缺點。

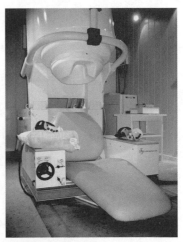

● 圖 17-6　腦磁儀可藉由頭顱磁場的變化來推論大腦的運作

4.貫顱磁刺激儀 (Transcranial Magnetic Stimulation, TMS)

貫顱磁刺激儀是將能發射電磁波的電磁線圈放置在受試者的頭顱部位，藉由發射電磁波到特定部位，可以暫時性的刺激或抑制大腦特定部位的活動，其中高頻電磁波可以刺激特定部位的腦細胞活動，而低頻電磁波則會抑制活動。因此可以藉由刺激或抑制大腦特定部位的活動，並觀察相應行為的變化，對大腦的運作功能作出因果性的推論。

廣義來說，神經行銷學的研究方法，不限於大腦活動的記錄。其他的生理指標，如眼球運動 (Eye Tracking) 或是膚電反應 (Galvanic Skin Response, GSR)，都是可以用來監測大腦以外生理反應的工具。

◯17.2 神經經濟學

◆ 17.2.1 神經經濟學的定義與研究範疇

神經經濟學 (Neuroeconomics) 指的是研究消費者在從事經濟決策行為時大

腦的對應活動，希望藉此瞭解消費者經濟決策的生理面向，來加深對決策行為的理解。神經經濟學乃嘗試結合兩個不同的領域——經濟學和心理學，在早期，經濟學的發展是藉由公理的定義及證明來發展對人類經濟行為的理解。這個取向乃是假設人類是純然理性的動物，所有決策的基礎都在於將效益極大化 (Utility Maximization) 的前提上。因此，經濟學靠著數學的推導，找出決策行為的規範性理論（Normative Theory：係探討最佳的決策為何）。同時也認為，這些規範性理論就足以描述實際的人類決策行為，也就是以規範性理論同時作為描述性理論 (Descriptive Theory) 的依據。

然而，到了 1970 年代，這個情形由於心理學的發展開始有了轉變。心理學也關心決策，但與經濟學不同的是，心理學藉由實證資料的蒐集與分析（而非藉由數學公理的推導）來理解決策行為的特性。此種描述實際決策行為的取向，稱為描述性理論。此類行為決策的研究，在 1970–1990 年代間快速發展，累積了許多對人類實際決策行為的知識。這些新知識對傳統經濟學認為人類決策是一個單一將效益極大化的假設構成了挑戰。許多研究的發現都指出，人類實際的決策行為和經濟學所設想的有不少的出入。傳統經濟學對決策行為的假設，在許多實際決策行為中並無法得到支持。因而在經濟學中，開始對以公理證明的方式所建立的規範性理論有所省思，覺得經濟學並非只是在數學上證明效用極大化的正確性，還必須對人類的實際決策行為有更深入瞭解。

近年來，由於腦部掃描的儀器快速發展，促成了神經經濟學的發展。從 1990 年代開始，針對在心理學中的行為決策的發現（見第三章），以腦部掃描的方式，來瞭解這些決策行為背後的神經機制。從這些研究中可發現，決策並非像早期經濟學所描述的單一原則，亦即單純的尋求效益極大化的原則，而是有許多不同的認知與生理歷程在運作，共同決定決策的機制。而不同性質的決策所牽涉的神經機制也有所不同。因此，由生理的證據可以更明確的瞭解人類決策的心理與生理機制，這對於經濟學以及心理學在探討決策的特性時，提供許多重要的資料，也為未來進一步探究決策行為，提供了突破的基石。

17.2.2 節的內容是針對神經經濟學目前的主要研究主題以及發現做一整

理。希望藉由這些整理，讓讀者更瞭解消費者決策這個最新發展的神經生物觀點❸。

🔷 17.2.2 神經經濟學的研究發現

㈠對預期獎酬的反應

本書第三章曾用較多篇幅介紹在風險下的決策理論（亦即展望理論 (Prospect Theory)）。如前所述，展望理論對傳統以效益極大化為基礎的經濟學思考提出質疑，並提出一套描述性的理論來解決規範性的經濟決策理論所不能解決的問題。在神經經濟學中，針對人在面對風險或是不確定情形下的決策行為，去瞭解其相對應的神經機制為何。例如，展望理論的核心概念之一，就是人的選擇行為是依據相對資產增減的期望，而非絕對資產增減的數量來決定。

在神經經濟學中的研究也指出❹，當給予受試者沒有預期到的果汁與水時，大腦中一個對預期的獎酬反應的區域，叫做伏隔核 (Nucleus Accumbens, NAcc) 的地方，會比在受試者接受預期中的果汁與水時，有更強的活動反應。另外，類似的研究也指出，內側前額葉 (Medial Prefrontal Cortex, MPFC) 在預期有獎酬但未收到時，比預期沒有獎酬且未收到時的活動要來得弱❺。伏隔核和內側前額葉都是分泌多巴胺 (Dopamine) 的腦神經區域，也都與對預期獎酬的反應有關。

這些研究似乎與展望理論中人是對獎酬相對於參考點的增減，而非絕對資產價值的概念相呼應。大腦中特定的區域對於相對於參考點的獎酬的變動敏感，

---

❸ Lowenstein, G., Rick, S., & Cohen, J. D. (2008). "*Neuroeconomics.*" *Annual Review of Psychology*, 59, 647–672.

❹ McClure, S. M., Berns, G. S., & Montague, P. R. (2003). "Temporal Prediction Errors in a Passive Learning Task Activate Human Striatum." *Neuron*, 38, 339–346.

❺ Knutson, B., Fong, G. W., Bennett, S. M., Adams, C. M., & Hommer, D. (2003). "A Region of Mesial Prefrontal Cortex Tracks Monetarily Rewarding Outcomes: Characterization with Rapid Event-Related fMRI." *Neuroimaging*, 18, 263–272.

似乎也在說明展望理論以「變動」作為理論核心的想法是有生理證據的支持。換言之，對變動敏感的決策特性，似乎不只是因為此種訊息處理方式較為簡單，而是有生理機制的原因造成的。

㈡風險、不確定性與損失嫌惡

大腦中有特定區域和風險以及不確定性的處理有關，這些區域也是處理與負面情緒有關的部位。當面臨風險或不確定性的決策時，處理恐懼以及其他負面情緒的杏仁核 (Amygdala) 會特別活躍。

羅文斯汀 (George Lowenstein) 提出一個以情緒作為風險知覺的理論模型 (Risk as Feelings, RAF)[6]，認為從心理上來說，風險代表的是負面的情緒，相關的研究也直接或間接提供風險在情緒層面上的支持證據。例如玩「吹牛」的遊戲時，當玩家在吹牛的時候，杏仁核的活動會比在說實話時強烈[7]。類似的結論也出現在對不確定選項的選擇行為中。

研究發現，人們會規避不確定的選項（亦即機率未知的選項。例如以未知的機率贏得 1 萬元或是確定可以拿到 100 元，前者為不確定的選項，而後者則為確定的選項）。在作此類選擇時，大腦中的杏仁核以及前額皮層 (Orbitofrontal Cortex) 在面臨不確定選項時，會比面臨風險選項（即機率已知）時的活動要多。由於杏仁核與處理恐懼等負面情緒有關，而前額皮層則與整合認知與情緒資訊有關，因此不確定選項似乎也與負面情緒的喚起有關[8]。

---

[6] Lowenstein, G. F., Weber, E. U., Hsee, C. K., & Welch, N. (2001). "Risk as Feelings." *Psychological Bulletin*, 127, 267–286.

[7] Kahn, I., Yeshurun, Y., Rotshtein, P., Fried, I., Ben-Bashat, D., Hendler, T. (2002). "The Role of the Amygdala in Signaling Prospective Outcome of Choice." *Neuron*, 33, 983–994.

[8] Hsu, M., Bhatt, M., Adolphs, R., Tranel, D., & Camerer, C. F. (2005). "Neural Systems Responding to Degrees of Uncertainty in Human Decision Making." *Science*, 310, 1680–1683.

另外，早期在決策研究中，有一個有名的現象稱為「捐贈效果」(Endowment Effect)，是指如果要消費者賣出一項物品（亦即放棄手中已有的物品以換取金錢），消費者會比購買同樣的物品，要求更多的金額，也就是說，要消費者放棄已經到手的物品是很困難的，這個現象可用展望理論中的損失嫌惡 (Loss Aversion) 來解釋。

在神經經濟學的研究中發現，與獎酬預期有關的區域──腹側與背側的紋狀體 (Dorsal and Ventral Striatum) 及腹內側前額葉 (Ventral Medial Prefrontal Cortex, VMPFC) 在獲得的情境下會增加活動，但在損失的情境下會減少活動，且損失的情境下所減少的活動量是獲得的情境下所增加活動量的兩倍。因此，得與失在捐贈效果中不對稱的反應，似乎也與神經活動的量相對應❾。

此外，在第三章中描述展望理論時也曾提到，消費者的風險態度在獲得的框架中傾向於風險趨避，但在損失的框架中則傾向於風險追逐。而在神經經濟學的研究中則顯示，若是消費者做的選擇與上述原則相反（亦即符合規範性理論的預測），則用以偵測訊息矛盾的前扣帶皮層 (Anterior Cingulate Cortex) 其活動較多，顯示消費者知道自己的選擇可能有原則矛盾之處❿。由此可知，對損失的嫌惡，不只是心理現象，背後似乎也有明確的生理機制在主宰此類行為的產生。

㈢跨時選擇

早期的經濟學中就已經注意到，所謂的效益跨時折扣 (Utility Discount) 的現象是指，若消費者有即時（現在得到 1 千元）和延宕（一個月後得到 1 千元）兩個選項時，則消費

> **注意 !!!**
> 若是要讓消費者願意考慮延宕的選項，其獎酬需比即時的獎酬額度超出許多。

---

❾ Knutson, B., Fong, G. W., Adams, C. M., Varner, J. L., & Hommer, D. (2001). "Dissociation of Reward Anticipation and Outcome with Event-Related fMRI." *Neuroreport*, 12, 3683–3687.

❿ De Martino, B., Kumaran, D., Seymore, B., & Dolan, R. J. (2006). "Frames, Biases, and Rational Decision-Making in the Human Brain." *Science*, 313, 684–687.

者多半偏好即時的選項。若是要讓消費者願意考慮延宕的選項，則其獎酬必須要比即時的獎酬額度超出許多才行（例如一個月後得到 5 千元）**⓫**。

針對這種跨時選擇的現象，也有神經經濟學的研究企圖瞭解其神經生理的機制。在一項研究中發現，跨時選擇牽涉到兩個神經系統，一是邊緣系統 (Limbic System)，以及第邊緣皮質結構 (Paralimbic Cortical Structure)。此系統也是分泌多巴胺神經傳導物質的區域。另一個是負責高階認知功能的額頂區 (Frontal-parietal Region)，更重要的是，當消費者選擇較大但延宕的選項時，額頂區的活動會較邊緣系統多，而當消費者選擇立即但較小的選項時，邊緣系統的活動則較額頂區要多 **⓬**。這些結果可以和之前所描述對獎酬的反應相關聯（大腦對獎酬延宕是否敏感），也替跨時選擇的神經生理基礎的研究，開啟一條新的思考路線。

㈣賽局理論

神經經濟學另一個發揮的舞臺是在賽局理論（Game Theory，又稱博弈理論）。賽局理論是一個早期的決策理論，廣泛用於經濟學、心理學以及政治學。

🍀 表 17–1　囚犯的兩難

甲	乙	
	說實話	說謊話
說實話	雙方判重刑	甲：判輕刑 乙：判重刑
說謊話	甲：判重刑 乙：判輕刑	雙方被釋放

賽局理論談的是當兩人（以上）必須選擇合作或是競爭以達成各自最大的利益時，最佳的決策方法為何。一個著名的例子是囚犯的兩難 (Prisoner's Dilemma)：兩個囚犯在不知對方決策的情形下，可以選擇說實話或是謊話。若雙方都選擇說謊話，則雙方都可以被釋放；若雙

⓫ Samuelson, P. (1937). "A Note on Measurement of Utility." *Review of Economic Studies*, 4, 155–161.

⓬ McClure, S. M., Li, J., Tomlin, D., Cypert, K. S., Montague, L. M., & Montague, P. R. (2004). "Neural Correlates of Behavioral Preference for Culturally Familiar Drinks." *Neuron*, 44, 379–387.

方都說實話，則都會被判重刑；但若一方說謊
話而另一方說實話，則說謊話的那一方會被判
重刑。此時，雙方都必須去猜對方會說實話還
是謊話，來決定自己的策略，形成了囚犯的兩
難。

● 圖 17–7　面對牢獄之災，你會選擇
說實話？還是說謊話？

　　近年來，有研究開始利用功能性核磁共
振，來觀察在不同情境下，大腦的反應為何 ❸。
一項研究指出，在讓受試者玩兩種不同的遊戲時，遊戲的性質不同，大腦相應
的活化區域也不同。在玩優勢可解賽局 (Dominance-solvable Games) 時，負責理
性思考能力，與推理、注意力以及記憶有關的額中迴 (Middle Frontal Gyrus)、頂
下小葉 (Inferior Parietal Lobule) 以及楔前葉 (Precuneus) 等區域會比在玩協調賽
局 (Coordination Games) 較為活化。

　　而在玩需要以直覺解答的協調賽局時，島體 (Insula) 以及前扣帶皮層
(Anterior Cingulate Cortex) 則會比在玩優勢可解賽局時更為活躍。此外，楔前葉
的活動量與優勢可解賽局所耗費的認知心力成正比，而島體的活動量則與協調
賽局的輕鬆程度（亦即不耗費認知心力的程度）成正比。這個結果顯示人有雙
重思考的模式，一套是以推理以及記憶等認知能力為基礎的，由額中迴、頂下
小葉以及楔前葉等區域表現；另一套則是直覺的思考模式，由島體以及前扣帶
皮層負責。

　　除上述研究外，也有研究探討博弈中的信任元素在神經系統的對應機制。
使用腦部掃描研究博奕理論，是經濟學的一項新嘗試，讓經濟學脫離純粹理論
推導的層次，用真實的行為實驗資料來驗證理論的正確性，以及發現生理層次
的相關活動，以瞭解心智活動的真相。相信在可見的未來會有更多這類研究，
開啟理論取向的經濟學與實證取向的心理學間的對話。

❸　Kuo, W., Sjostrom, T., Chen, Y., Wang, Y., & Huang, C. (2009). "Intuition and
Deliberation: Two Systems for Strategizing in the Brain." *Science*, 324, 24, 519–522.

㈤道德判斷與選擇

　　神經經濟學也對人在面臨道德判斷與選擇時的神經相關活動進行瞭解。著名的「手推車兩難」問題：假設有一個失控的手推車朝著五個人衝過去，唯一能解除危機的方法是按下一個鍵，讓手推車改變方向，朝著另外一個人衝過去並撞死他。多數人會選擇按鍵去撞死一個人而非五個人的選項；但在另一個版本中，選項不是按鍵，而是將一個陌生人推下橋並讓他被手推車撞死，以解救其他五個人。在此情形下，多數人覺得這是不可接受的方案。

　　為什麼同樣是犧牲五個人或一個人的選擇，結果卻有不同呢？格林等人認為❶，推陌生人下橋牽涉強烈的情緒因素，較按鍵較少情緒涉入的選項來得無法接受。大腦掃描的證據似乎也支持這樣的假設。大腦中負責處理情緒訊息的部位，如內側額葉皮質 (Medial Prefrontal Cortex) 以及後段扣帶皮層 (Posterior Paracingulate Cortex) 在受試者面臨強烈的情緒因素（推人下橋）時，會比面臨較無情緒涉入的選項（按鍵殺人）時活動程度要高，因而支持選項不同會造成情緒差異的假設。因此，即使從結果來看完全相同的選項，也會因為情緒涉入不同而有不同的選擇行為。

　　神經經濟學也對「公平」的概念進行研究，發現在受訪者面對不公平的選擇時，若受試者拒絕接受此不公平的選項，則一個稱為「島體」的部位會比一個負責目標導向，理性控制與克制的右背外側前額葉皮層 (Right Dorsalateral Prefrontal Cortex, Right DLPFC) 要更活躍；而當受試者接受此不公平的選項時，右背外側前額葉皮層的活動則會比島體要來得大❶。因此，即使是抽象的公平

---

❶ Greene, J. D., Sommerville, R. B., Nystrom, L. E., Darley, J. M., & Cohen, J. D. (2001). "An fMRI Investigation of Emotional Engagement in Moral Judgment." *Science*, 293, 2105–2108.

❶ Sanfey, A. G., Rilling, J. K., Aronson, J. A., Nystrom, L. E., & Cohen, J. D. (2003). "The Neural Basis of Economics Decision-Making in the Ultimatum Game." *Science*, 300, 1755–1758.

概念，在神經生理的層次，也可以找到決策的來源基礎。

⏱ 行銷一分鐘

功能性核磁共振告訴你，名牌的力量有多大 ❶

　　在利用功能性核磁共振或其他大腦掃描技術研究品牌的計畫中，其中一項很有趣的結果是針對名牌所做的研究。將名牌的愛好者（如蘋果 (Apple) 的粉絲）放到功能性核磁共振的機器中，然後給他們看該品牌的標誌 (Logo)，結果發現，這些愛用者腦中活化的區域，竟然和看到宗教標誌（如十字架）的區域是一樣的！這似乎在告訴我們，真正的強勢名牌對其愛好者的意義，已經遠超過單純功能或是品牌形象的層次，而在情感層面達到了近乎宗教的意義。

◐17.3 神經行銷學

　　近年來，與經濟學相關的學科──行銷學，也開始使用大腦掃描的工具來研究消費者在從事與行銷相關的活動時腦部活動的情形，觀察在消費者行為中常被視為「黑盒子」的人類大腦的運作機制，從而增進對消費行為的瞭解並找出行銷的機會。下文將介紹神經行銷學的定義以及研究範疇，和目前主要的研究發現。

◈ 17.3.1 神經行銷學的定義與研究範疇

　　凡是研究消費者對行銷資訊反應的神經基礎的活動，都屬於神經行銷學的範疇；研究這些傳統行銷概念的神經機制，即是神經行銷學關心的課題。

> **⊙ 行銷資訊**
> 包含 4P 行銷策略、產品定位、市場區隔、各種消費者的行為以及態度反應，例如忠誠度、滿意度等。

　　神經行銷學漸漸地開始受到重視，但仍處於剛開始起步的階段。目前已經有許多相關的研究，對大腦與行銷資訊運

---

❶ Lindstrom, M.(2008). *Buyology: Truths and Lies about Why We Buy.* Crown Business: NY.

作間的關係有深入的瞭解。17.3.2 節針對目前較重要的研究成果作一整理，以 4P 行銷策略和其他消費行為作為主軸，來介紹相關的發現。

 行銷實戰應用

利用大腦掃描技術改善行銷績效 ❼

　　實務界已經廣泛應用神經行銷學的原理來改善其行銷績效。舉例而言，索尼 (SONY) 公司利用神經行銷學的方法來測試其 BRAVIA 液晶電視機的廣告影片。其方法是在播放廣告片給消費者觀看的同時，也測量其腦部的活動，最後則透過腦部活動最強烈的階段來對應影片的片段，找出最引起消費者興趣的廣告元素與內容。

　　此外，SONY 公司在測試一支 BRAVIA 的廣告時發現，當廣告中出現一隻青蛙跳躍的場景以及片尾出現 "Like No Other" 的品牌標語時，視聽眾的腦部出現正面反應的活動最大。這表示觀眾喜歡青蛙的場景，而且品牌標語也能成功地抓住觀眾的注意，這兩個發現對後續廣告的設計製作具有重要的意義。例如，青蛙跳躍的場景，可以考慮作為後續廣告再度使用的元素；而 "Like No Other" 的品牌標語，也適合善加強調，以強化 SONY 以及 BRAVIA 的品牌特色與定位。

17.3.2 神經行銷學的研究發現

㈠產　品

　　在產品方面，神經行銷學關心大腦如何處理不同的產品以及品牌訊息。例如，一項針對可口可樂以及百事可樂的研究中 ❽，若是兩種可樂都沒有標示品

---

❼　Zurawicki, Leon(2010). *Neuromarketing*, p.214. Boston, MA: Springer; Rachel Kaufman (2010). "Neuromarketers Get Inside Buyers' Brains." *CNNMoney*.

❽　同 ❿。

牌名稱，則多數消費者會選擇百事可樂，而大腦相應的活化區域則是在腦中紋狀體 (Striatum) 中的腹內側核 (Ventral-medial Putamen)。此區域是負責與尋求獎酬有關的區域，例如美味、可口等經驗。因此，在沒有品牌的線索下，消費者是以產品本身的口味來做判斷依據。

然而，一旦當告知消費者品牌的線索時，大腦中負責高層認知歷程的內側前額葉、負責情感和情緒反應的海馬迴 (Hippocampus)、背外側前額葉 (Dorsalateral Prefrontal Cortex, DLPFC) 以及中腦 (Midbrain) 會較為活躍。這意味著當有品牌線索時，消費者會以對品牌的記憶、認知以及情感來做選擇，而非依靠產品本身的口味。因此，品牌本身所代表的情感連結，在品牌經營上，有時可能比產品本身更為重要。

另一項研究也指出，當男性受試者觀看跑車的圖片時，腦中與接受獎酬訊息有關的紋狀體會變得活躍❶。這顯示跑車對於男性消費者而言，有著不同於一般交通工具的意義，即跑車除了交通工具外，也是一種讓男性消費者感受到愉悅與獎酬的來源，這個結果也提供了將跑車視為一種享樂性產品 (Hedonic Product) 的生理性證據。

而在品牌選擇上，相關研究也指出，當消費者看到自己最喜歡的首選品牌時，背外側前額葉以及後頂葉皮層 (Posterior Parietal Cortex) 和後枕葉皮層 (Posterior Occipital Cortex) 的活動量會降低，同時，與情感連結有關的腹內側前額葉皮質活動會增加，顯示品牌的情感連結是消費者選擇習慣購買的首選品牌的重要機制❷。

類似的研究也指出，強勢品牌會引發左側的前腦島體 (Left Anterior Insula)

❶　Erk, S., Spitzer, M., Wunderlich, A., Galley, L., & Walter, H. (2002). "Cultural Objects Modulate Reward Circuitry." *Neuroreport*, 13, 8, 2499–2503.

❷　Deppe, M., Schwindt, W., Kugel, H., Plassmann, H., & Kenning, P. (2005). "Non-Linear Responses within the Medial Prefrontal Cortex Reveal When Specific Implicit Information Influences Economics Decision-Making." *Journal of Neuroimaging*, 15, 2 , 171–183.

較大的反應，而弱勢品牌則會引發左右的前腦島體都有反應。由於右側的前腦島體與處理負面情緒有關，因此強勢品牌較不會引發負面情緒反應，這個結果表示強勢品牌能夠贏得消費者較多的信任❷。而另外一項研究也指出，由消費者的情感所建立的品牌忠誠度，與紋狀體的活動有關❷。

消費者喜歡的強勢品牌，除了情感上的連結外，也有自我表徵的意義。一項研究指出❷，相對於不酷的產品，當消費者看到自己認為是「酷」的品牌時，腹外側前額葉皮層 (Ventral Lateral Prefrontal Cortex, VLPFC) 的活動大量增加。此區的主要功能之一，就是控制自我反映 (Self-reflection)。因此，品牌除了功能和情感上的利益之外，也表達了消費者的自我概念。然而，這並不代表品牌的性格和人的性格是同一件事。

在另一項研究中發現❷，當消費者看到對人性格的形容詞時，內側前額葉皮質的活動會增加。但在看到對品牌性格的形容詞時，處理物品資訊（非處理人的資訊）的左下額葉 (Left Inferior Prefrontal Cortext, LIPC) 會較為活躍。由此可知，即使品牌性格企圖以擬人化的方式讓消費者接受其具備人的性格特質，在消費者大腦中，仍然會將品牌的性格看成與人性格不同的東西，不能混為一談。

❷ Born, C., Schoenberg, S. O., Reiser, M. F., Meindl, T. M., & Poeppel, E. (2006). "Brand Perception—Evaluation of Cortical Activation Using fMRI." *The Radiological Society of North America 2006 Meeting*, Chicago, IL.

❷ Plassmann, H., O'Doherty, J., & Rangel, A. (2007). "Orbitofrontal Cortex Encodes Willingness to Pay in Everyday Economics Transactions." *Journal of Neuroscience*, 27, 37, 9984–9988.

❷ Quartz, S., & Asp, A. (2005). "Brain Branding." *Proceedings of the 58th ESOMAR Congress*, Cannes, France, 406–423.

❷ Yoon, C., Gutchess, A. H., Feinberg, F., & Polk, T. A. (2006). "A Functional Magnetic Resonance Imaging Study of Neural Dissociations between Brand and Person Judgments." *Journal of Consumer Research*, 33, 31–40.

㈡價　格

　　神經行銷學也針對價格知覺的神經機制進行研究。首先，對於產品價格支付意願的研究發現❷，當消費者得知售價而在思考支付意願或是廣泛的決策效益時，內側前額皮層 (Medial Orbitofrontal Cortex, MOFC) 以及背外側前額葉皮層的活動會增加，顯示金錢以及效益的概念，是在這幾個區域處理的。

　　當消費者接收到高昂的價格訊息時，處理負面刺激訊息的右側島體 (Right Insula) 活動會增加。而右側島體正巧也是處理不公平訊息的所在，另外，內側前額葉皮質的活動會減少。由於內側前額葉皮質處理的是在得失間取捨的訊息，活動減少代表購買的意願減少。相反的，若是價格降低，則此區的活動量會增加，代表購買意願的增加❷。此外，神經行銷學對於以價格作為品質的線索也進行過系統性的研究。在一項研究中顯示，相信「貴就是好」的信念，會反映在內側前額皮層的活動中。此區被認為是用來處理在體驗的活動中所感受到的愉悅經驗❷。

　　以上研究結果顯示，即使是價格訊息，似乎也有特定的區域在處理這類訊息。但若要更清楚的瞭解價格訊息的細節是如何處理的，以及對於價值和價格間的關係，則需要更多設計嚴謹的研究來回答這類問題。

㈢通　路

　　在神經行銷學發展的短暫歷史中，通路可能是相對研究較少的領域，這可能與通路的性質有關（特別是指實體通路）。由於功能性核磁共振需要躺在機器

---

❷　同❶。

❷　Knutson, B., Rick, S., Wimmer, G. E., Prelec, D., & Loewenstein, G. (2007). "Neural Predictors of Purchase." *Neuron*, 53, 147–156.

❷　Plassmann, H., O'Doherty, J., Shiv, B., & Rangel, A. (2008). "Marketing Actions Can Modulate Neural Representations of Experienced Pleasantness." *Proceedings of the National Academy of Sciences of the United States of America*, 105, 1050–1054.

中接受掃描，因此很難呈現實體通路的訊息。相對的，品牌、標示、價格以及廣告促銷等訊息則很容易呈現。但在行銷研究的實務界中，也有針對通路使用神經行銷學的方法來改善通路績效的研究進行。

舉例而言，全球最大的尼爾森行銷研究公司 (Nielsen Co.) 所投資的一家 NeuroFocus 公司是一家專門以神經行銷學的方法研究行銷議題的公司。在通路的研究上，NeuroFocus 使用可攜式腦電儀 (Portable EEG) 及眼動儀等儀器來記錄消費者在買賣場中的購買行為，再根據此類資料的分析，找出改善零售績效的策略。

NeuroFocus 的研究❷發現，飲料的包裝要吸引消費者的注意（亦即腦波的變化或是眼睛的注視），飲料瓶應採清澈透光的顏色，讓消費者能清楚看見飲料瓶中的內容物。另外，瓶身的標記除了從正面可以看見外，從透光瓶的反面也應要能看見，亦即標籤應該在正面和背面都打上品牌名稱，讓消費者從瓶身的另一面也可以看見品牌名稱。最後，有曲線的設計會較銳利的邊角更能贏得消費者的喜好，因此在瓶身設計應多採用具有曲線的造型。

在賣場內部環境以及陳設的規劃上，利用可攜式腦電儀以及眼動儀的研究也發現，賣場中應該提供複合式的感官經驗，亦即除了視覺的刺激外，也應善加利用其他四種感官，提供如聽覺、觸覺、嗅覺，乃至於味覺的體驗。這些綜合的經驗可以強化消費者整體的賣場體驗，加強其滿意度以及忠誠度。同樣的，在貨架的擺設上，也應符合曲線形狀，以及從包裝即可明示內容物的產地特性，還有依據消費者消費特定產品的習性來擺設貨架上產品的位置等。這些都是可以從神經行銷學的方法中得到的零售策略。

(四)促　銷

神經行銷學在促銷方面，也有許多的研究，特別是針對廣告這類溝通工具在神經系統上的效果，多所著墨。在一項利用腦磁圖研究消費者對情感性廣告的反應中發現❷，有數個區域是負責處理與情感性的廣告資訊有關的，包含前

---

❷　Nielsen(2011). "Neuromarketing: Understanding the Subconscious Drivers."

扣帶與後扣帶迴 (Anterior and Posterior Cingulate)、視覺皮層 (Visual Cortex) 以及腹內側前額葉皮質等，都會因情感性廣告而增加活動量，顯示這些區域和處理情感性的資訊有關。

實務界也針對促銷的議題，使用神經行銷學的方法來探討[30]。例如聯合利華 (Unilever) 使用腦電儀來測試廣告效果，發現原本認為廣告中最重要的產品展示以及品牌訊息的部分，引發的腦部活動程度低於原先預期的程度，而廣告中希望激發負面情緒的元素，則引發較強烈的腦波活動。這類結果可以讓我們瞭解廣告中真正重要的元素是什麼。

此外，也有公司將電視廣告影片中個別的單格影像以及其他個別元素（如音樂、影像、文字等）和腦部活動進行關聯研究，藉此找出觀看廣告影片時，不同元素所激發腦部對應的活動區域為何。另外，也有公司分析腦波在看廣告時的活動情形，他們發現若一個廣告能激發左側額葉 (Left Frontal Lobe) 快速而大量的活動時，該廣告在一週後的記憶會最好。總而言之，此類腦部掃描的研究，可以提供我們對廣告效果評估的重新認識。

最後，神經行銷學也針對廣告中代言人在神經系統上的效果進行研究。結論顯示，當人們看到熟悉的代言人的臉時，腦中會大量分泌多巴胺以及苯乙胺 (Phenylethylamine)，而這兩種荷爾蒙正是產生正面情緒以及信任感的重要來源，因此，代言人的熟悉度是造成代言效果的最重要機制。

[29] Ambler, T., & Burne, T. (1999). "The Impact of Affect on Memory of Advertising." *Journal of Advertising Research*, 39, 2, 25–34.

[30] Fugate, D. L. (2007). "Neuromarketing: A Layman's Look at Neuroscience and Its Potential Application to Marketing Practice." *Journal of Consumer Marketing*, 24, 7, 385–394.

"Before you leave, we have to do a brain scan to see
if you're taking any intellectual property with you."

圖 17-8　要求離職員工做腦部掃描以確認他沒
有帶走公司的智慧財產。這是過度誇張腦部掃描
功能的漫畫

17.4　未來展望

本章介紹神經經濟學以及神經行銷學的發展現況，其中結合大腦掃描的科技與行銷的主題，是一種全新的嘗試。以下就針對神經經濟學與神經行銷學在實務上的可能應用，以及未來發展的方向，作一簡要的討論。

17.4.1　實務應用的價值與潛力

本章聚焦在學術界中運用掃描科技討論消費行為與行銷的主題，只有少數涉及企管顧問公司以及行銷研究公司對大腦掃描科技的應用。然而在實務上，是否能有更多的應用價值？17.1–17.3 節多半集中在業界研究品牌以及通路時，是如何應用掃描科技以改善行銷績效。然而，除了這些主題外，神經行銷學以及神經經濟學也可應用在其他方面。

例如，在使用多重感官刺激上，有可能應用神經行銷學的方法，來看除了視覺以外，當聽覺、嗅覺、觸覺或味覺刺激也同時使用時，對消費者的大腦會有何種不同的影響。抑或是企業決策者的決策歷程，或是不同領導風格的領導

者，其決策歷程和常人有何不同，這些都是未來實務可能應用的場合。

　　另外，未來的產業中，無論是高科技或是文化創意，都需要人類獨一無二的能力——創意。而創意在大腦中是如何形成的？哪些大腦的區域運作與創意有關？創意是否可以訓練與培養？如果可以，什麼樣的訓練材料及方法適合用來培養創意的頭腦？這些問題在未來可能可以藉由神經行銷學的工具與方法來解答。

17.4.2　限制以及未來發展方向

　　神經經濟學與神經行銷學的快速發展，吸引了許多學術圈以及實務界的注意。但作為一個新興發展的領域，不可否認的，無論在工具或是理論架構上，都有其限制。即使如此，神經經濟學以及神經行銷學在未來仍有許多可以發展的空間。茲將幾個主要的限制以及大的可能發展方向簡述如下：

1.需要整合性的理論

　　目前神經行銷學以及神經經濟學的研究大多在找出行為的神經基礎。但截至目前為止，還沒有一套系統性的宏觀理論來解釋整個神經系統運作的機制與行為間對應的關係。比較主流的看法為大腦有兩套平行的處理系統，一套是在理性邏輯的基礎上，進行推論、計算、歸納等認知活動；另一套系統則是以直覺和情緒為基礎，進行整體以及直觀的訊息處理。

　　舉例而言，伯恩海姆 (Bernheim) 以及藍格爾 (Rangel) 將大腦的運作，區分為「熱」模式 (Hot Mode) 以及「冷」模式 (Cold Mode) 兩種。熱模式指的是以情感或直覺為基礎的模式，而冷模式則是以邏輯和歸納推理為基礎的模式。同樣的，羅文斯汀 (George Loewenstein) 以及歐唐納修 (O'Donoghue) 則將大腦的運作模式分為「深思熟慮」(Deliberative System) 以及「情感」(Affective System) 兩種模式 [31]。賽局理論的神經基礎的研究，其研究結果也提出兩套類似的系統，稱為「深思熟慮」系統 (Deliberative System) 以及「直覺」系統 (Intuitive System) [32]。但在這類二元性的分類法下，是否有更細緻的子系統？這兩類系統

---

[31]　同 [3]。

[32]　同 [13]。

又是如何互動？這些都是未來需要進一步瞭解的議題。

2.需要更細部的區分

由本章概述的內容可知，神經行銷學與神經經濟學目前的主要內容在於找出負責某項特定認知功能的大腦部位為何。但僅僅找出神經生理的相關活動，並沒有對消費行為的本質有太多貢獻。未來更需要的是當我們知道一項決策或是認知活動引發某部位的活動時，這些活動的細部歷程。

舉例而言，內側前額葉皮質在看到品牌線索時活動會增加，而在看到與人有關的性格形容詞時，也會增加活動。同樣是活動增加，但這兩種活動的內涵並不相同，未來研究如果能在科技和理論上同時有所進展，應可以對不同刺激所引發同樣神經活動的機制內涵的差異進行比較，以對大腦運作與行為的關係有更清楚的瞭解。

3.神經經濟學以及神經行銷學的內容如何協助改善行銷理論與行銷績效？

目前神經行銷學以及神經經濟學的研究產出，多集中在從事認知行為時大腦對應的活動情形，這些結果有助於我們瞭解從行為學派以來（見第七章）一直認為無法瞭解的「黑盒子」裡面的內容以及活動，但就行銷策略以及實務的角度而言，行銷資訊的輸入與輸出，大半並未因為瞭解了黑盒子中的運作歷程而有所改變。如此對行銷策略規劃的實務影響就相對有限。未來在神經經濟學以及神經行銷學的研究上，應更進一步思考，哪些問題使用這些大腦掃描技術，不但能改善消費者行為的理論系統，更能對行銷策略的設計與規劃有更大的啟發。這會大大增加這類研究在理論以及實務上的價值。

◆ 17.4.3 結　論

神經經濟學以及神經行銷學發展至今，時間並不長，但由於可以直接觀察大腦活動的情形，這些研究已有許多重要的發現。未來如能開拓新的研究方向與主題，確實有可能為行銷以及消費者行為的領域開拓重要的新知，將這些主題的研究以及實務帶到一個新的境界。

━━━━━ ◉本章主要概念 ━━━━━

神經經濟學	功能性核磁共振
神經行銷學	腦電儀
神經元	腦磁儀
額　葉	貫顱磁刺激儀
頂　葉	紋狀體
顳　葉	島　　體
枕　葉	杏仁核

 習 題

一、選擇題

(　　) 1. 下列何者不是神經經濟學研究的範疇？　(A)風險　(B)博弈　(C)通路　(D)道德判斷

(　　) 2. 下列何者是神經行銷學的研究題材？　(A)跨時選擇　(B)損失嫌惡　(C)不確定性　(D)促銷

(　　) 3. 邏輯思考、判斷及計畫是大腦哪一個皮層的功能？　(A)額葉　(B)顳葉　(C)枕葉　(D)頂葉

(　　) 4. 視覺功能是由大腦哪一個皮層組織所負責的？　(A)額葉　(B)顳葉　(C)枕葉　(D)頂葉

(　　) 5. 以電磁波暫時性的刺激或阻止特定的大腦部位功能的儀器稱為：　(A) fMRI　(B) TMS　(C) EEG　(D) MEG

(　　) 6. 下列何者可用來記錄大腦發出的 β 波？　(A) EEG　(B) fMRI　(C) MEG　(D) TMS

(　　) 7. 腦中何區域是負責與接受獎酬有關的部位？　(A)杏仁核 (Amygdala)　(B)島體 (Insula)　(C)左下額葉 (Left Inferior Prefrontal Cortex)　(D)腹內側核 (Ventral-medial Putamen)

（　）8.與處理恐懼情緒有關的大腦部位是：　(A)杏仁核 (Amygdala)　(B)島體 (Insula)　(C)左下額葉 (Left Inferior Prefrontal Cortex)　(D)腹內側核 (Ventral-medial Putamen)

（　）9.當消費者接收到高昂的產品價格資訊時，右側島體的活動增加，代表：　(A)貴就代表好　(B)購買意願減少　(C)購買意願增加　(D)想再多看看為何如此貴

（　）10.能產生正面情緒的腦內荷爾蒙是：　(A)多巴胺　(B)乙烯膽鹼　(C)雌激素　(D)雄激素

二、思考應用題

1.你認為神經經濟學以及神經行銷學未來是否可以解決所有經濟與行銷上的問題？並闡述可以或不可以的理由。

2.廣告從業人員可以如何從神經行銷學的知識中獲益？品牌管理人員又可以如何利用神經行銷學的知識？

3.你認為目前神經行銷學發展最缺乏的是什麼？可用何種方式突破？

4.如果你經營一家企業管理顧問公司，你會希望如何利用腦部掃描的儀器解決客戶的管理問題？

5.如果你想知道不同訴求的廣告（例如理性訴求與感性訴求的廣告）對消費和大腦有何不同影響，你會如何利用大腦掃描的工具來設計實驗解決此問題？

圖片資料來源

- 圖 1–2　ShutterStock.
- 圖 1–5　Schiffman, D., Kanuk, A. (2007). *Consumer Behavior*, 16. 9th Edition. New Jersey: Prentice Hall.
- 圖 1–6　ShutterStock.
- 圖 2–1　© Joe Kohl Reproduction Rights Obtained from www.CartoonStock.com.
- 圖 2–2　改寫自廖淑伶 (2007)。《消費者行為：理論與應用》，28。臺北：前程出版社。
- 圖 2–3　ShutterStock.
- 圖 2–5　上海速動市場信息諮詢有限公司。
- 圖 2–6　ShutterStock.
- 圖 3–1　© Mike Baldwin Reproduction Rights Obtained from www.CartoonStock.com.
- 圖 3–3　Schiffman, L. G. Kanuk, L. L. (2007). *Consumer Behavior*, 83. 9th Edition. Pearson Education Inc.: Upper Saddle River, NJ.
- 圖 3–4　ShutterStock.
- 圖 3–5　Kahneman, D., Tversky, A. (1979). "Prospect Theory: An Analysis of Decision under Risk", *Econometrica*, XLVII, 263–291.
- 圖 3–6　Kahneman, D., Tversky, A. (1979). "Prospect Theory: An Analysis of Decision under Risk", *Econometrica*, XLVII, 263–291.
- 圖 3–7　Simonson, I. (1989). "Choice Based on Reasons: The Case of Attraction and Compromise Effects." *Journal of Consumer Research*, 16, 2, 158–174.
- 圖 3–8　Simonson, I. (1989). "Choice Based on Reasons: The Case of Attraction and Compromise Effects." *Journal of Consumer Research*, 16, 2, 158–174.
- 圖 3–9　ShutterStock.
- 圖 3–10　ShutterStock.
- 圖 4–1　© Joseph Farris Reproduction Rights Obtained from www.CartoonStock.com.
- 圖 4–2　改寫自 Schiffman, L. G., Kanuk, L. L. (2007). *Consumer Behavior*, 83. 9th Edition. Pearson Education Inc.: Upper Saddle River, NJ.
- 圖 4–4　維基百科。
- 圖 4–5　ShutterStock.
- 圖 4–6　Maslow, A. H. (1943). A Theory of Human Motivation. *Psychological Review*, 50, 370–396.
- 圖 4–7　ShutterStock.
- 圖 5–1　ShutterStock.
- 圖 5–2　© August Bullock. The Secret Sales Pitch: An Overview of

圖 5-3　ShutterStock.

圖 5-4　ShutterStock.

圖 6-1　ShutterStock.

圖 6-3　Pavlov, I. P. (1927). *Conditioned Reflexes* (G. V. Anrep Translation). London: Oxford University Press.

圖 6-6　ShutterStock.

圖 6-8　ShutterStock.

圖 7-1　ShutterStock.

圖 7-2　ShutterStock.

圖 7-4　ShutterStock.

圖 7-7　Keller, K. L. (1997). *Strategic Brand Management*, 94. Prentice Hall: Upper Saddle River, NJ.

圖 7-9　改寫自 Kotler, P. (2006). *Marketing Management*. 12th Edition. Prentice Hall: Saddle Rive, NJ.

圖 7-10　ShutterStock.

圖 8-1　ShutterStock.

圖 8-3　ShutterStock.

圖 8-4　SRI Consulting Business Intelligence (SRI-BI).

圖 9-1　ShutterStock.

圖 9-2　Azjen, I., Fisher, M. (1980). *Understanding Attitudes and Predicting Social Behavior*, 84. Prentice Hall: Upper Saddle River, NJ.

圖 9-3　Ajzen, I. (1991). "Theory of Planned Behavior." *Organizational Behavior and Human Decision Processes*, 50, 179-211.

圖 9-4　Davis, F. D. (1989). "Perceived Usefulness, Perceived Ease of Use and User Acceptance of Information Technology." *MIS Quarterly*, 13, 3, 319-340.

圖 9-8　IPSOS 行銷研究公司。

圖 10-1　ShutterStock.

圖 10-2　ShutterStock.

圖 10-3　ShutterStock.

圖 10-4　ShutterStock.

圖 10-6　徐達光 (2003)。〈消費者行為的科學研究〉。《消費者心理學》，369。臺北：東華書局。

圖 10-7　徐達光 (2003)。〈消費者行為的科學研究〉。《消費者心理學》，370。臺北：東華書局。

圖 10-8　ShutterStock.

圖 11-1　ShutterStock.

圖 11-2　Schiffman, L. G., Kanuk, L. L. (2007). *Consumer Behavior*, 338. 9th Edition. Pearson Education Inc., Upper Saddle River, NJ.

圖 11-3　© Jonny Hawkins Reproduction Rights Obtained from www.CartoonStock.com.

圖 12-1　ShutterStock.

圖 12-2　© 3ARI Reproduction Rights Obtained from www.CartoonStock.com.

● 圖 12–3　ShutterStock.
● 圖 12–4　ShutterStock.
● 圖 13–1　ShutterStock.
● 圖 13–2　ShutterStock.
● 圖 13–3　ShutterStock.
● 圖 13–4　© Fischer, Ed Reproduction Rights Obtainable from www.CartoonStock.com.
● 圖 13–5　ShutterStock.
● 圖 14–1　ShutterStock.
● 圖 14–3　ShutterStock.
● 圖 14–4　法藍瓷。
● 圖 15–1　ShutterStock.
● 圖 15–2　Dreamstime.
● 圖 15–3　© S Harris Reproduction Rights Obtained from www.CartoonStock.com.
● 圖 15–6　Dreamstime.
● 圖 16–2　Page, C., Lepkowska–White, E. (2002). "Web Equity: A Framework for Building Consumer Value in Online Companies." *Journal of Consumer Marketing*, 19, 3, 231–246.
● 圖 16–3　Stern, B., Zinkhan, G., Holbrook, M. (2002). "The Netvertising Image: Netvetising Image Communication Model (NICM) and Construct Definition." *Journal of Advertising*, 31, 3, 15–27.
● 圖 16–4　ShutterStock.
● 圖 16–5　ShutterStock.
● 圖 16–6　Chan, R. Lau. L. (2000). "Antecedents of Green Purchases: A Survey in China." *Journal of Consumer Marketing*, 20, 49, 338–357.
● 圖 16–7　Follows, S., Jobber, D. (2000). "Environmentally Responsible Purchase Behavior: A Test of a Consumer Model." *European Journal of Marketing*, 5–6, 723–746.
● 圖 16–8　Laroche, M., Bergeron, J., Barbaro–Forleo, G. (2001). "Targeting Consumers Who Are Willing to Pay More for Environmentally Friendly Products." *Journal of Consumer Marketing*, 18, 6, 503–520.
● 圖 17–1　ShutterStock.
● 圖 17–2　ShutterStock.
● 圖 17–3　ShutterStock.
● 圖 17–4　ShutterStock.
● 圖 17–5　ShutterStock.
● 圖 17–6　ShutterStock.
● 圖 17–7　ShutterStock.
● 圖 17–8　© Ron Morgan Reproduction Rights Obtained from www.CartoonStock.com.

市場調查：有效決策的最佳工具

沈武賢／著；方世榮／審閱

　　本書以簡要、清晰及深入淺出的方式，介紹市場調查的基本原理以及各種調查方法在實務中的操作運用技巧。內容包括：市場調查緒論、市場調查的組織部門和人員、市場調查之運作程序、原始資料和二手資料的收集方法、問卷之設計與實例、實驗設計方法、抽樣方法與抽樣誤差、各種市場調查的實務應用與市場調查報告的撰寫等。書末附有二個實例，詳細介紹市場調查的相關程序及作法，幫助讀者於實務中靈活運用。各章末有本章摘要與習題，可供讀者加強閱讀學習成效。本書可作為市場企劃、市場開發或行銷管理專業人員的參考書籍，也可供大專院校教學應用。

國際貿易法規

方宗鑫／著

　　本書主要分為四大部分：⑴國際貿易公約：關稅暨貿易總協定 (GATT)、世界貿易組織 (WTO)、聯合國國際貨物買賣契約公約和與貿易有關之環保法規，如華盛頓公約 (CITES)、巴塞爾公約、生物多樣性公約、蒙特婁議定書、聯合國氣候變化綱要公約、京都議定書及巴黎協議；⑵主要貿易對手國之貿易法規：介紹美國貿易法中的 201 條款、301 條款、337 條款、反傾銷法及平衡稅法；⑶國際貿易慣例：關於價格條件的國貿條規 (Incoterms)、關於付款條件的信用狀統一慣例 (UCP)、國際擔保函慣例 (ISP)、託收統一規則 (URC) 及協會貨物保險條款 (ICC) 等；⑷其他相關之貿易法規：貿易法、管理外匯條例、商品檢驗法和關稅法。